国家出版基金项目
NATIONAL PUBLICATION FOUNDATION

国家社科基金重大项目
“十四五”国家重点图书出版规划项目

中国乡村伦理研究丛书

王露璐 总主编

中国乡村家庭伦理

李桂梅 等 著

南京师范大学出版社

图书在版编目(CIP)数据

中国乡村家庭伦理 / 李桂梅等著. 一南京：南京师范大学出版社，2023.9
(中国乡村伦理研究丛书/王露璐总主编)
ISBN 978-7-5651-5664-9

Ⅰ. ①中… Ⅱ. ①李… Ⅲ. ①乡村-家庭道德-研究-中国 Ⅳ. ①B823.1

中国国家版本馆CIP数据核字(2023)第006455号

中国乡村家庭伦理

ZHONGGUO XIANGCUN JIATING LUNLI

总 主 编 王露璐
著　　者 李桂梅 等
丛书策划 徐 蕾 崔 兰
责任编辑 崔 兰
出版发行 南京师范大学出版社
地　　址 江苏省南京市玄武区后宰门西村9号(邮编:210016)
电　　话 (025)83598919(总编办) 83598412(营销部) 83371351(编辑部)
网　　址 http://press.njnu.edu.cn
电子信箱 nspzbb@njnu.edu.cn
印　　刷 上海雅昌艺术印刷有限公司
开　　本 700毫米×1000毫米 1/16
印　　张 16.25
插　　页 8
字　　数 258千
版　　次 2023年9月第1版
印　　次 2023年9月第1次印刷
书　　号 ISBN 978-7-5651-5664-9
定　　价 96.00元

出 版 人 张 鹏

总　序

乡村是中国社会的基础，从一定意义上说，20 世纪的中国研究始终贯穿着对中国乡村社会和乡村经济发展的关注。乡村也是中国伦理文化孕育的根基。因此，尽管这一时期学者们对中国乡村的研究大多是从社会学、人类学、经济学角度进行的，但他们在研究的过程中也开始认识到中国乡村社会独特的伦理文化对其经济和社会发展所产生的重大影响。

20 世纪上半叶，一些国外学者和机构在中国不同区域进行了一些农村调查和农民研究，国内一些知识分子也开始意识到，要想改变国家内忧外患的现状，首先必须改变国人的观念，这就需要从占中国绝大多数人口的乡村做起。他们纷纷走向乡村，从农民运动、乡村建设及乡村教育等方面入手，对我国乡村伦理进行理论探究和实践改造。其中具有代表性的是李大钊和毛泽东等进行的农民运动研究和实践、梁漱溟的乡村建设理论和实践、晏阳初的平民教育理论和实践以及费孝通和陶行知等学者的相关研究。20 世纪中期至 80 年代，一批学者相继在国外出版了关于中国乡村研究的成果。20 世纪 90 年代后，尽管西方学术界的乡村研究因乡村的萎缩及“农民的终结”(孟德拉斯语)而呈趋冷之势，但有关中国农村和农民问题的研究仍然是国内学术界的研究热点，一些学者开始尝试从村落文化、社会心理等新的视角来透视乡村社会的发展。

总体上看，乡村研究在整个 20 世纪始终是我国学界的中心课题，社会学、经济学、人类学、历史学等学科对乡村问题给予了大量的学术关注，也吸引了众多国外学者的关注和探讨。比较而言,伦理视角下的乡村研究无论从深度和广度上说都显得相当薄弱,几近阙如。从一定意义上说,在整个20世纪,乡村似乎成了我国伦理学研究中“被遗忘的角落”。以至于从一定程度上说,在众多学科纷纷走进“乡土”的时候,与中国乡村社会本应有着最密切学术关联的伦理学却选择了一条离弃“乡土”的“现代化之路”。

自21世纪起,我国乡村伦理研究进入快速发展的阶段。大体而言,中国乡村伦理研究的进展和成就主要体现在两个方面。一是研究内容不断丰富,研究成果逐渐显现。在不同历史时期,我国乡村伦理的研究有着不同的侧重点。民国时期学者们针对当时中国内忧外患、积贫积弱的国情,将乡村研究的重点放在了农民运动、乡村建设以及乡村教育上。新中国成立后,尤其是改革开放以来,我国乡村面貌焕然一新,农村经济、政治、文化等都发生了巨大变化,与此同时,乡村伦理关系和道德规范也出现很多新的问题。在这一背景下,学者们开始更多地关注乡村经济伦理、政治伦理、文化伦理、法律伦理以及日常道德生活。一些学者还对国外乡村伦理和农村道德建设问题进行了研究。从研究涉及的内容、深度和成果的数量上看,21世纪以来中国乡村伦理都进入了一个快速发展的新时期。二是研究队伍趋于多元,研究方法不断完善。从当前乡村伦理研究队伍来看,研究人员主要包括以下两个部分:一是高等院校及各类科研院所中从事伦理学、经济学、政治学、社会学、历史学等研究的学者;二是从事一线实践的乡村工作者。前者大多拥有比较深厚的理论素养,后者则能够从长期的实际工作中积累大量一手资料。研究队伍的多元必然带动研究方法的不断完善。近年来的乡村伦理研究不再是单单从某一学科切入,跨学科的研究方法越来越受到重视。学者们从自身学科特色出发,在研究过程中融合其他学科的研究方法,从而以更加全面的角度来分析、解决问题。不过,总体来看,有关中国乡村伦理的研究尚处于起步状态,关于中国乡村伦理的研究在研究领域的拓展、理论体系的构建、研究成果的系统化及实证研究的规范性等方面有待进一步发展并取得突破。

自2004年起,我开始聚焦于伦理视角下的中国乡村研究,并在2008年出版了第一部专著《乡土伦理——一种跨学科视野中的“地方性道德知识”探究》

(人民出版社,2008 年版)。在该书中,我以苏南这一独特的区域为典型,管窥中国乡村社会独特的伦理关系和道德生活样式。借用费孝通先生对中国社会的“乡土性”概括,我将这种具有“乡土”特色的中国乡村伦理称为“乡土伦理”。在研究和写作过程中,我也日渐感受到中国乡村在市场经济和全球化背景下发生的巨大变化,并在一种强烈的学术兴奋感驱使下确定了自己的后续研究——将视线转向更加广阔的空间,探究转型期的中国乡村伦理问题。2011 年,我以“社会转型期的中国乡村伦理问题研究”为选题,申报国家社会科学基金重点项目并获得立项。这一课题的重点放在转型期中国乡村伦理的“问题”及这些问题的解决路径的探究上,立足于对“什么问题”“问题何以产生”“问题如何解决”的思考和分析,讨论转型期中国乡村伦理关系和道德生活变化中若干值得关注的重点问题,如:乡村伦理共同体的式微与重建、农民行为选择的伦理冲突与化解、乡村分配伦理问题、乡村人际信任问题、乡村道德权威问题、乡村礼治秩序和法治秩序的关系问题、城乡公平问题等。作为课题的结项成果,2016 年,我出版了《新乡土伦理——社会转型期的中国乡村伦理问题研究》(人民出版社,2016 年版)。在上述问题的研究和写作中,我也萌生了一个更加宏大的研究计划:系统、全面地研究中国乡村伦理的传统特色、历史变迁和现代转型,深入探讨中国乡村伦理的历史传统和当代问题,构建具有中国特色的乡村伦理学理论体系。2015 年,我以“中国乡村伦理研究”为题申报国家社科基金重大项目并获得立项。

在项目申报和研究中,我们一以贯之的基本思路是,以“中国乡村伦理”为研究对象,全面考察中国乡村社会的伦理关系、道德原则、道德规范及其在经济发展、社会治理、生态保护及日常生活中的体现,阐释中国乡村社会发展中的伦理变迁及道德在其中的重要作用。在研究思路上,我们以“中国乡村伦理的历史传统与现代建构”为总体问题,通过对中国乡村伦理的系统研究,并以乡村家庭伦理、经济伦理、生态伦理、治理伦理为重点,概括中国乡村伦理的传统特色、历史变迁和现代转型,厘清中国传统乡村伦理与现代乡村伦理的关系,把握中国乡村伦理发展的历史脉络和一般规律。在此基础上,探讨中国乡村伦理的理论和实践特质,构建既传承中国传统乡村伦理又契合当代市场经济发展要求的现代乡村伦理观念和道德规范，重塑能够促进乡村发展并回应农民诉求的乡村伦理秩序。

在课题研究的具体框架和安排上，总课题以史论结合的方式，分析中国乡村伦理发展的基本规律，同时，课题以乡村家庭关系、经济发展、生态保护及乡村治理中的伦理问题为研究重点，并与此相对应，设置了中国乡村家庭伦理、中国乡村经济伦理、中国乡村生态伦理和中国乡村治理伦理四个子课题。四个子课题研究，既是总课题研究中的四个基本方面，又始终贯彻着总课题研究的基本理路。同时，中国乡村社会的家庭关系、经济发展、生态保护和社会治理不可分割且有着密切的内在关系，这也使四个子课题的研究有着内在的逻辑关联。中国传统乡村社会的生产、生活方式，使其家庭伦理、经济伦理、生态伦理和治理伦理呈现出典型的“乡土”特色，并相互间产生密切关系。伴随着转型期乡村工业化、城市化和农民市民化、流动性的加强，传统的乡村生产、生活方式发生了巨大变化，乡村家庭结构、关系、功能的变化，乡村分配模式的改变和农民经济价值观的变化，乡村生态环境与经济发展之间的冲突，乡村秩序维系方式的改变，既是生产、生活方式变化的结果，又相互之间产生密切的关联和紧张，既带来一定的冲突与矛盾，又由此产生推动乡村发展的某种张力。因此，四个子课题在设置上的分离，并不意味着在研究中可以截然分开。相反，无论是在总论的写作还是四个子课题的研究成果中，这种内在逻辑关系都是始终强调并希望得以反映的。

课题立项以后，课题组主要从三个方面开展工作：

一是开展田野调查工作。走进乡村，贴近农民，是本课题获取真实数据和资料并据此了解和分析当前中国乡村伦理状况的基本路径，也是培养青年学者和学生的问题意识和分析能力的重要方法。2017 年 7 月—2018 年 8 月，课题组先后对湖南郴州西岭村、湖北黄冈赵家湾村、甘肃定西辘辘村、江西抚州下聂村、江苏无锡华宏村、山东济宁王杰村、广东湛江林屋村等七个典型村庄先后进行了田野调查，共收回有效问卷 805 份，并与 74 位村民进行了深度访谈。七个村庄位于我国不同区域，具备一定的典型意义。其中，江苏无锡华宏村为 2007 年首访和 2017 年再访，具有个案对比价值。田野调查分为问卷调查的定量研究和深度访谈的定性研究两个部分。问卷调查按照系统抽样方式，根据抽样比例抽取样本，采用面对面问卷访问方式，回收问卷指定专人录入并复核后，使用SPSS统计分析软件进行分析。深度访谈以半结构式的访谈方式进行，所有访谈均现场录音后整理为文字材料。参与课题调研的年轻学者和博士、硕士研究生大部分是第一次走进基层村庄，并从事规范的田野调查工作。课题组成员不仅通过田野工作获取了大量鲜活的数据和案例，更在实践中碰撞出大量的思想火花，提升了学术研究的问题意识和探究能力。正是由于课题田野调查工作的重要性，课题研究中在原有四个子课题的基础上增设了子课题“中国乡村伦理实证研究”。

二是凝聚伦理学、社会学、政治学等多学科的研究力量，吸引一批青年学者（博士、博士生）从事中国乡村伦理研究，形成一支高水平、有层次的中国乡村伦理的研究队伍，打造中国乡村伦理研究的最高学术平台。课题组与教育部人文社会科学百所重点研究基地中国人民大学伦理学与道德建设研究中心合作成立“乡村道德与文化振兴研究所”，整合校内外研究力量建立的“乡村文化振兴研究中心”获批江苏省高校哲学社会科学重点研究基地。总体上看，课题组顺利达到了通过项目研究加强团队建设的目标，形成了高水平、有特色的研究平台和研究队伍。

三是产出了一系列的研究成果。包括《中国乡村伦理的历史传统与现代建构》《中国乡村家庭伦理》《中国乡村经济伦理》《中国乡村生态伦理》《中国乡村治理伦理》《中国乡村道德调查（上、下）》在内的六部七卷本《中国乡村伦理研究丛书》，正是本课题产生的标志性成果。以上六部各有侧重又有内在逻辑关系的研究成果，初步形成较为系统的中国乡村伦理理论体系，并通过系列研究成果的展现弥补当前伦理学领域关于中国乡村伦理研究的不足。此外，在研究过程中，课题组成员公开发表系列论文60余篇，其中多篇被《新华文摘》《中国社会科学文摘》转载，并形成总课题调研报告一份、子课题调研报告四份。

在课题研究中，我们尝试并初步在以下几个方面实现了一定的突破与创新：

一是伦理学的学科视角及研究方法的创新。尽管国内乡村问题的研究成果十分丰富，但是，伦理视角下的乡村研究相对薄弱，在某些领域和具体问题上，伦理学还处于“尚未进入”或“准备进入”的前理论状态。本课题试图从伦理学的学科视角对中国乡村伦理的传统特色、历史变迁、现实问题及现代乡村伦理的构建做出系统、全面的理论阐释和分析。本课题的研究以伦理学作为基本研究视角，同时以跨学科的多维视角透视和基于道德生活史的基本立场，将传统伦理学“自上而下”的、从理论出发的严密逻辑推演和论证与“自下而上”的道德社会学研究方法相结合。该成果对中国乡村伦理的现状、问题及原因的分析将基于对若干典型村庄田野调查的一手资料基础之上，从而使成果具有较高的真实性和可信度。

二是初步形成中国乡村伦理研究的理论体系，打造体现“中国特色”的伦理学研究之“中国话语”。课题研究力图通过对中国乡村伦理全面、系统和深入的研究，全面地概括中国乡村伦理的传统特色、历史变迁和现代转型，深化对中国乡村伦理的传统、发展、嬗变和转型的研究，从而初步形成一个比较全面系统的中国乡村伦理研究体系。因此，从学术思想的理论层面上说，作为课题研究成果的本丛书具有一定的开创性价值，能够打造体现“中国特色”的伦理学研究的“中国话语”。

三是在建构具有中国特色的现代乡村道德规范体系和伦理秩序上提出具有实践操作价值的对策思路。乡村是中国社会的基础，也是中国伦理文化的重要源泉。探究并努力建构具有中国特色的现代乡村道德规范体系和伦理秩序，是实施乡村振兴战略的题中应有之义，也是一项具有国家战略意义的宏伟工程。本丛书在中国乡村伦理的现代建构问题上提出总体思路，并着力在乡村家庭关系、经济发展、生态保护及乡村治理等方面提出具有实践操作性的对策，以更好地体现中国伦理学学科建设面向实践、服务社会的基本路向。

当然，在研究中，我们也遇到了一些困难和问题。一是学术资源梳理和整合工作的繁杂。课题的研究内容时间跨度大，涉及领域和问题多，关于中国乡村研究的文献资料散见于社会学、政治学、民俗学、历史学、经济学、伦理学等学科领域，因此，全面掌握、细致梳理、正确使用和有效整合相关学术资源，一直是课题研究中一个技术操作性的难点。二是田野调查的个案选择和样本配合。中国乡村伦理研究应选择地处不同区域的多个不同规模、类型的村庄开展田野调查，并在此基础上进行比较研究。但是，考虑到实地调查工作在时间、人员、精力等各方面的可行性，课题研究只能选择具有代表性的典型村庄为研究个案。同时，在选择个案后的田野调查实施过程中，也遇到了包括抽样操作、样本配合、访谈语言等技术性困难。三是现代乡村伦理建构的实践操作性。实现中国乡村伦理的现代转型，建构具有中国特色的现代乡村伦理，关键在于在"历史之根"与"现代之源"、"地方性知识"与"普适性价值"两对冲突中找到平衡点。然而，由于中国不同地区乡村在地理位置、生产方式、经济水平、文化传统、基层治理等方面存在的差异性，无论是乡村伦理的"历史之根"与"现代之源"的成功嫁接，还是"地方性知识"与"普适性价值"的有效整合，在实践操作层面都存在着诸多困难。

鉴于此，作为国家社科基金重大项目结项成果的七卷本《中国乡村伦理研究丛书》，与其说是课题的完成，毋宁说是我们在课题研究进行到预定时间时的一个阶段性总结。2020 年 12 月底，课题组向国家哲学社会科学规划办公室提交了结项材料，并于 2021 年 3 月接受会议鉴定，2021 年 5 月顺利结项。结项后，课题组根据专家意见对书稿内容再次进行了修改，并提交南京师范大学出版社申报国家出版基金项目。在此，特别感谢南京师范大学出版社张志刚社长、徐蕾总编辑和崔兰主任在申报国家出版基金过程中付出的心血。坦率地说，没有他们的策划、运作和不断联络、催促，此套七卷本丛书难以成功入选国家出版基金项目，也不会这么快呈现在专家和读者面前。

丛书是重大项目课题组全体成员的集体智慧结晶和成果，衷心感谢子课题负责人和主要成员们。五年来，我们共同分享了田野工作的辛苦与忙碌、研究写作的紧张与焦虑、成果完成的喜悦和快乐，感谢他们宽容我"黄世仁"般的不断催促和逼迫，感谢所有人"杨白劳"似的辛苦与努力。我也要特别感谢田野工作中的所有问卷样本和访谈对象，感谢协助我们完成田野工作的当地联系人和村干部。我记得辘辘村村委会办公室对面山头上那片麦田的风吹麦浪，记得村主任儿媳妇挺着大肚子给我们做的手擀面；我记得 40℃高温的下聂村，记得大伙伴和小伙伴全体“湿身”却依然投入地坚持工作的样子；我记得十年后再访华宏村时的相同与不同，记得小伙伴被熟悉的面孔认出时的激动；我记得王杰村每一户村民门口堆成小山等待着被以几毛钱一斤的价钱收走的蒜头，记得一位受访大爷送了几粒蒜头给我并拉着我的手说：“不值钱，但我挑了几个最好的给你”……每一次田野工作，我都觉得他们给了我们很多，问卷的数据、访谈的资料、思想的火花，以及无数感动的瞬间。有时，我甚至困惑，我们的研究成果又能带给他们什么呢？但无论如何，我会永远记得，我们会一直努力！

王露璐

2022 年 6 月 7 日于南师茶苑

目　录

导　论

乡村是中华文明的根，乡村家庭伦理是这条根衍生的树干枝丫。根的生存环境发生了变化，树干枝丫也会有所体现。中国乡村家庭伦理植根于中国特殊的自然环境和社会历史环境中，它以个体为原点，通过人伦血缘关系向外推扩，形成尊卑分明的差序格局，并由此建构起乡土社会的基本组织结构、生产方式和人际关系。然而经过 1949 年以后 70 多年的发展，乡村家庭伦理植根的社会已经成为历史，而乡村家庭伦理观念依然在不同方面影响人们的家庭生活，并将持续在人们的生活中发挥作用。如何将中国乡土文明所凝聚的优秀家庭伦理精神继续传承下去，如何让传统乡村家庭伦理在城镇化、工业化、信息化的时代趋势中凸显其独特优势，值得学者们认真研究。

一、中国乡村家庭伦理的发展

中国是重视家庭伦理的国家，千百年来，家庭伦理一直都是乡村社会治理的基本原则，它通过礼仪制度规范人们的行为，维持社会的基本秩序。这种礼治的社会敬畏传统，沿袭过去的经验，在很长的历史时期内，乡村家庭伦理原则保持它的恒久和稳定。即使有变化，也是万变不离其宗。但是 1840 年鸦片战争之后，中国的社会开始改变，乡村家庭伦理也随之发生变化。

（一）近代乡村家庭伦理变革的序幕

1840年鸦片战争，西方列强用坚船利炮轰开中国大门，中国逐步沦为半殖民地半封建社会。为了挽救民族危亡，一些爱国志士纷纷寻求救国之策。在向西方学习和探索的过程中，一些先进知识分子逐步认识到传统文化的不足，尤其是伦理文化的弊端。在此基础上，传统家庭伦理自然成为人们关注的重点，维新派、革命派、新文化运动代表人物等都对封建家庭伦理制度进行了批判和反思。这主要体现在以下几个方面：第一，批判父子纲常。父子纲常不仅是家庭伦理的核心，也是国家政治制度的伦理基础。因而在对封建专制制度批判时，父子纲常就成了批判的中心。吴虞认为："儒家以孝弟二字为二千年来专制政治与家族制度联结之根干，而不可动摇。……其流毒诚不减于洪水猛兽矣。"①父子平等、人格独立成为新父子关系的主要诉求。第二，提倡婚姻自由。维新派和革命派都对专制婚姻进行了批判，剖析专制婚姻带来的种种弊端，要求废除专制、包办的婚姻制度。新文化运动大力提倡男女自由恋爱，翻译介绍西方一些关于爱情、婚姻和恋爱的学说，如美国高曼女士的《结婚与恋爱》，鼓励青年自由恋爱结婚。杨昌济翻译了威斯达马克的《道德观念之起源与发展》中有关结婚的部分，对不同民族、宗教结婚的禁忌、婚姻形式以及离婚等问题进行了描述，较为客观地展现婚姻关系中夫妻的平等地位。第三，批判传统针对女性的贞操观。他们猛烈抨击仅对女性要求从一而终、守贞、殉夫的做法和风气，强调守节殉夫是极其不人道、不合理的，提倡贞操是一个"人"对另一个"人"的态度，是双方的事，反对那种褒奖贞操的法律和条例。第四，主张妇女解放，男女平等。传统社会中，男尊女卑使得女性在家庭和社会各领域受到极大压制，女性终生受制于家庭的劳作，身心得不到解放。妇女解放意味女性不再依赖丈夫，享有自己的尊严价值，有参与政治的权利，有受教育和从事社会职业的权利，有继承父母遗产的权利。第五，倡导优生优育。严复从社会进化的角度，分析专制婚姻下的生育造成谬种流传，代复一代，导致劣者胜，优者汰，进而产生灭种危机。新文化运动时期，先进知识分子倡导基于爱情缔结的婚姻，认为只有这样才能生出更优秀的后代，更好地培育孩子成长。

① 吴虞．吴虞文录[M]．合肥：黄山书社，2008：3-4.（弟，通"悌"）

这一时期对封建家庭伦理的批判,促进了当时人们的思想解放,只是这种影响主要局限于一些进步知识分子和青年学生,地域范围主要局限于较大的城市。在大多数县城和广大乡村,封建礼教思想依然根深蒂固,乡村家庭中敢于冲破封建家庭伦理禁锢的人们只有极少数,在乡村社会并未形成一种风气,封建家庭伦理对个体的禁锢依然如故。

(二)革命和建设时期的乡村家庭伦理

中国共产党成立之后,妇女解放成为革命的一个重要目标。大革命时期中国共产党在湖南、广东等地开展了轰轰烈烈的农民运动,动摇了封建的政权、族权、神权和夫权的基础,打破女性不能进祠堂吃酒的老例,毛泽东由此发现了改变农村社会、建设新的家庭伦理关系的巨大力量所在。他指出:“所有一切封建的宗法的思想和制度,都随着农民权力的升涨而动摇。”①后来,中国共产党领导的革命根据地以及中央苏区广泛进行土地革命,实施了一系列解放妇女、改革婚姻家庭制度的举措,各根据地先后通过有关妇女解放、婚姻家庭制度改革的决议和命令。如 1930 年闽西根据地第一次工农兵代表大会发布《婚姻法》和《保护青年妇女条例》,1931 年鄂豫皖第二次工农兵代表大会通过《婚姻问题决议案》,1931 年 11 月第一次全国工农兵代表大会通过《中华苏维埃共和国宪法大纲》,1931 年 12 月中央执行委员会颁布《中华苏维埃共和国婚姻条例》,共 7 章 23 条,规定了新民主主义婚姻制度的基本原则、结婚及离婚的条件、离婚后孩子抚养及财产处理的原则。1934 年中央执行委员会根据实际经验在《中华苏维埃共和国婚姻条例》的基础上,修订、补充该法并颁布了《中华苏维埃共和国婚姻法》。《中华苏维埃共和国婚姻法》是我国第一部比较完备、基于新的婚姻家庭伦理关系原则而设立的法律,是后来根据地和解放区婚姻立法的蓝本。随后颁布的《陕甘宁边区婚姻条例》(1939)、《晋察冀边区婚姻条例》(1941)、《淮海区婚姻暂行条例》(1943)、《关东地区婚姻暂行条例(草案)》(1948)等与《中华苏维埃共和国婚姻法》的基本精神完全一致。该法主要包括婚姻自由、实行一夫一妻、规定法定婚龄、禁止结婚的条件、婚姻登记制度以及保护妇女和子女的合法权益等内容。新婚姻制度的实行,推动了根据地、边区和解放区的经济

① 毛泽东选集:第 1 卷[M]. 北京:人民出版社,1991:32.

和革命工作，促进了妇女的解放，为新中国婚姻制度的建立奠定了基础。

社会主义制度在中国的确立对中国的经济、政治和社会文化产生了深远影响，为新型乡村家庭伦理的建立奠定了基础、指明了方向，促进了传统家庭伦理的转变。

经济制度的确立瓦解了传统乡村家庭伦理依存的经济基础。新中国成立后，长期处于被剥削压迫地位的农民翻身做了主人，但是农民的土地问题尚未得到根本的解决。为了巩固新生的革命政权，践行中国共产党“耕者有其田”的承诺，让新解放区人们拥有自己的土地，1950 年 6 月，中央人民政府颁布的《中华人民共和国土地改革法》强调“废除地主阶级封建剥削的土地所有制，实行农民的土地所有制”，以乡为单位，根据土地多少和质量好坏，用抽补调整方法统一按人口分配，分得土地的农民有自由经营、买卖及出租土地的权利。到 1952 年春，全国绝大多数地方基本完成土改任务，“农民个体所有，家庭自主经营”的农村土地所有制基本形成，这对调动农民生产积极性，巩固新生人民政权具有重要的意义。土地改革对家庭伦理关系的影响更是意义重大，它动摇了乡村父权、男权的经济基础，赋予女性经济权利的保障，让女性拥有自己的土地所有权，为男女平等奠定了经济基础。随着社会主义工业化建设的开展，农民土地所有制已经不能满足建设的需要。从 1953 年开始，农民土地个体所有制逐渐演化为土地集体所有制，这种演化让女性劳动者的社会地位逐步确立，女性在家庭中的主人翁地位逐步提升，为新型乡村家庭伦理的形成奠定了经济基础。

法律制度保障了乡村家庭伦理原则的转变。1950 年《中华人民共和国婚姻法》的颁布为新型婚姻家庭伦理关系的确立提供了制度保障。1950 年《中华人民共和国婚姻法》是对传统婚姻家庭制度的一次颠覆和革命，它主张废除专制包办、男尊女卑、漠视妇女子女利益的封建婚姻家庭制度，实行婚姻自由、一夫一妻、男女平等、保护妇女和儿童权益的新民主主义婚姻家庭制度，禁止重婚、纳妾，禁止童养媳，禁止干涉寡妇婚姻自由，禁止买卖婚姻。这些措施赋予男女两性在婚姻家庭上自由平等的地位，让其享有同样的合法权益，且婚姻自由不受干涉，确立了新中国在婚姻家庭方面的基本价值原则。1954 年《中华人民共和国宪法》颁布，它规定了中华人民共和国国体、政体以及政权组织形式和组织原则，公民享有的权利和应履行的义务，规定妇女在政治的、经济的、文化的、社会的和家庭的生活各方面享有同男子平等的权利。“五四宪法”的出台进一步巩固了女性在家庭和社会各个领域的地位，为新型乡村家庭伦理的形成提供了政治法律保障。为了更快地建立新型的婚姻家庭关系，贯彻落实《中华人民共和国婚姻法》，党和国家领导人以及相关政府部门纷纷作出重要的指示，如《切实执行婚姻法，保护妇女合法权益》(1951)、《关于检查婚姻法执行情况的指示》(1951)、《关于继续贯彻婚姻法的指示》(1952)、《关于贯彻婚姻法的指示》(1953)、《关于贯彻婚姻法运动月工作的补充指示》(1953)，这些指示的落实，推动了婚姻家庭由封建家庭向社会主义家庭转变。

积极倡导社会主义婚姻家庭道德观念。三大改造完成之后，社会主义制度在中国确立，我国开始提倡和强调社会主义和共产主义的婚姻家庭关系。社会主义婚姻家庭是婚姻自由、男女平等、夫妻互爱互助、民主团结和睦的家庭，家庭成员之间互帮互助，共同参加社会主义生产劳动，以不断进步为荣。邓颖超指出：“爱情、婚姻，在社会主义社会里与在封建主义或资本主义社会里，有着根本的区别。……它不仅基于性的吸引，而是在男女完全平等，共同参加社会主义共产主义劳动的基础上，由于政治、思想观点的一致，而发生发展的真挚的爱情。”①社会主义婚姻应该建立在男女平等和双方政治思想一致而产生爱情的基础上，婚姻家庭要与新国家的建设保持同步。当时青年把建设新国家新社会的积极性作为政治性要求当作一种婚恋时尚，或者当作一种荣誉，表现出积极拥护和认同的态度。这段时期劳模英雄、生产能手、军人成为年轻姑娘寻找对象的理想人选，择偶最关键的条件是本人的政治表现和家庭出身。20世纪60年代以后，由于“左”倾思想的蔓延，婚姻家庭领域的政治考量越来越严重，夫妻之间的传情达意会被认为是小资情调，家庭成员之间的人伦关系也以政治的标准上纲上线，血缘亲情被漠视。这种政治挂帅的婚姻家庭氛围，破坏了正常的人伦之情。

（三）改革开放时期乡村家庭伦理的变革

进入21世纪前后，改革开放对乡村社会产生的巨大影响逐渐显露。按照

① 中国妇女杂志社．论社会主义社会的爱情、婚姻和家庭[M]．北京：中国妇女杂志社，1957：2.

贺雪峰教授的观点就是“千年未有之变局”，这种巨变发生在三个层面：一是农村税费改革，2006年农业税取消，国家与农民的关系发生了巨大变化；二是市场经济的渗透，农民的流动性加强，构成乡村内生秩序基础的结构性力量快速变化，基于地缘和血缘基础的超家庭单位瓦解；三是农民的价值系统或者意义系统正在发生变化，以传宗接代为意义本源的价值系统受到现代化的全方位冲击，现实利益凸显。乡村社会的这种巨变，一方面是党和国家政策实施的结果；另一方面也是乡村社会和家庭为了适应现实需要而有意选择的结果。只是在转型过程中由于其自身内生秩序的结构和力量，难以有效对抗现实外在的力量而呈现出边缘化的倾向。乡村家庭伦理是乡村社会内生秩序的基础，也是乡村古风遗韵的重要依托和保障，乡村社会转型给家庭伦理带来了全面的挑战。

1. 面临乡村社会问题挑战

乡村伦理共同体转型的挑战。乡村伦理共同体是乡村社会内部形成的一个同质同构的伦理组织，它以血缘、姻缘和地缘为纽带，有共同的利益诉求、价值取向和善恶判断以及对共同体产生的归属和认同。这种认同来自共同体本身具有的价值规则、社会治理、人际关系、生产劳作和精神价值追求。在伦理共同体内的成员，按照自身在共同体内的身份职责，承担起相应的责任，共同维护共同体的存在和发展，一旦有成员的言行标准与共同体倡导的善恶荣辱不一致，就会遭到共同体的舆论谴责或者惩罚。因为这样的一种组织氛围，所以乡村家庭伦理具备了无所不在的权威性、规范性。

而随着乡村改革开放的深入发展，家庭联产承包责任制的实行和乡村产业结构的调整，乡村丰富的劳动力资源向城市转移，导致传统的乡村伦理共同体内部，人们的共同利益虚化、价值诉求越来越多元化，善恶荣辱界限开始模糊，基于伦理关系而产生的权利和责任不再是人际关系处理的唯一标准，这些现象的存在，致使传统乡村家庭伦理难以有效应对现实中的问题而被搁置或者忽视。

当前乡村家庭伦理存在的困境，其实也是社会转型时期难以避免的阵痛。在社会急速发展变换的时期，各种体制和规范体系还没健全，各种思想观念产生，风云激荡，尤其是一些不良思想观念打着冠冕堂皇的口号甚至旗帜，极易给人们带来错觉。在这种情况下，乡村家庭伦理要重新获得其应有的权威和力量，需要有新的伦理共同体，培育新的共同利益、新的价值诉求、新的善恶判断。对于这种新的伦理共同体，王露璐认为需要通过村庄经济发展、人际关系协调和社区文化建设共同构建，她指出要形成新的伦理共同体，需要“重建与当前乡村生产、生活、交往方式相契合的乡村公共道德平台，增强村庄成员之间的接触、交往和交流，使村庄成为一种新型的‘熟人社区’”①。

社会治理方式转型的挑战。传统乡村社会是“礼”“法”共治社会，“礼”是人伦之“礼”，注重于人的身份地位和角色，“法”是对违逆人伦之“礼”的惩戒，以彰显“礼”具有的强制性和不可违抗性。不管“礼”“法”以何种方式出现，都没有改变乡村社会就是一个伦理本位的社会的实质。它注重血缘亲情，具有等级关系，存在远近亲疏，既具有“以天下为己任”的仁人情怀，又具有“非我族类，其心必异”的狭隘认识。在千年如一日的农业文明中，静静地享受岁月带来的安好和洗礼。

随着中国法治建设的不断推进，法治成为中国社会治理的基本方式。党的十八届三中全会指出，全面深化改革的总目标是完善和发展中国特色社会主义制度，推进国家治理体系和治理能力现代化。党的十八届四中全会指出，依法治国是实现国家治理体系和治理能力现代化的必然要求。在乡村社会治理上，《中共中央国务院关于实施乡村振兴战略的意见》指出，坚持自治、法治、德治相结合，确保乡村社会充满活力、和谐有序。2018 年 9 月中共中央国务院印发的《乡村振兴战略规划（2018—2022 年）》要求，到 2022 年乡村治理能力进一步提升，现代乡村治理体系初步构建，到 2035 年乡村治理体系更加完善。自治、法治、德治有机结合，即坚持自治为基、法治为本、德治为先，健全和创新村党组织领导的充满活力的村民自治机制，强化法律权威地位，以德治滋养法治、涵养自治，让德治贯穿乡村治理全过程。自治、德治的前提是法治，自治和德治都必须以法治为根据，在法治的框架内进行社会治理。乡村社会治理思维和实践的改变，对乡村家庭伦理来说是一个巨大的转变。法治社会是一个非常重视界限感的社会，个体清楚地知道自己的权利和责任的界限，既不会因

① 王露璐. 从“熟人社会”到“熟人社区”——乡村公共道德平台的式微与重建[J]. 湖北大学学报（哲学社会科学版），2020(1)：25-31.

为关系疏远而忽略责任，又不会因为关系亲近而无所顾忌。而家庭伦理注重天伦自然情感，亲情的流露和表达很容易越过界限而触犯到个体的权利，尤其乡村家庭里的伦理关系更容易出现这种情况。乡村家庭中父子关系、婆媳关系、夫妻关系中的矛盾和纠纷多是由于界限感不清而导致。在乡村振兴的过程中，需要充分弘扬传统社会形成的睦邻友好、敬老爱亲、夫妻恩爱等行为规范，但是也要注意，时代变化导致这些行为规范产生的条件也在变化，只有进行乡村家庭伦理的创造性转化和创新性发展，与时俱进，才能使乡村家庭伦理得到更好的接受、认同和遵守。

多元思想观念影响的挑战。乡土社会有血缘家族、差序格局、男女有别，有生于斯、长于斯、死于斯的生命胶着，人的生命按照天道自然的规则从容进行，变动极少，按照费孝通先生的说法是“以农为生的人，世代定居是常态，迁移是变态”①。在这样的社会环境中，农业生计方式依靠的是个人的勤劳品质与对生产经验的总结，人际关系简单明了，村民之间存在友善互助的古朴情感，既不竞争，又不相互贬低，各自按照伦理辈分扮演好自己的角色。而改革开放彻底改变了乡村原有的结构布局、生计方式、价值观念、行为习惯。从当前乡村思想道德状况看，主要有以下思想观念影响左右乡村人的生活：第一，市场经济的负面效应。市场经济是随着资本主义社会化大生产而发展起来的资源配置方式，它调动人的主动性、积极性，将资源配置到最需要的领域当中，推动市场主体的优胜劣汰。但是市场经济具有的等价交换原则、竞争机制、逐利性原则以及开放性的特征又会在市场运营体制不健全的地方带来较强的负面效应。等价交换不但促进平等意识的产生，而且带来人们对劳动和回报平衡的算计，强化人与人之间的商品关系；竞争虽有利于市场主体保持活力，但是在监管机制不健全的情况下，恶币驱逐良币会毁坏社会人心；逐利性会进一步刺激人们对自我利益的关注，而导致不择手段、罔顾道德人心的行为发生；市场经济的开放性虽会开阔人们的视野，但也容易导致国外的一些不良价值观念和思想通过产品和服务渗入社会生活，造成思想观念的多元化。市场经济的这种双面性在乡村家庭伦理观念中也得到充分体现。一方面，它动摇了乡村家庭伦理中较为森严的等级观念，促进乡村家庭关系向平等民主发展，调

① 费孝通．乡土中国 生育制度 乡土重建[M]．北京：商务印书馆，2017：8．

动家庭成员生产、劳动和创新的积极性，改善了乡村家庭的生产经营模式，打破了乡村封闭的状态；另一方面，它也使乡村家庭伦理关系呈现物质化、商品化的趋势，家庭成员的自我意识凸显，家庭价值观呈现多元化特点，影响家庭的和谐稳定。第二，封建不良思想观念的遗留和滋长。当前乡村社会，男尊女卑、重男轻女、大男子主义、子女是父母的私财等思想观念都不同程度地存在，无形之中侵蚀家庭的健康肌体，腐蚀健康的家庭伦理关系。并且由于多元环境的存在，这些思想具有了滋生的条件和土壤，导致一些家庭矛盾纠纷频发。第三，小农理性主导下的价值偏差。中国的农民具有什么样的行动逻辑一直是学界研究的热点问题。有人依据西方学者的观点，将之归结为生存思维（生存智慧）或者经济思维。生存思维（生存智慧）是传统农业社会农民行动的基本原则。在物质资源还不充足的社会，温饱是最基本的选择，只要生存有保障，农民就会固守一方天地，安居乐业，竞争与冒险的动力大大降低。这是传统社会农民的行动逻辑。随着中国改革开放打开国门，中国与西方的巨大差距，让中国人迸发出巨大的追求物质的激情，这种激情通过各种渠道延伸到乡村，一旦认识到自身生存状况不佳，农民的封闭保守思想观念就会被打破，他们就会到外面讨生活。这种生存思维决定了农民的生产实践具有重物质、轻精神的特点，但片面地追求物质让他们无暇也无能力和精力去更多思考关于人的精神需求、价值和尊严问题。为了获取更好的物质生活和丰裕的物质保障，众多乡村家庭不得不面对家庭离散的状况。

2. 面临家庭发展压力挑战

发展是事物不断前进的过程，是由小到大、由简到繁、由低级到高级、由旧物质到新物质的运动变化过程。家庭发展是家庭由无到有、由穷到富、由弱到强、由落后到文明等变化的过程。乡村家庭伦理和家庭发展之间存在相辅相成的关系，家庭发展为乡村家庭伦理的践行提供各方面保障，而家庭伦理的践行又会进一步促进乡村家庭发展。而从当前的乡村整体状况看，广大的乡村家庭面临进一步发展的巨大压力。

家庭发展是科学发展观的应有之义。家庭是社会的细胞，社会发展必然会影响家庭发展，家庭发展会促进社会发展。不同社会发展的要求和内容不同，家庭发展因此呈现社会历史性特征。传统乡村社会虽然没有发展的概念，但是为了保障家族繁荣昌盛，也对个人和家庭提出了要求。传统的家庭发展观主要体现于家训中。有研究者提出，传统家训作为家庭教育的载体，从重农务本、经世立业、伦理道德、许身报国等方面使个人、家庭、社会、国家等诸种关系变得和谐，形成了立身、持家、治国的人生发展观，构成了家国一体的发展模式，体现了家庭持续、协调发展的理念。① 这几个方面较为全面地概括了传统家庭发展观的主要内容。耕读是立家之本，只有重农悯农的家庭才会避免饥饿挨冻之苦。无论时代怎样变化，只要子孙懂得稼穑之事，家族就可以绵延壮大下去。而读书则是为了明理，提高自身的精神境界，可以光宗耀祖、报效国家。所以不少家训都视耕读为传家之宝，这是家庭发展最重要、最基本的途径。修身立德、治家和家则是家庭发展的保障。家庭发展最核心的是人的发展。人的发展的根基是修身立德，其根本是守孝悌之义，能够谨言慎行，远离不良的人和习惯，保持自身的德性。只有不败身、不伤身、不毁身，具有清白健康之身，家庭发展才具有底气。治家和家则要求管理家庭事务，保障家庭成员能够各尽其责，各安其事，家族及其成员要避免受不良习惯、行为以及不良社会风气的影响，言行适度、勤恳谨慎、戒骄戒躁，戒淫戒赌，为人谦虚守信，尊敬长上，友爱卑下。所有子孙要严格遵守族规家训要求，修身立业，最好能够耀祖光宗，让祖上产业得以维系和壮大。因为有了严格的规范要求，所以家族成员能够同心协力，确保家族和睦。齐家才能治国，有了治家的智慧，国家的治理就有了依托。由此可见，传统的家庭发展观虽然有其局限性，但对家庭的认识以及在处理个人与家庭、家庭与社会的关系上依然有值得借鉴之处。人是社会的动物，人离不开社会，当然更离不开家庭。家庭是人发展的最重要支撑，忽视家庭及其发展则会给个体和社会带来诸多不良影响。

家庭发展的核心是人的发展，而人的发展受家庭经济资源、文化教育资源、人际资源等一系列因素的影响。近些年来，阶层固化一直是社会关注并容易引起激烈争论的社会热点问题。阶层固化中最明显的就是乡村家庭和孩子的未来发展问题。虽然近些年为了解决乡村家庭发展中的各种问题，党和政府已经制定了一些政策规划、行动方案等，促进了乡村内生式发展，也为城市农民工家庭解决了一些教育方面的后顾之忧。但是与具有丰富资源的城市家

① 王长金．论传统家训的家庭发展观[J]．浙江社会科学，2005(2)：218-222.

庭相比，乡村家庭发展的资源依然是杯水车薪。

第一，乡村家庭发展的物质保障不足。一方面，家庭发展需要经济基础作保障。家庭对后代的培育以及完善家庭生活条件都需要一定的经济基础，没有经济基础作保障，家庭成员的发展势必受到一定程度的阻碍。按照我国扶贫攻坚的计划和要求，2020 年实现农村贫困人口全面脱贫。根据当前农村的脱贫的经济标准，年人均可支配收入超过 4 000 元，做到“两不愁，三保障”：不愁吃，不愁穿，基本医疗、义务教育、住房安全有保障，就实现了家庭脱贫目标。虽然按照目标，2020 年农村实现全部脱贫，但是仍然有不少脱贫家庭在子女教育中只能满足基本的教育需要，不少农村家庭还是没有能力获取更优质的教育资源，农民工依然处在“搬起砖就不能抱你，抱你就不能搬砖”的困境中，他们要想过上更好的生活，就必须投入更多的时间和精力在外打拼，而在孩子的教育陪伴上就要打折扣。另一方面，表现为家庭教育文化消费的不足。据对宁夏回族自治区两个国家级贫困县的家庭教育支出及负担的实证研究调查显示，32.43%的农村家庭认为教育负担很重，认为比较重的占 40.71%，一般重的占 18.28%，比较轻或没有的占 8.58%。① 2015 年国务院发展研究中心“中国民生调查”课题组通过对八省（安徽、浙江、广东、河北、黑龙江、陕西、四川、江苏）民生关切点入户调查显示，子女处于义务教育阶段家庭的教育年平均支出为 5 529 元，本科及以上为 14 174 元。教育成为很多低收入家庭的重大负担，对其生活满意度造成负面影响。② 而国家统计局数据显示，2015 年农村居民人均可支配收入为 11 421.7 元。③ 从支出与可支配收入的对比看，教育负担还是比较重。不仅如此，城市家庭在家庭教育上的支出主要是投入到课外培训、补习以及兴趣班上，而农村家庭的教育支出主要是学杂费、伙食费、住宿费等费用，这样的差异显然会影响乡村家庭孩子获得优质教育的机会，加剧了城乡教育差距。

第二，乡村家庭发展的教育困境。家庭发展最重要的是人的发展，而人的

---

① 武向荣．农村贫困地区家庭教育支出及负担的实证研究——基于宁夏两个国家级贫困县的调查[J]．教育理论与实践，2015(16)：21-25．

② 国务院发展研究中心“中国民生调查”课题组．“新三座大山”调查——基于对 8 省 12 714 份入户问卷的分析[J]．决策，2016(12)：39-41．

③ 国家统计局．中国统计年鉴 2016[M]．北京：中国统计出版社，2016：174．

发展最基础、最重要的部分就是教育。在当前情况下，乡村家庭面临一系列问题。其一，家庭教育功能弱化。教育功能一直是家庭的基本功能，注重家庭教育一直是中国家庭的优良传统。“子不教，父之过”，这句格言老少皆知。而母亲有“胎养子孙，以渐教化，既成以德，致其功业”的责任。父母均具有教育子女的责任和义务，子女的个性品德成为家庭教育的主要内容。而父母外出务工、知识文化欠缺、思想观念落后等各方面的因素，造成乡村家庭的父母们要么没有能力教育，要么没有时间教育，要么没有办法教育，这些导致家庭教育难以发挥应有功能。家庭教育功能弱化，乡村孩子难以从家庭中获得人生经验、有效地约束行为和保障精神情感。这些成长期的匮乏造成的精神人格缺陷，在规范化程度较高的社会和职业领域中也许被压抑，但是在情感化和私人化的婚姻家庭领域就可能充分暴露。乡村家庭教育中父母的无能、无暇，使得成长中的下一代难以形成稳定的精神世界和对他人应有的责任感，从而影响家庭伦理道德践行。其二，乡村学生教育竞争力低。近些年来国家虽然对乡村学校的师资配备、设施条件进行了大力改善，但是城乡学校教育资源和设施的对比差距依然较为显著。乡村学生与城镇学生相比，学业成就的差距依然在拉大。“寒门难出贵子”曾经成为 2011 年十大网络热点问题之一。引发关注的是一篇文章《我奋斗了 18 年才和你坐在一起喝咖啡》，文章讲述一个农家子弟奋斗 18 年，才获得了和城里人平起平坐的权利，成为一代人奋斗的写照。有研究认为，农村学生在获得高等教育机会和初职机会的过程中都处于不利的竞争地位，他们唯一可以把握的是大学四年的学习过程，生产更多的人力资本有助于他们实现向上的社会流动。但农村学生人力资本的生产机制却可能使他们在未来的竞争中处于不利地位，即农村学生较高的教育投入与较低的收入水平之间的反差将进一步降低农村家庭的教育期待，加剧教育不公平和阶层固化的趋势。① 根据对某“985 高校”四年制本科学生进行调查发现，即使农村学生有更好的学习能力，但他们获取更多教育资源和更好发展机会的可能性却显著低于城市学生。家庭背景分析进一步验证了这一点。② 影响学生

① 张凌. 学业成就获得的城乡差异研究——基于首都大学生成长追踪调查的实证分析[J]. 复旦教育论坛，2019(1)：61-67.

② 权小娟，边燕杰. 城乡大学生在校表现比较研究[J]. 中国青年研究，2017(3)：88-93，109.

学业成就的主要因素在于家庭对教育的投入程度。据研究发现,乡村学校的学生资源、家庭资源、学校资源、学校管理以及学业表现中的绝大部分指标显著低于城镇学校,家庭资源在解释城乡学生学业差距方面的贡献度最大。其具体表现在科学素养方面,家庭资源解释了乡村学生学业落后中的 17.08 分,占 30.18%;家庭资源解释了学生数学素养落后中的 16.92 分,占 32.77%;家庭资源解释了在阅读素养落后中的 22 分,占 39.39%。其中家庭文化资源、家庭教育资源、家庭信息技术资源能够解释乡村学生学业的劣势。① 可见无论是小学、初中阶段,还是大学阶段,乡村学生在与城市学生获取发展机会和发展资源的竞争中,始终处于劣势地位。而乡村家庭发展如果要改变这种情况,基本上需要三代以上的时间。所以乡村振兴战略应当重视并提升家庭教育资源。其三,部分乡村青少年思维固化。近几年来,国家对职业教育的重视力度大大增加,对农民教育培训的力度增大,比如中职、高职学校面向应届和往届初中毕业生、返乡农民工、退役士兵等招收一些学生,进行技能培训和学历提升。但是,从招生情况看,不少乡村青少年对此并不是很感兴趣。他们宁愿在社会中受到磨炼,跟着一些师傅学些技能,也不愿面对课堂和教师。这些人的经济基础、知识学问、见识视野等都在一定程度上影响家庭教育的投资和开展。

第三,乡村家庭发展的文化困境。家庭是最小的文化组织,家庭文化是家庭发展的动力和保障。传统乡村家庭长期浸润于儒家思想文化的影响中,形成非常鲜明的家庭伦理道德文化,为乡村家庭和谐稳定、经济和人口发展提供了重要的保障。近些年来,随着乡村振兴战略的逐步推进,乡村的文化建设逐步得到改善,一些乡村建起休闲文化广场,具有文化历史意义的建筑得到保护,传统的优秀家训文化得到传承,这些都有利于乡村文化氛围的营造。但是乡村家庭文化氛围的营造还有待加强。近些年乡村家庭面貌有了很大改观,即使是一些贫困县,绝大多数乡村家庭都盖起了楼房,彩电、洗衣机、冰箱成为日常生活用品,还有家庭买了汽车。乡村家庭硬实力的提升,大家有目共睹。但是从农民消费支出看,生存性消费仍然是农民的主要消费,而精神性消费如教育、文化娱乐消费支出相对薄弱。由北京师范大学中国基础教育质量检测协同创新中心牵头开展的全国家庭教育状况调查显示农村家庭藏书量显著少

① 祁翔,郑磊. 城乡学业差距及其影响因素的实证研究[J]. 中国教育学刊,2019(3):36-39,80.

于城市。[①] 农民家庭缺乏良好的阅读习惯，对阅读重视不够。这说明不少乡村家庭还没有充分认识到培养良好的家庭文化氛围的重要性。

3. 面临现代转型挑战

乡村家庭伦理的现代转型是乡村家庭伦理进一步发展的必然趋势。现代转型意味着要利用现代的价值目标和价值原则进行整体的规划和设置，依据现代的人伦关系准则进行新的解读，并在新的时代背景下赋予乡村家庭伦理新的价值和社会定位，保障其与新时代乡村社会的各种社会制度政策形成紧密的关联，促进乡村家庭和社会和谐有序发展。要实现这样的目标，乡村家庭伦理还面临以下问题。

传统乡村家庭伦理改造未完成。批判和改造乡村家庭伦理一直是先进知识分子和革命者的任务和目标。中国共产党在革命过程中虽然对封建家庭伦理进行了猛烈批判，并提出了新民主主义家庭伦理主张，但当时是革命年代，生产力没有发展，小农社会经济结构没有变化，"只有法律条文上规定的婚姻自由、男女平等，并不可能触动当地原有的家庭结构。……对旧婚姻家庭制度的变革还有赖于其他经济、文化方面的全面的社会变革"[②]。新中国成立后，《中华人民共和国婚姻法》的颁布为新的婚姻家庭伦理关系确立提供了制度保障。随后进行的农业改造和合作化运动为新型家庭伦理关系的确立奠定经济基础。但也有研究认为，新国家虽然志在以马克思主义意识形态对旧家庭进行改造，但在实践操作层面上，不仅向传统家庭伦理和家庭秩序结构妥协，甚至还间接加以利用作为国家政权建设在乡村社会的实践策略。[③] 这些说明在农业为主的乡村社会中乡村家庭伦理实现变革转型的条件还远远不够。后来由于极左思想的影响，国家和社会高度一体化、政治化，实行高度统一的文化权威体系。为了保障意识形态的纯洁性，对传统家庭伦理采取一种虚无主义的态度，过分强调家庭关系的政治性，忽略家庭伦理和血缘亲情，对婚姻家庭中的人道主义原则一概拒斥，致使传统家庭伦理改造出现某种程度的断裂。

---

① 北京师范大学中国基础教育质量监测协同创新中心，等.《全国家庭教育状况调查报告(2018)》权威发布[J]. 中小学心理健康教育，2018(30):79-81.

② 秦燕. 抗日战争时期陕甘宁边区的婚姻家庭变革[J]. 抗日战争研究，2004(3):181-200.

③ 张婷婷. 新国家与旧家庭：集体化时期中国乡村家庭的改造[J]. 华东理工大学学报(社会科学版)，2014(3):39-44,51.

新型家庭伦理建设具有局限。以男女平等为核心的新型家庭伦理虽然在党和政府的大力倡导下确立了，但在建设的过程中，存在政治化和冒进倾向，尤其是人民公社化运动之后。有些研究者认为，人民公社化后共产主义婚姻家庭关系开始萌芽了。有研究乐观地认为，人民公社化后所有的婚姻家庭问题都马上解决了，这种观点忽视婚姻家庭问题的复杂性。还有研究认为，公社化后中国农村家庭的面貌已经根本改变了。在集体主义生产的影响下，人民的思想觉悟大大提高，家庭中树立起了民主平等对待一切成员的优良共产主义作风。① 这种盲目乐观的认知使得在新型家庭伦理建设的过程中，较多关注制度原则上的新转变，而忽视在新的制度原则下，新旧冲突带来的一系列不适应以及传统伦理思想观念对人们根深蒂固的影响。人民公社化运动只是一场政治运动，虽然短时期内消除了家庭产生不平等的根源，但是并没有从根本上改变当时人们的婚姻家庭价值和道德观念；此外，新型家庭伦理未能对传统家庭伦理进行全面的认识、梳理和清除，一些糟粕性的东西还有存在土壤。

当前乡村家庭伦理处于困境。传统乡村家庭伦理植根的社会是一个伦理本位的社会，伦理既是社会组织基本关系架构的原则，又是人们言行举止的最主要的标准，所以践行伦理道德规范是人们自然而然的行为。而当前的乡村社会，传统伦理生态已经难以为继，面对现实社会中的多重转变而表现乏力，主要表现为以下几个方面：一是伦理在乡村社会的地位受到挑战。在传统社会里，伦理是乡村社会的纽带，没有伦理，乡村社会就是一盘散沙。而随着法治社会的建立，法律在乡村社会中的地位和作用逐渐增强，即便村民不愿意采用法律的方式解决问题，但是法律蕴涵的平等、公平、正义价值追求却是乡村社会家庭伦理关系处理的基本原则。传统伦理规则已经不能有效满足现实的复杂需要。二是主要家庭伦理关系规则受到挑战。在传统父子伦理关系中，父亲对儿子具有养育之恩，扶助儿子成家立业，儿子赡养年老的父母，费孝通先生将之称为父子之间的“反哺”关系。但是改革开放之后，父子之间的“反哺”关系变得越来越脆弱。虽然父子之间在法律上彼此负有不同的义务，但是义务的天平越来越倾向于父亲。当前农村父母不仅要养育儿女，为儿子结婚花费大半生的积蓄，年老时还要照顾幼小的孙辈，甚至为子辈养家。儿子对父

① 芮沐．新中国十年来婚姻家庭关系的发展[J]．法学研究，1959(5)：54-60．

母的义务多是象征性的、礼节性的。父子伦理关系处于新的不平衡之中，从长远看，这种不平衡无论对父辈还是子辈都是不正常的。夫妻伦理关系规则面临多重困境。当前乡村婚姻伦理正逐步摆脱旧式婚姻伦理的不良束缚，但还没有形成较为成熟的婚姻伦理关系，乡村婚姻虽具有现代的形式，但缺乏现代婚姻的精神实质。其具体表现为：婚姻的情感基础有待增强，夫妻之间的权利义务关系有待平衡，夫妻价值观念有待统一，夫妻之间较为深层的心理和情感关系的建立还任重道远。除此之外，兄弟关系、邻里关系在新时期的乡村社会展现新的特点，兄弟之间关系变得疏离和淡漠，互帮互助的友好邻里关系蒙上物质和不信任的色彩。乡村家庭伦理那种天然的血缘地缘情感关系在市场化和城镇化的过程中对人具有的规范力量被削弱。

可见，当前乡村家庭伦理还没有完成现代转型。一方面，传统乡村家庭伦理中的优秀伦理精神如何进行现代的转化和阐发，大家还没有形成思想上的共识；另一方面，社会主义的爱情婚姻家庭伦理观念在乡村社会的普及、深入还有待完成，传统遗留下的一些婚恋风俗和习惯依然具有根深蒂固的影响。

纵观百余年来乡村家庭伦理由细微到显著进而深刻的变化，有来自政治性因素的影响，也有乡村家庭伦理自身基于社会需要而做出的务实应对，其中政治性因素是主导力量。这决定了乡村家庭伦理的现代转型内生力量驱动不够，社会力量支撑不足，乡村家庭伦理现代转型艰难。在日益城镇化、工业化和信息化的今天，乡村及其所代表的文明大有被边缘化的趋势。但是作为乡土文明的重要组成部分，乡村家庭伦理仍然蕴含中国人的基本精神和价值理念，在社会现实中支撑乡村家庭不畏艰难，勇于奋进，于艰苦奇崛中创造出令人赞叹的成就。这何尝不是中华民族几千年来一路风雨兼程、砥砺前行的写照。乡村家庭伦理的现代转型并不仅仅涉及家庭领域的变化，也是中国乡土文明的传承和发展问题。新中国成立以来，疾风骤雨式的政治运动和政策变换，一定程度上打破了乡村家庭伦理重生的历史自信，而社会条件的不足又让乡村家庭伦理生长的新肌缺乏足够的力量面对现实的挑战。因而研究乡村家庭伦理的历史和现状，明确问题所在，探寻乡村家庭伦理重新焕发生机和活力的现实路径，具有重要理论价值和现实意义。

二、中国乡村家庭伦理研究现状述评

（一）改革开放前研究状况

1. 新中国成立前的相关学术研究

家庭伦理是家庭人伦关系的准则，是基于家庭的结构、生产、生活和家庭的社会功能而确立的准则。当家庭的结构和功能发生整体变化之后，家庭伦理规则自然也在调整范围内。传统家庭伦理是在长期的农业生活实践中形成的伦理规则和德性要求，有利于小农经济社会家族的和谐稳定和兴旺发达，因而会成为传统家族制度的基本人伦规则。但是随着西学东渐的影响以及中国民族危机的加深，封建家庭专制制度越来越阻碍社会的发展和人才的培养，在这种情况下，如何客观、理性对待传统中国家庭系列制度以及家庭伦理，成了必须要回答的问题。正是在这种情况下，中外学者对传统家庭制度以及家庭伦理进行了梳理研究。从现有资料看，主要表现为以下三个方面。

第一，社会学及社会人类学研究。生活需要道德，包含道德，从生活中可以窥见道德对生活的调节和要求。作为文明神秘的国度，中国人的生活和中国人的特质是不少国外研究者感兴趣的话题。不少传教士来到中国之后，他们通过观察中国人的家庭生活和村庄生活了解中国人的生活状况，形成对中国人生活及其原则和要求的印象认识。这方面的研究著作主要有《中国人生活的明与暗》（约翰·麦高恩，1909）、《中国人的性格》（明恩溥，1890）等。1918—1919年间，美国社会学家丹尼尔·哈里森·葛学浦对广东潮州凤凰村进行实地调查，记录和分析了凤凰村的人口、经济、政治、教育、婚姻和家庭、宗教信仰和社会控制等，他自创了核心概念“家族主义”（Familism）。“家族主义”是一种社会制度，它是所有的行为、标准、思想、观念都产生或围绕着血缘聚居团体利益的社会制度。家族是所有价值判断的基础和标准。葛学浦的调查对中国传统家族研究具有里程碑意义。他的《华南的乡村生活：广东凤凰村的家族主义社会学研究》在1925年出版。除此之外，一些乡村经济生活的调查研究也有涉及家庭及家庭伦理部分，如《中国农家经济》（J. L. 卜凯，1936）。

第二，国内对乡村婚姻家庭的调查。其一方面是训练学生掌握社会学调查的理论和方法，提高服务社会的能力，另一方面是将社会学中国化，系统了解中国的问题。这方面的调查有《华北农村社会的婚姻状况——定县的大王耨村》(张折桂，1930)、《一个村镇的农妇》(潘玉梅，1932)。一些学者也对中国乡村家庭的经济、文化、宗族制度产生了浓厚兴趣，尤其是一些社会学者，进行了深入的田野调查，形成了具有重要学术参考价值的社会学著作，最典型的是费孝通先生的《乡土中国》和《生育制度》。其中《乡土中国》是对乡村家庭亲属关系、人际关系考察的重要著作，费孝通试图通过乡村社会的生活和文化样态，探寻乡土中国的结构和秩序。他提出的“乡土中国”“血缘和地缘”“差序格局”“礼治秩序”“长老统治”等概念，已成为中国传统乡村社会结构和伦理观念问题上的经典概括。《乡土中国》是研究传统乡村家庭伦理文化生态的经典著作。除此之外，调查还有《社会问题:学生婚姻问题之研究》(陈鹤琴，1921)、《燕大男生对于婚姻态度之调查》(葛家栋，1930)、《燕京大学 60 女生之婚姻调查》(梁议生，1930)、《婚姻调查》(楼兆馗，1930)、《中国青年婚姻问题调查》(甘南引，1924)、《中国女子对于婚姻的态度之研究》(陈利兰，1929)、《中国之家庭问题》(潘光旦，1928)、《家庭问题的调查——与潘光旦先生的调查比较》(周叔昭，1931)、《最近十六年之北平离婚案》(吴至信，1935)、《成都离婚案之分析》(萧鼎瑛，1939)、《鼓楼医院中 75 位妇人之调查》(金陵女子文理学院社会学系，1936)等。这些研究对于了解民国时期乡村家庭生活、婚姻关系具有重要的帮助。

第三，史学的研究。从史学的角度研究婚姻家庭、妇女生活和教育方面的发展演变。主要研究成果有:《中国古代婚姻史》(陈顾远，1925)、《中国妇女生活史》(陈东原，1928)、《中国婚姻制度史》(吕思勉，1929)。这些研究对于系统把握我国婚姻家庭制度和全面了解我国婚姻家庭生活具有重要的借鉴价值。

2. 新中国成立后 30 年的研究

新中国成立后 30 年间，这一时期主要是新的婚姻家庭制度和关系建立时期。从这一时期能查到的少数研究资料看，主要聚焦于新中国的一些制度、措施、运动对乡村新的婚姻家庭伦理关系的促进作用，尤其是大跃进和人民公社化运动。主要研究资料有《人民公社化后农村婚姻家庭关系的发展变化》(湖北大学民法教研室婚姻法小组,1959)、《当前农村家庭纠纷案件的情况和处理意见》(石正凯,等,1958)、《新中国十年来婚姻家庭关系的发展》(芮沐,1959)、《农村共产主义家庭的萌芽》(贾大权,1958)、《我国婚姻家庭制度的革命》(成东柳,1960)等,从这些研究中可以看出农村婚姻家庭有了新的面貌,“许多青年男女在劳动中建立起真正的爱情,都能以正确的态度对待家务,抚养小孩和赡养老年人。许多旧式的夫妇关系也得到了改善。农村中出现了大批和睦团结的新家庭”[①]。像部分农村地区流传“公社好比一树花,朵朵开在社员家,阖家同享天伦乐,团结和睦干劲大”。这些都说明农村婚姻家庭关系确实有了改善。但是研究中也暴露出一些婚姻家庭问题:一是农村婚姻中利己主义有所抬头,比如一些人追求物质享受、乱搞男女关系、喜新厌旧、不愿与对方同甘共苦等;二是父子之间的赡养纠纷增多。

(二)改革开放后研究状况[②]

改革开放后,中国乡村发生了千年未有之变局。乡村政治、经济、社会、文化、生态等经历了剧烈的转变。在此过程中乡村家庭的结构、功能、价值、生产方式、生活方式、人际关系准则都发生了深刻的变化,乡村家庭伦理难以依据已有的准则协调各种伦理关系,它需要不断地调整完善自身,以建构与改革开放这一时期适应的话语体系,满足社会对家庭的期待。正是在这样的情况下,有学者开启了对乡村家庭伦理的批判反思和重构。

建立社会主义婚姻家庭伦理关系一直是党和政府在理论和实践中不断探索的问题。社会主义制度确立之后到“文革”期间,由于“左倾”错误以及对社会主义建设理论和实践认识不足,导致婚姻家庭建设出现一些失误。改革开放后,婚姻家庭伦理研究呈现蓬勃发展趋势。《家庭伦理》(章海山,等,1984)、《家庭伦理》(萧家炳,1996)、《家庭伦理学》(朱法贞、林善良,1989)等研究成果依据马克思主义基本观点和方法阐明了社会主义家庭伦理的基本理论和基本原则;《冲突与融合——中国传统家庭伦理的现代转向及现代价值》(李桂梅,

---

① 石正凯,等. 当前农村家庭纠纷案件的情况和处理意见[J]. 法学,1958(5):50-52.

② 李桂梅,张翠莲. 改革开放40年乡村家庭伦理研究:背景、视域和方向[J]. 伦理学研究,2018(5):13-19.

2002）和《中西家庭伦理比较研究》（李桂梅，2009）突出传统家庭伦理的嬗变和现代价值，为汲取借鉴中西家庭伦理精华提供了重要的参考。《现代家庭伦理》（林建初，1992）、《新时代的家庭伦理——尊重与关怀论文集》（戴良义，2000）以现代的视角对家庭伦理进行了人本性的解读，丰富了社会主义家庭伦理的内容。这些研究从总体上回答了社会主义家庭伦理的源泉、基本理论和发展趋势，为社会主义乡村家庭伦理建设奠定理论基础。但是中国乡村家庭因为其生产方式、居住条件、环境氛围和伦理价值等与城市家庭存在较大差别，使得乡村家庭伦理观念、道德规范、家教家风等与城市家庭之间呈现较为明显的差异。乡村家庭伦理的现代化进程显得艰难和漫长。改革开放以后，乡村家庭伦理观念出现哪些变化，如何看待这些变化，怎样处理家庭伦理中出现的问题和冲突，如何推动乡村家庭伦理的现代转型，围绕这些现代化过程中出现的问题，不同领域的学者进行了以下几方面的研究。

乡村家庭伦理的社会文化人类学研究。传统社会里，乡村家庭伦理渗透于乡村社会生产、生活、礼仪、建筑，文化、居住等方方面面，因而乡村社会以及乡村家庭的变化，意味传统乡村家庭伦理附着的政治、经济和文化生态逐渐被打破。一些学者从社会学、社会文化学以及人类学的视角考察乡村家庭伦理关系和道德规范的变化以及乡村家庭结构、功能、生计模式、关系准则、价值理念、婚恋习俗等变化，形成丰硕的研究成果。主要研究著作有《改革以来中国农村婚姻家庭的新变化：转型期中国农村婚姻家庭的变迁》（雷洁琼，1994）、《变迁中的城乡家庭》（沈崇麟等，2009）、《村庄里的中国：一个华北乡村的婚姻、家庭、生育与性》（刘中一，2009）、《农村家族问题与现代化》（吕红平，2001）、《经济体制改革和中国农村的家庭与婚姻》（杨善华，1995）、《社会变革与婚姻家庭变动：20 世纪 30—90 年代的冀南农村》（王跃生，2006）、《社区的历程：溪村汉人家族的个案研究》（王铭铭，1997）、《社会变迁中的中国农村婚姻与家庭研究（1950—1985）》（李飞龙，2010）、《私人生活的变革：一个中国村庄里的爱情、家庭与亲密关系（1949—1999）》（阎云翔，2006）、《浮生取义——对华北某县自杀现象的文化解读》（吴飞，2009）。这些研究成果从不同的视角展示改革开放以来乡村家庭人伦关系的变化，为乡村家庭伦理研究提供了非常重要的借鉴资料。

乡村家庭伦理问题研究。改革开放之初，农村家庭伦理主要存在两个方面的问题：一个是封建的婚恋思想观念仍然存在，如在一些落后的农村买卖婚姻、包办婚姻、早婚和非法同居不同程度存在。[①] 另外一个是婚姻和夫妻伦理道德的偏差，如阔老板金屋藏娇，已婚男女通奸有恃无恐，"有权人"婚变骤增，经济婚姻势头扩大等。90年代以后，农村的青壮劳动力纷纷走出家门到城里谋生，形成持续到现在的打工潮。剩下在农村的就是所谓的"389961"部队，农村家庭出现"离散化"现象，由此带来家庭生产、抚育、赡养、互助、安全、情感和性的满足等诸种功能的障碍以及角色冲突，打工潮对乡村家庭伦理关系造成全面影响。具体如下：

第一，父子伦理关系。这方面的研究主要关注改革开放以来乡村父子伦理关系的变化及其原因以及如何进行现代的转型。有些研究者认为乡村孝道衰落（聂洪辉、揭新华，2009）、孝道流失（武卉昕，2010）、孝道文化衰落（唐琼，2010）、孝道观念缺失（郭锐、蔡普民，2010）和孝道衰微（仵军智，2012；杨振华，2010）。还有研究指出这是家庭基于理性化考量后，以核心小家庭辐射大家庭，形成亲子轴倒置的关系格局，即从保全自我、考虑大家的价值伦理出发，以子代核心小家庭为重心兼顾大家庭的利益，形成情利一体的四代同堂家庭，是应对城市化和市场化竞争的权变性策略。[②] 郑自立从文化的角度分析了城镇化对乡村孝文化传承带来的不利影响，提出了构建符合时代要求农村孝文化的途径。[③] 由这些研究可以看出，父子伦理的传统样态已经难以为继，需要对父子伦理中新的现象进行研究和规范引导。

第二，婚姻伦理和夫妻伦理关系。当前乡村婚姻伦理的发展方向是建立平等、自由、互爱、互助等新型的婚姻关系，但是这个过程并不是一帆风顺的。从已有研究情况看，研究主要关注物质主义、功利主义对农村婚姻家庭的影响，以及爱情、婚姻家庭中呈现的个人主义倾向导致的夫妻伦理规范变化。如一些农村青年利用结婚机会，尽可能为小家庭争取更多的物质资源，如在晋南

---

① 江万秀，王磊．当前农村婚姻中存在的几个主要问题——福建长汀、永定、惠安三县调查[J]．道德与文明，1987(2)：19-20，30．

② 王欣．农村家庭伦理价值与代际关系的权变——基于苏北渔村四代同堂家庭的个案调查[J]．人口与社会，2016(4)：88-97．

③ 郑自立．城镇化背景下我国农村孝文化传承探讨[J]．伦理学研究，2017(3)：110-114．

农村流行的“不用急，不用忙，发家致富在洞房”。也有学者指出为了最大限度地争取自己的利益，年轻人费尽了心思去提高彩礼与陪嫁的数量，结果是结婚费用节节上升。① 也有研究认为转型期农村社会中，婚姻目的手段化、婚姻意义个体化、婚姻责任弱化，婚姻逐步远离了生育制度，婚姻主体追求个体性生活体验的欲望逐步增强，婚姻的价值正在发生革命性的变化。② 还有研究指出从伦理本位到权利本位的生成、转向与演变，既是当前农村青年婚变的基本逻辑，也是当下中国乡村社会转型与农民价值观念转变的主要趋向。③

第三，生育伦理问题。生育在农村家庭中具有慎终追远、家族继替的作用，蕴含强烈的伦理使命，因而被视为家庭维系的关键因素之一。生育对于讲求家族人丁兴旺的乡村人而言，具有终极性的价值和意义，贺雪峰把它视为“人们对本体性价值和永恒不灭意义的追求”④。有研究指出，改革开放后，传统孝道文化逐渐衰败，传统“反馈模式”养老机制链条断裂之后，农民生育更加理性化，生育偏好从多子多福、一男一女、生男生女都一样到生女儿更好的转变，这种转变与村庄场域的特定时空有巨大关联，养老责任的转变是转变的基本逻辑。⑤

第四，性伦理问题。改革开放后农村中的性观念有新变化，主要表现为婚前性行为和婚外性行为增加，尤其是 20 世纪 90 年代以后，乡村性禁忌被打破。性方面的研究主要关注农村性规范意识的变化、婚前性行为的增加和婚外情的变化。研究具有区域性的特征，主要是对某个地区的农村性观念的调查研究。从总体来看，农村“70 后”开始接受婚前性行为，“80 后”对同居、性行为不再陌生，大部分表示接受。农村性观念正在逐步开放，将婚前性行为视为禁忌的观念已开始松动，人们能够坦然接受一些婚前性行为，对婚外性行为的宽容度也增加了。

---

① ［美］阎云翔．私人生活的变革：一个中国村庄里的爱情、家庭与亲密关系（1949—1999）［M］．龚小夏，译．上海：上海书店出版社，2006：168．

② 陈讯．抛夫弃子：理解农村年轻妇女追求美好生活的一个视角——基于黔南 S 乡的调查与分析［J］．贵州社会科学，2014（9）：165-168．

③ 何绍辉．从“伦理”到“权利”——兼论农村青年婚变的影响机制［J］．中国青年政治学院学报，2012（2）：13-17．

④ 贺雪峰．当代中国乡村价值之变［J］．金融博览，2014（8）：18-19．

⑤ 陶自祥．责任伦理危机：一种理解农村生育偏好逆变的视角——基于皖南 C 村的实证研究［J］．山西农业大学学报（社会科学版），2011（7）：692-696．

农民工家庭伦理研究。进入新世纪后，农民工的婚姻家庭问题逐渐进入研究视野。与此同时，一些媒体报道呼吁关注农民工婚姻，对农民工婚姻家庭的研究逐渐增多。从当前的资料看，农民工婚姻家庭伦理研究主要围绕以下几个方面展开：

一是农民工婚姻关系研究。农民工背井离乡，他们的婚姻面临诸多考验。农民工离婚率上升主要是婚前缺乏了解导致的婚姻基础薄弱，文化生活匮乏是重要诱因，家庭暴力、不良生活习惯也是造成离婚的原因之一。地域不平衡、信息不对称、沟通缺乏造成感情淡化。除此之外，一些研究者还关注到社交网络对农民工婚姻的影响，如《社会网络与农民工初婚：性别视角的研究》（靳小怡等，2009）、《社交媒体功能异化与现代婚姻两性关系：以泸州市农民工为例》（王飞，2016）。

二是农民工性伦理研究。农民工的性观念呈现相对开放和宽容的趋势，他们的性观念和状况也是社会非常关注的内容。有研究调查发现农民工的非婚性行为频发，性关系非常混乱，性观念极度偏差。这既有个人的原因，又有家庭和社会的原因。① 对于打工群体中出现的“临时夫妻”现象，不少研究者指出这种行为是对传统夫妻伦理规范的挑战，从个体方面看有违法律和道德，但是又把它看成是一个社会问题，将之归为中国社会制度不健全的产物。② 对于“临时夫妻”产生的原因，有学者将之归因于户籍制度产生的城乡二元结构以及农民工社会保障权益的缺失和企业缺乏相应文化娱乐保障。③ 也有研究剖析“临时夫妻”现象的社会心理机制。④

三是新生代农民工家庭伦理变迁研究。新生代农民是指“80 后”“90 后”的农民工群体。与第一代农民工相比，他们具有更丰富的物质和精神追求，对幸福婚姻家庭的要求也不同于第一代农民工。现实中，新生代农民工在婚姻与家庭关系上存在自主与依赖的矛盾，在婚姻和家庭利益上存在传统和现代

① 杨子贤，张跃飞．农民工的“性乱象”——长三角地区农民工非婚性行为的调查与思考[J]．哈尔滨工业大学学报（社会科学版），2013(5)：70-78.

② 徐京波．临时夫妻：社会结构转型中的越轨行为——基于上海服务业农民工的调查[J].中国青年研究，2015(1)：55-59.

③ 刘开明．农民工“临时夫妻”：苦涩与痛楚[J]．人民论坛，2013(28)：62-63.

④ 何雯，曹成刚．农民工“临时夫妻”现象的社会心理学解析[J]．广西社会科学，2014(7)：145-149.

的冲突，不过这种矛盾和冲突仍然屈服于整体家庭利益。有研究认为新生代农民工具有从传统到现代的“过渡型”婚姻家庭观念，即高标准多元化的择偶观、双重标准的性爱观、初具现代性的生育观、相对理性与现实的情爱观、传统与现代交织的家庭观。① 新生代农民工由于夫妻文化眼界的差距、社会网络的扩大、家庭功能的缺失，导致他们的婚姻伦理关系稳定性差，情感关系弱化，亲情淡化。② “闪婚”是新生代农民工群体婚恋中一个普遍现象。有研究分析了新生代农民工群体“闪婚”具有的婚姻伦理风险。③ 也有学者对新生代农民工群体早婚现象带来的不良道德后果进行了分析。④

四是乡村留守家庭伦理研究。留守对乡村家庭的结构、功能和生态产生不良影响，导致家庭生产、抚养、赡养、情感满足和保护功能难以正常发挥，从而引发家庭冲突和社会问题。⑤ 一是留守导致夫妻情义疏离。有研究认为，夫妻分离给婚姻关系带来消极影响，如降低婚姻吸引力，减少离婚障碍，缺乏婚姻责任感。⑥ 个别学者认为，留守不仅没有带来消极影响，外部冲击反而还推动夫妻关系呈现理性整合、情感整合与情谊整合的趋向，从而使乡村夫妻关系更为稳定。⑦ 二是留守对父子伦理关系的影响。留守一方面使得留守孩子得不到父母陪伴式的关爱，感受不到浓浓的父子亲情，使得亲子情感存在恶化的可能；留守也造成儿童难以直接发展道德行为，难以提升道德素质，难以增强道德观念；⑧另一方面，留守使得一些农村老人得不到应有的关爱和尊重，还要承担隔代抚养的责任，亲子代际沟通出现疏离。留守给乡村家庭带来的夫妻、亲子和养老问题，是一个复杂的问题，其中有伦理道德规范问题，也有法律权

---

① 许传新，高红莉．徘徊于传统与现代之间：新生代农民工婚姻家庭观研究[J]．理论导刊，2014(3)：73-77.

② 疏仁华．结构性流动与青年农民工婚姻行为的变迁[J]．南通大学学报(社会科学版)，2009(5)：112-116.

③ 许荣漫，贾志科．青年农民工的“闪婚”现象研究——以豫西南M村的个案为例[J]．社会科学论坛，2010(19)：180-191.

④ 刘成斌，童芬燕．陪伴、爱情与家庭：青年农民工早婚现象研究[J]．中国青年研究，2016(6)：54-60.

⑤ 杨静慧．解析留守家庭缺损现状：从结构到功能[J]．西北人口，2008(4)：121-124.

⑥ 罗小锋．留守妇女的婚姻为何走向解体？——基于对农民工家庭的定性研究[J]．江南大学学报(人文社会科学版)，2018(1)：39-45.

⑦ 崔应令．外部迫力与内部整合——打工潮背景下的乡村夫妻关系研究[J]．广西民族大学学报(哲学社会科学版)，2009(2)：51-55.

⑧ 王露璐，李明建．农村留守儿童道德教育的现状与思考[J]．教育研究与实验，2014(6)：41-44.

利义务关系问题，还有社会保障以及社会治理问题。解决乡村留守家庭问题，需要综合处置。

乡村家庭伦理现代转型研究。乡村家庭伦理的现代转型是乡村社会发展的必然要求，也是乡村家庭和谐发展的重要保障，更是乡村家庭伦理在新时代发展完善的需要。从研究的成果看，研究主要集中于两大方面：一是内容的现代转型。有研究指出当前农村新型家庭伦理的重建需要遵循"原源之辨"的伦理演进规律，在现实之"原"的基础上，重新阐释儒家家庭伦理中的基本观念和积极成分，使之具备现代形态和解释力并成为农村新型家庭伦理的一部分。① 刘中一先生则指出乡村婚恋文化的现代建构并不是简单的从"家庭本位主义"到"个人本位主义"的历史性进化，而是发生于"多元现代性"背景下的"家庭本位主义"的重构再造过程。② 有研究者指出，要把孝道嬗变作为基本的出发点，重新建立传统性与现代性之间协调融合的新的孝道价值伦理秩序。③ 总体看来，乡村家庭伦理的现代转型的致思方向是以独立自由、平等自主的现代观念，破解传统乡村家庭伦理的依赖、等级关系，达到伦理间的义务平衡。二是转型的路径研究。刘中一提出在乡村婚姻秩序的建构上，不能只重视法律、法规等现代的婚姻文化，还应该重视在长期的乡村社会生活中、在各种现有的条件下通过人们的行为互动形成的一些民间习惯、习俗的作用，仅强调现代的婚姻道德文化对乡村社会的调控，无法建构符合我国乡村社会实际的婚姻秩序④。张翠莲、李桂梅从伦理制度化角度提出重塑乡村家庭伦理的路径。⑤

乡村家庭伦理阶段性研究。乡村家庭伦理是乡村变迁的风气表征。乡村社会的变化首先体现于家庭人际关系准则的变化。20 世纪以来，乡村处于新旧势力争夺的范围，每个时代有不同的意识形态要求和革命任务，因而乡村家庭伦理呈现出不同的面貌。研究每个时代乡村婚姻家庭生活以及制度伦理关

---

① 张冬玲. 论我国农村新型家庭伦理的构建[J]. 山东社会科学，2011(9)：126-128.

② 刘中一. 家庭在场：一个华北乡村的婚姻策略[J]. 北京行政学院学报，2011(2)：103-107.

③ 季卫斌. 缺失抑或转化：后乡土社会孝道的嬗变[J]. 江汉大学学报(社会科学版)，2016(2)：77-80，127.

④ 刘中一. 村庄里的中国：一个华北乡村的婚姻、家庭、生育与性[M]. 太原：山西人民出版社，2009：62.

⑤ 张翠莲，李桂梅. 试论当代乡村家庭伦理制度化建设[J]. 道德与文明，2017(5)：21-27.

系，揭示其中蕴含的乡村家庭伦理要求是主要方面。黄滨指出，中国传统的家庭伦理文明许多内容从发展方向上与近代化的文明内涵是完全一致的，只不过暂时还没有达到西方文明所发展的高度和程度。晚清民国时期中国乡村社会的家庭伦理生活逐渐开始接受近代化家庭的一些生活方式，但基本上仍然保留和延续浓厚传统道德生活方式，传统家庭伦理依然是千千万万农民家庭最基础的道德生活规范，发挥着强大而积极的作用，因而需要借鉴和运用具有千年不朽合理的价值和优秀的道德文明。① 也有学者分析20世纪上半期中国农村婚姻实态和变迁，指出父母之命、媒妁之言的婚姻缔结方式、早婚和嫁娶重财等对夫妻伦理关系和伦理责任的不良影响。中国共产党领导的革命政权对不合理的婚姻制度和恶习进行根本性的改造，取得显著成绩。② 董莹莹、邓亦林梳理了中国共产党领导的根据地和边区的婚姻家庭新政策，揭示了当时苏区婚姻伦理关系的基本原则，阐明中央苏区婚姻变革对根据地建设产生的积极影响。③ 秦燕指出了边区婚姻家庭伦理关系改造的复杂性和长期性。④ 也有学者认为在社会主义时期，我国农村的婚姻家庭关系中还存在两种思想、两种道德的矛盾和斗争。只要坚持社会主义方向，发展社会生产力，把提高人们的物质文化生活同经常的共产主义道德教育有机地结合起来，坚持下去，一抓到底，农村婚姻家庭中的共产主义因素就一定能够由小到大，由弱到强，并取而代之。⑤ 李桂梅、郑自立则梳理了当代乡村家庭伦理在伦理观念、伦理关系、伦理责任、道德调控等方面的变迁，探析了引起变迁的深层原因。⑥ 这些研究成果揭示了20世纪以来乡村婚姻家庭伦理转变的脉络，有利于全面把握乡村婚姻家庭转变的趋势以及存在的问题。

综上所述，改革开放后乡村家庭伦理的研究呈现鲜明的问题意识。研究具有以下特点。一是研究内容不断丰富。农村中孝道问题、留守问题、临时夫妻、婚姻关系、性关系等被纳入研究视野。二是研究视角不断拓展。乡村家庭

---

① 黄滨. 近代中国乡村社会的家庭伦理生活[J]. 伦理学研究，2009(3)：20-25.

② 傅建成. 20世纪上半期中国乡村婚姻实态与变迁[C]//中国现代社会转型问题学术讨论会论文集. 北京：中国环境科学出版社，2002：348-361.

③ 董莹莹，邓亦林. 中央苏区的婚姻制度变革及其对根据地建设的影响[J]. 中国井冈山干部学院学报，2016(3)：54-59.

④ 秦燕. 抗日战争时期陕甘宁边区的婚姻家庭变革[J]. 抗日战争研究，2004(3)：181-200.

⑤ 杨俊启. 论社会主义时期我国农村的婚姻家庭问题[J]. 文史哲，1981(6)：83-89.

⑥ 李桂梅，郑自立. 当代中国乡村家庭伦理的变迁[J]. 伦理学研究，2017(6)：107-111.

伦理研究从注重道德教育逐渐延展到其他视角，如从关怀伦理、女性伦理、制度伦理等角度对乡村家庭伦理的现代转型内容和途径进行探索；运用社会学、文化学、心理学、政治学、生态学、历史学等相关理论和知识，对乡村家庭关系发展演变和生活形态进行调查研究。三是研究深度不断增加。乡村家庭伦理的研究向更深更广的研究领域迈进，一方面家庭伦理研究中更注重个体和家庭精神层次和需求的满足，另一方面研究的视角逐步拓展到社会的其他领域，融合各学科的知识和理论，为乡村家庭伦理的现代转型服务。

（三）乡村家庭伦理研究的方向

40余年来的乡村家庭伦理研究取得了较为丰富的成果，也积累了不少的研究经验，但是乡村家庭伦理无论作为乡村社会治理中的一个重要维度还是作为乡村文化重构的内容，都需要进一步加强和完善相关方面的研究。

乡村家庭伦理整体性研究需要进一步增强。乡村家庭伦理是一个整体性的概念，其所表达的价值准则因为社会时代的不同而体现为不同的文化类型。当代乡村家庭伦理研究整体性表现为价值标准的统一性、理论视域的融合性和研究方法的综合性。价值标准的统一性意指在家庭内部、家庭和社会之间，城乡家庭之间和东西部家庭之间均以社会主义核心价值观为原则建设家庭伦理文化。理论视域的融合性意指乡村家庭伦理研究需要拓展研究视域，借鉴和融合其他学科内容，为乡村家庭伦理建设提供科学完善的理论指导。研究方法的综合性意指要将乡村家庭伦理置于当今社会背景之下，采用各种方法科学客观地探析其发展变化及其对社会、家庭、个人的作用和影响。目前学术界缺乏对社会主义核心价值观在乡村家庭伦理建设中的作用和机制的研究，乡村家庭伦理对乡村振兴的价值和作用没有得到充分重视。只有加强乡村家庭伦理的整体性研究，明确乡村家庭伦理在乡村转型过程中的地位、功能和作用，重新挖掘和丰富乡村家庭伦理蕴含的价值和功能，厘清家庭伦理关系的各种准则，使伦理、情理和法治有统一的价值准则和人格基础，才能大力推进乡村家庭伦理的建设，保障乡村家庭的和谐幸福，促进乡风文明的提升。

乡村家庭伦理建设的系统性研究需要增强。乡村家庭伦理既与个体人格心理有关，又与国家政策制度和社会风尚紧密联系。从已有的研究看，一方面因为时代的局限性使得研究多数局限于某一个方面，缺乏更宏观的视野进行乡村家庭伦理体系构建和建设工作；另一方面，乡村家庭伦理自身也还没有完成理论的自信和自觉，还无法以现代乡村家庭伦理精神自觉抵制乡村社会和家庭中的不良思想观念和现象。这使得乡村建设中的乡村家庭伦理始终处于一个尴尬的地位。而在"三农"政策中，主要涉及农民的生存和发展问题，关于农民家庭伦理的内容较少且大都是原则性的条文。今后的研究需要注重乡村家庭伦理建设的系统性，其价值体系、内容体系、运行实施体系需要不断地建构完善，只有这样，乡村家庭伦理才能充分发挥伦理涵育的功能，为乡村治理体系和治理能力现代化奠定思想基础和品质基础。

乡村家庭伦理的针对性和对策性研究有待加强。乡村家庭走向现代化是大势所趋，但是不同区域的乡村家庭现代化程度不一样，传统伦理观念的影响也不相同，因而各个地方乡村家庭伦理中出现的问题、面临的困境也会有所差别，尤其是伦理的问题需要经济、政治、文化、教育、社会方面的紧密配合才能得到解决。这决定乡村家庭伦理研究需要从各个区域的实际问题出发，结合当地的具体情况，找出具体的针对性的方法和路径。从目前对乡村家庭伦理的研究看，多注重理论、与实践的结合不够、对策的针对性不强，使得研究成果无法在政策中得到充分应用和转化。

三、研究思路与方法

1. 研究思路

乡村家庭伦理本身就是一个小系统，任何一个关系准则的变化，都会引起其他家庭伦理规则的相应变化；同时，乡村家庭伦理规则的变化又是由社会大系统的变化引起的，需要系统的社会支撑。本书正是基于以上认识，系统地研究了当代乡村家庭伦理的历史、现状，既厘清乡村家庭伦理的历史之"原"，又探究乡村家庭伦理的现实之"源"，明确乡村家庭伦理的发展目标以及建构的方向和路径。具体思路为：

第一，梳理传统乡村家庭伦理依存的历史条件、基本内容、特点和作用，洞悉传统乡村家庭伦理发挥作用的环境和机制，为当代乡村家庭伦理体系的构建提供历史借鉴和思考。

第二，明确当代乡村家庭伦理的现状，探析乡村家庭伦理存在的问题及其原因，为当代乡村家庭伦理体系和伦理生态重构提供现实依据。

第三，确定当代乡村家庭伦理建构的目标和原则，为乡村家庭伦理的继承和创新性发展提供基本思路。

第四，重点和针对性探讨乡村婚姻伦理、乡村孝道以及家庭道德教育的演变及存在的问题，从乡村家庭伦理自身完善和个体伦理德性培育视角，探寻乡村家庭伦理建设的内在要求。

第五，从法治、德治和自治三个方面建设现代乡村家庭伦理生态，为乡村家庭伦理现代转型提供保障。

2. 研究方法

乡村家庭伦理研究是基于社会转型的整体背景和乡村生产生活发生巨大转变的情况，针对乡村家庭关系、家庭结构和家庭功能变化带来的矛盾和冲突而进行的伦理重构探索，旨在为乡村家庭伦理在新时代下焕发新的生机与活力寻求切实可行的理论基础和实践指导。为保障研究目的能够实现，本书采取了以下研究方法：

第一，文献研究法。为了更为准确地了解和掌握乡村家庭伦理的历史发展、内容、特征、作用以及改革开放后乡村家庭伦理发生的变化，本课题研究人员查阅了大量文献资料，明确了乡村家庭伦理的基本理论以及发展演变的基本线索。

第二，跨学科研究法。家庭是社会的基本单元，乡村家庭伦理的变化与社会政治、经济、文化的发展紧密相关，只有明确社会的整体发展趋势，才能从宏观把握乡村家庭伦理发展的趋势和脉络。所以本课题研究参阅了大量社会学、政治学、历史学、教育学、经济学等方面的文献资料，既坚持伦理道德生活史的基本立场，又超越琐碎平凡的道德生活经验，力求理论的逻辑演变和生活的实践应对更紧密地结合。

第三，实证研究方法。乡村家庭伦理的发展演变实质上也是乡村家庭伦理生活的发展演变，因而纯粹从理论出发进行逻辑推演和论证，注定会存在不足之处，必须深入农村，掌握第一手材料。为了了解乡村家庭伦理的现状，本课题组于2017年和2018年7—8月间先后对湖南省郴州市宜章县莽山瑶族乡西岭村、湖北省黄冈市罗田县骆驼坳镇赵家湾村、甘肃省定西市岷县梅川镇辘辘村、江西省抚州市临川区下聂村、江苏省江阴市周庄镇华宏村、山东省济宁市金乡县王杰村和广东省吴川市黄坡镇林屋村七个省的七个村庄进行田野调查。

本次调查采用问卷调查法和深度访谈法相结合的方法。回收有效问卷有805份。深度访谈有74例，其中女性25例，男性49例。本次访谈是以个别访谈方式进行的，访谈材料的获取采取现场录音、事后整理成文字的方式。在全部问卷收回后，指定专人录入所有问卷中的相关信息，并进行了条目编码。访谈指派专人对初次录入数据表进行两次复核，对初次复核过的数据，运用Epidata软件，进行问卷逻辑关系纠错复核，尽可能地减少问卷中的逻辑错误。使用SPSS12.0—SPSS17.0高级统计分析软件再次进行数据查错，最后进行抽样调查高级统计分析，最终完成数据处理及统计汇总。

第一章

中国传统乡村生活与家庭伦理

“生活是文化与伦理的基础，文化与伦理是生活的核心与灵魂。”[①]生活与伦理紧密联系，相互交融。生活的本质是实践的，也是伦理的。传统乡村的社会生产方式和条件决定了乡村生活的实质既是家庭生活，又是伦理生活。它决定了家庭伦理的价值和原则，家庭伦理的价值和原则赋予了乡村生活文化的质感和生命。所以，传统乡村家庭伦理的产生、内容、特征和作用都与中国传统社会的自然和社会条件紧密关联，一旦外部的社会生产条件发生变化，传统乡村家庭伦理也将发生变化，明白于此，才能洞观乡村家庭伦理的发展演变。

第一节 传统乡村家庭伦理存在的历史条件

中国是海陆兼备的国家，在古代，主要依靠农业生存，土地是最主要的生产资料。历代先人通过辛苦劳动从土地中获取生存资料，依据血缘人伦关系进行生产和分配。家庭（族）成为最主要的生产和分配单位，家庭（族）伦理关系是传统社会最基本的关系，家庭伦理是社会伦理文化的核心。

一、小农社会的自然经济

英国著名的历史学家汤因比在解释世界各民族文化的产生、发展及其特点时指出，每个民族的文化就是该民族对其生存环境所作挑战的一种回应。也就是说，每个民族的生存环境对其文化的产生与发展具有根本性的影响。

① 肖群忠．以文化与伦理塑造引领美好生活[J]．中国特色社会主义研究，2019(3)：5-10，34．

传统乡村家庭伦理孕育的土壤与中国文明起源的地理环境密切相关。

得天独厚的自然环境。中华文明(华夏文明)的重要发源地黄河流域和长江流域,虽然地理形势复杂,气候多变,但是在流经的中下游区域,多是地势平坦、水草丰美、物产丰富、气候宜人的地区,适合开展农业、牧业和渔业。在这些区域发现的早期人类文化遗址中,发掘到人类种植的谷物、蓄养的家禽和石制的农业生产工具。可见,肥沃的土壤、宜人的环境、丰富的物产为中国早期人类的生存和发展提供了良好的生存条件,也产生了中华祖先利用自然的生存智慧和组织。人们凭借日积月累的经验,依靠辛勤的劳动就可以保障生活基本无虞。循道自然就会有所得,成为人们朴素的科学认知,族群式的组织是人们面对自然时的有力保障。而这些在一定程度上也形成人们循故蹈常的心理特点。

自给自足的小农经济。传统社会,祖宗先人面临的生存挑战主要是来自大自然的挑战,如何从大自然中获取更多的生存资料就成为中华文明的主题。在中华文化传说中就有众多的古圣先贤利用自然资源获取生存资料的事迹,比如炎帝种五谷、尝百草。远古的时候,人们不知道自然中的果实、种子和草哪些可以作食物和药物,常常生病和中毒。炎帝为了寻找可吃的食物和可用的药物,亲自采摘花草、种子放在嘴里品尝,他得出了麦子、稻、谷子、高粱能充饥,就让臣民收集种子种植。他还尝出了三百六十五种药物,写成《神农本草》,为人治病。黄帝时期人们学会了种植百谷草木,驯养鸟兽虫蛾,能够认识日月星辰的运行规律,搜集自然矿产资源,有意识地使用水火材物。这种从自然之中获取食物的生存方式,积淀为中华民族代代传承的生存智慧。代代传承的经验告诉人们,只要勤心劳力,能够根据天时运行规律种植、收集和储藏,种族的生存就有了可靠的保障,强兵治国也就有了根基。所以,农在传统社会居于"四业"之首,农不出则乏其食。一些强大的国家无不是聚集更多的劳动力,激励人们垦荒种植,奠定了国家强大的基础。但是,找到了在大自然中获取生存资料的途径,还不能保障种族更好地生存和繁衍。面对大自然的淫威,具有血缘关系的家族就成了对抗自然的首选组织单位。在这个天然组织中,家族成员依靠辛勤的劳动积累起家族生存和发展的物质财富。几乎所有的家族成员,均会参与到家庭的生产劳动中。农忙时,大人和孩子都被分派生产任务，大人做一些体力较重的农活，孩子做一些力所能及的服务、递送等辅助劳动；农闲时，大人则进行一些养殖和手工业活动补贴家用，如果有盈余，就会到市场上售卖换取其他的生活用品。农户如果很勤劳，基本上可以实现自给自足。这种农业和手工业结合的自给自足的小农经济使得家庭成为主要的生产单位，家庭成员成为主要的生产者，家庭关系成为经济活动的主要关系，家庭伦理自然成为人们主要的关系准则。

二、家国同构的政治制度

家国同构的政治制度是封建宗法制度的体现。宗法制是中国古代社会国家的基本组织原则。中国采用宗法制与当时社会的生产方式以及聚族而居的生活习性有关。自给自足的小农经济决定了以血缘为纽带的宗族是主要的组织单位和生产单位。关于“宗”，《白虎通·宗族》指出：“宗者，尊也。为先祖主者，宗人之所尊也。”①“宗”意味家族中的权威和领导力量。所谓“族”，“族者，凑也，聚也。谓恩爱相流凑也。上凑高祖，下至玄孙，一家有吉，百家聚之，合而为亲，生相亲爱，死相哀痛，有会聚之道，故谓之族。”②可见，族是以男性血统为根据而形成的相互亲爱、互帮互助的聚落。为了保障各个家庭之间相互照应，《周礼·大司徒》规定“五家为比，使之相保；五比为闾，使之相受；四闾为族，使之相葬；五族为党，使之相救”，这样就形成了彼此之间具有相互责任、有序的家族组织。宗和族连在一起，意味宗族内部，既有族之间的守望相助，又有权威大家长作为族的核心，保障宗族势力以及家族香火能够得以延续。每个宗族均具有敬天法祖的习惯传统，有宗族的荣誉和尊严，宗族内部形成严密的组织行为规范要求，宗族晓谕男女老幼，应遵守族规家法，违者重罚，所以，宗族内部形成了稳定有序的文化生态。整个国家治理就依靠宗族治理力量，形成稳定的社会秩序。“古未有今所谓国家。传结之最大者，即为宗族。故治理之权，咸在于族。”③宗法实质是宗族内部运行的法则，它以血缘关系为纽带，

① (汉)班固撰集，(清)陈立疏证，吴则虞点校. 白虎通疏证：上[M]. 北京：中华书局，1994：393.
② (汉)班固撰集，(清)陈立疏证，吴则虞点校. 白虎通疏证：上[M]. 北京：中华书局，1994：397-398.
③ 吕思勉. 中国宗族制度小史[M]. 北京：知识产权出版社，2018：17-18.

尊崇共同祖先以维系亲情，在宗族内部区分尊卑长幼，并规定继承顺序以及宗族成员各自不同的权利和义务的法则。宗法制源于原始社会父系家长制家庭成员之间的亲族血缘关系。西周时血缘关系与社会政治等级、社会权力密切交融，形成较完整的宗法制度。这时期宗法制度特点如下：一是严格区分嫡庶，确立嫡长子的优先继承权，在此前提下区分宗族内部大小宗，嫡长子为宗子，宗子具有特殊的权力，宗族成员必须尊奉宗子；二是把宗法制与封邦建国结合起来，形成层层相属的宗法关系，使政权与族权合一；三是以严格的宗庙祭祀制度维系宗族团结，宗子有权主持祭祀，有权掌管宗族财产，具有至高无上的权力。宗族内尊卑等级分明，血缘亲疏有异，宗族内的团结通过宗法制度得以维系。西周及其之前基于父系血缘而施行的分封制是封建宗法制的典型体现。

西周末年，这种基于血缘的封建宗法制随着地方诸侯力量的强大而分崩离析。秦汉以后废除了诸侯分封制度，实行中央集权的郡县制度，但是帝王继统仍由皇族血缘确定，嫡长子继位长期延续，宗法关系和宗法意识依然渗透到生活的方方面面当中。君主制和宗法制互为表里，将君统与宗统相结合，利用宗法力量，将孝亲推及到忠君，使君权与父权彼此沟通，为巩固“一姓之天下”服务。尤其是董仲舒提出“三纲五常”，将宗法家族的父子、夫妻伦理与国家的君臣之道高度同构，“王朝的政治关系是家族伦理关系的放大，伦理与政治高度一体化。……各种宗法家族的人情原则深刻地镶嵌到国家的法律政治领域，以礼入法，以礼规范法，政治亦高度伦理化、私人化，形成中国特色的礼法一体和私性政治传统”①。家国同构的政治制度，为乡村家庭伦理的持续存在提供了政治保障。

三、封闭同一的文化氛围

中华文明源于农业文明，农业文明具有封闭性和保守性，这已经成为人们的基本共识。中华文明的这种特点决定文化的封闭同一，即使有外来文化的

① 许纪霖．家国天下——现代中国的个人、国家与世界认同[M]．上海：上海人民出版社，2017：3.

传播，也难以改变其文明的基调。在中华民族发展的历史长河中，春秋战国时期是文化较为繁荣多元的时期，不同流派的思想家从不同的角度探索治国强国之道，形成历史上少有的思想文化上的“百花齐放，百家争鸣”的局面，但这种局面随着秦国统一六国，建立君主专制中央集权制度，实施“车同轨、书同文、行同伦”的政策而消失。在两千多年的封建历程中虽然也有少数民族的侵入和文化融合，但是儒家思想文化始终居于主导地位。中国传统文化形成了以儒为主、儒释道并存的格局。它们彼此的思想特质、价值旨归不同，但又互融互补，共同构成了中国文化的三大脉络。儒家主张仁政和道德教化，强调利用天道人伦维护社会秩序的稳定；佛家主张众生皆佛，以生死轮回劝导民众无待无求、无我无执；道家崇尚无为而治，顺应自然。三种文化思想从不同方面满足当时的人们对生活秩序、生活意义等方面的需求，以致其他思想文化难以突破生活的厚重障碍，激起思想文化的变革。

传统小农经济使人们满足于眼前的生活，人们“安于既定的一切，满足于存在的合理性，根本不想去探究存在的不合理性，只知其‘所当然’，根本不去追求‘所以然’”①。“在这样的生活环境中，又容易滋生永恒意识，认为世界是悠久的、静定的。……在更多的时候则表现出习故蹈常的惯性，好常恶变。反映在精英文化中，则是求‘久’观念的应运而兴，……反映在民间心态中，便是对用具追求‘经久耐用’，对统治方式希望稳定守常，对家族祈求延绵永远，都是求‘久’意识的表现。”②这种封闭同一的文化氛围，有利于培养等级制家庭伦理规则，强化人们对家庭伦理的认同。

四、整体本位的价值导向

马克思、恩格斯指出：“思想、观念、意识的生产最初是直接与人们的物质活动，与人们的物质交往，与现实生活的语言交织在一起的。人们的想象、思维、精神交往在这里还是人们物质行动的直接产物。”③中国重视整体本位的价

① 李桂梅．冲突与融合——中国传统家庭伦理的现代转向及现代价值[M]．长沙：中南大学出版社，2002：15.

② 冯天瑜，等．中华文化史[M]．上海：上海人民出版社，1990：173.

③ 马克思恩格斯选集：第1卷[M]．北京：人民出版社，2012：151.

值导向是由古代中国的自然社会历史条件决定的。

中华文明起源的地方，水系丰富，适合于农业活动的展开。据浙江上山遗址考古发现，在距今1万年前，钱塘江流域就已经开始培植水稻。当氏族部落解体之后，家族家庭就成为主要的生产组织单位，大家共同劳动来抵抗自然灾害的侵扰。“每一个农户差不多都是自给自足的，都是直接生产自己的大部分消费品，因而他们取得生活资料多半是靠与自然交换，而不是靠与社会交往。”[①]这种生产方式和条件决定个体小农只有通过家族群体的力量，才能得以生存下去。“因而人们在自身的生存中深感群体的重要，也特别注重群体关系。”[②]由此形成了中国人重视整体的思维方式和行为习惯。

首先，在哲学上体现为天人合一的整体观。在先秦经典文献中，乾坤、阴阳代表天地化生之本原，它们的运行变化以及相互作用形成天地之道，是天地运行以及人之言行的基本依据。乾，起着统率作用，是天道运行的规则；坤，起着辅助作用，依附于天道，有成人之美。乾是阳，是天道、夫道；坤是阴，是地道、妻道；乾坤之道是天地之道、阴阳之道，也是男女之道、夫妻之道，当然也是尊卑之道。人道就是依据天地之道而形成的价值追求和价值准则。天地之道最明显地体现为“生”，生生不息。《周易》指出：“天地之大德曰生。”[③]将“生”置于最高的位置，正是对“生”的追求和崇拜，形成了天人合一的整体观。在人道上，因“生”而形成伦理整体本位的原则和规范。为了保证“生”的神圣力量的延续，婚姻家庭就成为超越个人的决定力量，个人要服从婚姻家庭的伦理要求，以完成预定的伦理职责和人生意义追求。

其次，政治上体现为君主“敬天保民”的整体主义道义要求。“君”作为天地之道在人间的最高代表，符合天地之道是其最基本的原则标准，其治下的子民生存繁衍就是其治理国家的最大责任。从“三皇五帝”开始，这种观点就成为君王的政治使命。从中华文明的历史记载看，五帝均有一些共同的优良品质，他们自身在部落中堪称道德表率：注重个人的言行法度，智谋双全，才德过人；注重礼仪教化，利民益众，使百姓咸服，在部落中具有较高的道德威望。

---

① 马克思恩格斯选集：第1卷[M]．北京：人民出版社，2012：762.

② 李桂梅．冲突与融合——中国传统家庭伦理的现代转向及现代价值[M]．长沙：中南大学出版社，2002：18-19.

③ （商）姬昌著，宋祚胤注译．周易[M]．长沙：岳麓书社，2000：345.

比如黄帝注重修养品德，振兴军队，研究五行规律，教授民众耕植技术，让民众安居乐业；颛顼能够依据天时和地势，制定出社会管理规则，让民众生产生活有序；帝喾则修身立德，普施利物，顺应天义，体察民情，使天下归心；尧、舜、禹则以仁、孝和勤，为民做出表率，获得民众支持。由此可见，君权获得合法性的基本依据就是要顺天应义，保养生民，否则就失去为君的根本。这就决定传统中国政治正确的整体主义诉求。无论为君还是为臣，一旦迷失于个人私利的旋涡中，在道义上已经置自身于丧身灭国的境地中。

最后，在家庭中体现为整体主义的价值取向。中国人重"生"，生生不息被视为天地之大德，而生之源泉在于天地交感，阴阳互动。天地、阴阳之规则是男女关系之根据，男女媾精，万物化生，所以生养具有神圣的力量。敬畏崇拜自己的祖先就成为家庭应有之必然要求。由于父母具有和天地一样的美德，子女必须对这种孕育长养的恩德终身念兹在兹。因而延续家族生生不息的血脉，就成了至高无上的行为法则，否则就是大不孝。可见，家庭中整体主义的价值要求，也是传统中国社会祖先崇拜的产物，它要求人们的一切行为都必须以家族利益为上，以保护家族和谐为目的，个人利益必须依赖并且服从于家庭利益。虽然后来宋明理学和阳明心学从理、性、心等角度阐述天人关系，但是本质上并没有改变整体本位的价值取向。

第二节 传统乡村家庭伦理的基本内容

家庭伦理是家庭中的人际关系及其调节原则，既具有血亲、姻亲关系的自然属性，蕴含人类原初的天伦情感和原则基础，又表达一定社会的规范要求，是自然关系和社会关系的统一，主要包括父子之伦、夫妻之伦、兄弟之伦、生育之伦和性之伦。

一、注重威权的父子之伦

传统社会是父权制社会，父子关系是家庭关系的核心和主轴，父子伦理是家庭伦理的核心，主导夫妻伦理、兄弟伦理、生育伦理和性伦理的基本方向，内在制约它们的规范要求。

先秦时期，父子伦理的基本要义是父慈子孝。《左传·隐公三年》指出："君义，臣行，父慈，子孝，兄爱，弟敬，所谓六顺也。"其中杨伯峻注引《管子·五辅篇》"为人父者慈惠以教，为人子者孝悌以肃"句可作为"父慈""子孝"的解释。[①]《礼记》将"父慈子孝"视为人义一部分。这一时期父子伦理关系注重天然的父子情感，强调父子之间有彼此应尽的身份职责。父亲慈爱对待儿子，尽心教育抚育儿子，儿子孝顺敬重父母，这是父子的天伦之情。但随着儒家思想成为封建社会的正统思想，君权、父权和夫权的权威性得到大力巩固，父子之间双向的情感和义务逐渐演变为单向的孝道。生育之恩大于天，子女无论如何回报都不为过。正如《诗经·小雅》所叹："父兮生我，母兮鞠我，拊我畜我，长我育我，顾我复我，出入腹我。欲报之德，昊天罔极！"[②]这种恩报的心理情结最终固化为对"孝"的推崇。"孝"成为人生之本、家族之本、国家之本，是一切行为的基本依据，由孝而进化为孝道，孝被赋予无上的威权，上至天子大臣，下至庶民百姓，孝具有普遍的规范性和权威性。对于个体而言，孝被看作德行成长的起点，"不爱其亲，而爱他人者，谓之悖德。不敬其亲，而敬他人者，谓之悖礼"[③]。由孝亲敬亲延及对他人的道德情感和规范，从而构建个体的道德人格结构。孟子曰："亲亲而仁民，仁民而爱物。"[④]"亲亲"意味着首先要亲近自己的家人，然后才能做到"老吾老以及人之老，幼吾幼以及人之幼"，[⑤]最终达到民胞物与的境界。孝的崇高地位和作用决定人们对孝德孝行具有一种近乎偏执的态度，父母对子女主宰控制，子女对父母顺从依附，最终逐渐演变成整个社会的群体无意识。其具体表现在：

首先，父母控制子女的财产权利。同居共财是封建家族的组织和生活方式，父母在，家中所有财产属于父母或祖父母，子孙后代不能有私财物，也不能擅自开支财物，这是为了表明家族之中有上下之分，尊卑之别，以保障尊上的权威。这种权威不仅在族规家法中得到切实的保障，在国家刑律之中也有体

---

① 杨伯峻. 春秋左传注：修订本[M]. 北京：中华书局，1990：32.

② 程俊英. 诗经译注[M]. 上海：上海古籍出版社，1985：406.

③ 汪受宽，金良年. 孝经·大学·中庸译注[M]. 上海：上海古籍出版社，2012：44.

④⑤ 杨伯峻编著. 孟子译注[M]. 北京：中华书局，1960：322，16.

现。瞿同祖在《中国法律与中国社会》中指出："历代法律对于同居卑幼不得家长的许可而私自擅用家财，皆有刑事处分，按照所动用的价值而决定身体刑的轻重，少则笞一十二十，多则杖至一百。"[①]父母健在而另立户籍、分割财产的行为，比擅用资财的行为更加恶劣，处罚的也更严重，违反者甚至以罪入刑。唐、宋时这种行为的处罚是处徒刑三年，明、清时则改为杖刑一百。即使子孙已经成年，结婚或有自己的子女，有自己的职业，获取了政治上的权利，依然不能保有私人财产或建立新的户籍。

其次，父母控制子女的生命权。在传统社会，父母是子女生命的赋予者，父精母血孕育出孩子，身体发肤受之父母，所以子女生命的一切都与父母紧密联系，从个体的身体部分，如头发，到个体的尊严、荣誉、婚姻、生命，父母均具有绝对的支配权。《礼记》指出："身也者，亲之枝也，敢不敬与？不能敬其身，是伤其亲。伤其亲，是伤其本；伤其本，枝从而亡。"[②]所以子女必须敬重爱护自己身体的各个部分，随意处置自己的身体，就是让父母蒙羞或者伤害父母，伤害父母就是伤害了自己的根本。曾子曰："身也者，父母之遗体也，行父母之遗体，敢不敬乎。"[③]正是在这样的伦理设定下，子女丧失了个人自主的生命权。而父母可以决定子女的生死。在尽孝和子女生命面前，在家族荣誉和子女幸福之间，父母的选择代表绝对的权威，不容忤逆。秦二世矫始皇诏，赐扶苏死，扶苏谓蒙恬曰："父而赐子死，尚安复请！"[④]随即他便自杀身亡。历史上有名的"埋儿奉母"的故事也堪称典范。君叫臣死，臣不得不死，父叫子亡，子不得不亡。在法律上，虽然北魏、唐、宋时期杀死子孙要受刑，但是元、明、清时期则较为宽容，如果子孙违逆教令而被无心致死，可以免罪。当发生意外灾难需要救济时，子女变成了救济工具，人们对鬻儿卖女习以为常。更残酷的是溺杀女婴，只因为她是女性，而非传宗接代之人。传统社会父母对子女生命和生活的支配观念并没有随着封建社会的灭亡而完全消失，现代社会仍有一些父母把孩子视为自己的私有财产而任性处置。

---

① 瞿同祖. 中国法律与中国社会[M]. 北京：中华书局，1981：15.

② 杨天宇. 礼记译注：下[M]. 上海：上海古籍出版社，2004：657.

③ 杨天宇. 礼记译注：下[M]. 上海：上海古籍出版社，2004：621.

④ （汉）司马迁撰，（南朝宋）裴骃集解，（唐）司马贞索隐，（唐）张守节正义. 史记[M]. 北京：中华书局，1982：2551.

二、男女有别的夫妻之伦

夫妻之伦在传统家庭伦理中虽然不是核心的伦理关系，但却是家族繁衍发展的根基。夫妻伦理关系处理恰当与否，不仅事关家族的繁荣发展，也关系社会的和谐有序。传统家庭伦理对夫妻之伦作了较为全面的规定。

首先，天地之道是夫妻之伦的依据。《周易》认为，阴阳乾坤各有其道，乾支配控制，起着主导作用，坤顺从辅佐，起着协调作用，乾刚坤柔，乾动坤静，两者相互补充，化成万物。《周易》对天地、乾坤地位和作用的界定成为后来划定夫妻职责的基本依据，不管是道家的“人法地，地法天，天法道，道法自然”思想，还是董仲舒“人之人本于天”的思想，夫妻的行为职责都来源于乾坤和阴阳运行的规则。为了神化人们对夫妻之伦的形而上依据，董仲舒把人的辈分、形体、血气、德行、好恶、受命、喜怒哀乐，对应于相应的天数、天理、天时、天象等，为世俗的人伦规则蒙上了神圣的外衣。这样就为君臣、父子、夫妇之义，皆与诸阴阳之道，提供了天命不可违的强大约束力量。丈夫和妻子的尊卑和职责区别就有了牢不可破的界限，“丈夫虽贱皆为阳，妇人虽贵皆为阴”①。“阳为夫而生之，阴为妇而助之”②，为夫妇之伦的规则确定了合法而权威的依据。自“罢黜百家，独尊儒术”之后，夫妇之伦男尊女卑、男主女从的婚姻模式就成为不可动摇的基本原则。后来班昭在《女诫》中强调：“夫妇之道，参配阴阳，通达神明，信天地之弘义，人伦之大节也。”③这成为闺门之内教化的金科玉律。

其次，夫妻道德是夫妻之伦的基本规范。夫妻道德是协调夫妻伦理关系时应遵守的原则和规范，是我国婚姻道德的重要组成部分，主要包括男主女从、夫妻协作、情义相加等，其中优劣交织，需要根据时代和个体的需要，进行甄别，剥离其中糟粕。

第一，男主女从。男主女从是夫妻伦理中的重要规范，它包含以下几个方面：在地位上男为主宰，女为依附，男为尊上，女为卑下；在作用上，男起统率作

---

① （汉）董仲舒撰，（清）凌曙注. 春秋繁露[M]. 北京：中华书局，1975：396.
② （汉）董仲舒撰，（清）凌曙注. 春秋繁露[M]. 北京：中华书局，1975：434.
③ （南朝宋）范晔撰，（唐）李贤，等注. 后汉书[M]. 北京：中华书局，1965：2788.

用，女起辅助作用；在身份上，男为主，女为宾。“妇人，从人者也：幼从父兄，嫁从夫，夫死从子。”[①]男主女从决定女性在家庭和社会中终生的从属地位以及权益上的依附性。在夫妻关系中，丈夫是妻子的天，决定妻子的命运，妻子要殷勤地服侍丈夫，敬重丈夫，对丈夫轻声细语，处处照顾丈夫的需求，收拾整理好家务，天气寒冷时为其备好衣物，饥饿时为其备好饮食，生病时要细心照顾。丈夫生气，妻子要忍气吞声，不能生气。只有妻子做到这样，丈夫才会有一家的威仪。如果在家庭中夫妻的身份地位不符合男主女从的要求，则会被别人指点和耻笑。这种男主女从的规范要求，单方面强调妻子对丈夫的责任和尊重，完全忽略了对女性的人格尊重，使女性丧失了主体地位。

第二，夫妻协作。传统社会非常重视夫妻之间协作的分工。“家人女正位乎内，男正位乎外，男女正，天地之大义也。”[②]男主外、女主内被赋予天地大义的高度。男子是践行大道，勇担大任，创造万事万物的人，而女子是辅助男性，专职提供后勤保障的人。女子不是责任的主要承担者，事无独为，行无独成。这种思想形成传统社会婚姻中“男外女内”协作模式。此模式虽然有时代的缺陷，但是提倡夫妻相互协助，相互扶持，各司其职，“你耕田来我织布，我挑水来你浇园”，有利于实现夫妻之间有效合作，解决婚姻中不必要的争执，有其合理之处。在分工中，男性掌管家庭生产，按照时令节气要求进行耕种、灌溉、除草、杀虫、收割管理，督促好生产事务，勤心劳力进行生产和养殖活动。女性则负责家里维持生活衣食之需的采桑养蚕、纺绩织作，备酒浆，奉养公婆，相夫教子，招待宾客，准备祭祀的用品和协助祭祀等劳动。《女论语》则有专门的“营家”章，从清洁家宅、耕田下种、炊羹造饭、喂养孳牲、收拾经营到迎宾待客，要求勤俭持家，杜绝“懒”“奢”。在自给自足的农耕社会中，满足整个家族日常的吃穿用行是较为艰巨的任务，明确的分工对家庭的正常运转很有必要，男性有体力和思维上的优势，女性也有独特的生理优势，每个人有条不紊按照职责要求保障家庭运行。这样的分工避免了因为职责不清楚而导致生产生活秩序被打乱，在家庭教育中也便于及时让小辈明白他们应承担的责任。

第三，夫妻情义相加。古语云：一日夫妻百日恩。夫妻是父母之命、媒妁

① 杨天宇. 礼记译注：上[M]. 上海：上海古籍出版社，2004：323.
② (商)姬昌著，宋祚胤注译. 周易[M]. 长沙：岳麓书社，2000：180.

之言的结合，也是冥冥之中的命中注定，所以他们之间就有了牵涉不尽的情义关系，古人的这种认知就让夫妻先天地具有了相互亲近、斯守终生的愿望。当然在现实中，如果夫妻双方都感念命中注定的结合，相互敬重扶持，夫妻就会一生一世，否则就可能半路分离。韩非子认为："夫妻者，非有骨肉之恩也，爱则亲，不爱则疏。"①传统中夫妻之爱主要体现为夫妻双方是否能够自觉地履行好为人夫、为人妻的职责，丈夫为妻子提供安身的环境，妻子为丈夫生儿育女，各自安好，相互成就，承担起家庭生产的责任，这就是夫妻之间的爱情，也是夫妻之间的"义"。而一旦这种期待中的平衡被打破，夫妻之间的情义就不复存在。在具体的要求上，丈夫要"贤""刚"，有情有义，不能对妻子动辄打骂呵斥，要知冷知热，体谅妻子，敬重妻子，维护妻子在家庭中的地位，不能随意纳妾，同时在家庭中要有自己的威严和气度，不能任悍妻乖离乱家，使家宅不宁；妻子要守敬顺之道，在态度上要敬重丈夫，生活上要关心丈夫，对丈夫温柔体贴，丈夫有些言行不当时要委婉劝导，要把丈夫视为家中主人，顺从跟随丈夫。传统社会夫妻之间，依靠"媒妁之言"结合，没有感情基础，但是通过婚后夫妻之间的道义相加，也可以实现婚姻家庭的和谐稳定。

三、和睦互助的兄弟之伦

兄弟伦理是传统家庭伦理非常重要的部分，对于崇尚"家和万事兴"的众多家族来说，兄弟伦理是家训必有内容。传统社会人们崇尚多子多福，多子家庭常会产生兄弟之间的纷争和矛盾，确定兄弟之伦的关系，能够有效地防止兄弟之间因为言行不当、利益纷争导致的不和与败家。

兄弟和睦。兄弟同心，其利断金。兄弟同心同德，就可以保障家族福运绵长，否则就可能败家毁身。许多家训都对兄弟和睦的重要性以及原则提出了要求，南宋叶梦得《石林家训》要求兄弟之间要友爱和睦，只有这样才能保障家族福泽绵远。"兄弟辑睦，最是门户久长之道。"②明代杨继盛在遗笔中谆谆告诫两个儿子"当和好到老。不可各积私财，致起争端。不可因言语差错，小事

① （清）王先慎集解，姜俊俊校点．韩非子[M]．上海：上海古籍出版社，2015：135．

② （宋）叶梦得．石林家训[M]//先少保公石林遗书．长沙叶氏观古堂，清宣统三年（1911）刻本：7．

差池，便面红耳赤”[①]。哥哥要多担待弟弟的性格，弟弟要敬重哥哥，媳妇妯娌之间也要相互敬重，以姐妹亲近。

兄友弟恭，谦敬忍让。兄弟和睦最重要的就是遵守兄弟伦理规则，兄弟之间存在长尊幼卑的等级关系，兄友弟恭、兄友弟悌、兄爱弟敬都是对兄弟关系的基本要求，兄长对待弟弟亲善友爱，弟弟对待哥哥要恭从敬重。兄弟之间既有一母同胞的天然情感，又有伦辈上的规范要求，一旦违反这些规范，就意味着兄弟之间产生了利益纠葛或情感隔阂。《郑氏规范》要求其子孙为兄者必爱其弟，为弟者必恭其兄，见到兄长，要起身恭立，行为要有规则，应答要依照礼节，不能随意。为了避免兄弟之间产生厚薄之争的怨念，袁采《世范》中指出，为人子应当知道父母所爱，年长者要谦让，年幼者要自制一点，父母对兄弟可能有不同的爱护之心，兄弟之间也应有谦敬礼让的态度。长者应明白父母爱幼的心理，幼者不应借助父母宠爱而骄纵，父母对长幼爱憎不同的态度也应加以适当限制，否则会使“长者怀怨而幼者纵欲，以致破家”[②]。

兄弟之间需要相互扶持。古人认为兄弟是分形连气之人，一损俱损，一荣俱荣。《颜氏家训》教育子孙，兄弟之间本应形影不离，因为他们身上共有父母的骨血，都延续着父母的行气血脉，爱惜兄弟就相当于爱惜自己。所以面临困境时，相互扶持，相互帮助是兄弟之间的理应作为。明代《庞氏家训》里告诫子孙在利益休戚相关之时，兄弟应当誓死相互维持，如果兄弟因为财产纷争而彼此之间如仇敌，在生死攸关时机不伸手救援和维护，反而漠不关心甚于路人，祖宗先人地下有知就会痛心疾首。有这种灭绝良心行为的人，势必会遭到人间唾弃，天谴报应。明代李应升在《诫子书》中告诫儿子对待自己的庶妹应当以同胞待之，出阁之时须给予一定的嫁妆田产。兄弟和睦、互帮互助，才是家族兴旺发达的气象。家训里的教导对今天兄弟姐妹之间如何相处、对待利益纷争仍具有重要的现实意义。

---

① (清)陈宏谋辑. 五种遗规[M]. 北京:线装书局,2015:202.
② (宋)袁采. 袁氏世范[M]. 北京:商务印书馆, 2017:23.

四、承祧至上的生育之伦

生殖繁衍对任何民族都是非常重大的事情，事关国家、家庭和个人的命运。不同的民族和国家因为生存和发展条件、历史文化的不同，对生育实际上有不同的要求。任何民族为了保障其血脉能够一脉传承，在生育问题上都会形成一定的伦理规范，以求家族和国家能够生生不息。中华文明之所以能够绵绵不绝，是因为与中国强调承祧至上的生育伦理要求有极大关系。其主要体现为以下几个方面：

生殖繁衍是大道之行。古代有这样的伦理观念，与早期人们对世界的认知有直接关联。被称为"经典中之经典，哲学中之哲学，智慧中之智慧"的《易经》对天、地、人运行持守的大道进行了明确的阐述。《周易》指出："天地之大德曰生。"①天地生长养育万物，这是天地具有的大德，也是天地运行之道。生命生生不息的延续变化是《易经》所要表达和揭示的，易就是道。天作乾道，代表夫道、父道，地作坤道，代表妻道、母道，只有天地交合，才能长养万物。天地交合的基本仪式是"昏礼"。"昏礼者，将合二姓之好，上以事宗庙，而下以继后世也，故君子重之。"②在古代"昏礼"需要敬慎重正。"昏礼"既是天地交合的神圣仪式，也是人的圆满所在，所以古代法律规定男孩、女孩到一定年纪就要成家，做到"男有分，女有归"，否则会受到惩罚。

承祧为上的生育偏好。正是对"生"的重视和崇拜，古人才有对天地、祖宗祖先的崇拜。为了表达对祖先的敬重，几乎所有家族都设有专门供奉祖先灵位的宗庙、宗祠或者家庙，并保证其中香火供品长年不断。在一些重要的节日，人们会在宗庙或者祠堂举行盛大仪式祭祀祖先，目的是让子孙后代不断反思，知道自己从何而来，以便更好地孝亲。承祧就是指承继先代奉祀祖庙。生生不息才会让世界万物绵延不绝。父权为主的封建宗法社会，家族祭祀和血脉的传承是一个家族至关重要的大事。无论是婚姻关系、父子关系，还是家庭关系，祭祀和香火传承是处理这些关系的基本原则。在祭祀中，父系血脉传承

① （商）姬昌著，宋祚胤注译．周易［M］．长沙：岳麓书社，2000：345．
② 杨天宇．礼记译注：下［M］．上海：上海古籍出版社，2004：815．

的男性是祭祀的主体，女性只是祭祀的辅助人物。每个家族都需要有传承家族血脉的男丁，否则就会让祖宗断了香火，为大不孝。孟子认为“不孝有三，无后为大。”赵岐注云：“不娶无子，绝先祖祀，三不孝也。”[①]因为不能生育儿子，婚姻就面临解体危险。在事关女性的“七去”之中，“无子”是一条重要标准。除了婚姻会因为生育偏好受到影响外，女孩的命运也会因此受到致命的影响，为了生育男孩，一些地方存在遗弃甚至杀掉女婴的现象。

多子多福的生育观。家族人丁兴旺一直是家族兴旺发达的重要保障，人丁稀少意味家族延续存在重大问题。所以在生育中，多子多福一直是生育伦理追求的价值目标。《诗经・螽斯》里就描述了后妃子孙众多的期盼，希望子孙“振振兮”“绳绳兮”“蛰蛰兮”。而在民间人们对多子多福的祈愿多体现于对承载物的吉祥寓意中，如石榴，古人称其为“千房同膜”“千子同一”，常出现于婚嫁礼物的装饰和婚房布置上。除了石榴之外，花椒、麒麟、花生等在民间都有类似的寓意。

五、重责轻爱的性之伦

男女结合的性伦理是传统文化中非常重视的问题。在中国先秦典籍中天地、阴阳交合体现于人间社会就是男女交合，男女交合是天地之道的实现形式之一，因而两性交合在人伦和社会秩序上具有基础性的位置。《周易》指出：“天地细缊，万物化醇，男女构精，万物化生。”[②]阴阳交合所具有的繁衍作用对于强调宗法血缘制的传统婚姻家庭具有决定性的规范意义，性与生殖几乎等同。所以两性的性行为，并不是两情相悦而产生的爱的表达，而是履行天人之道的生殖要求。男性和女性因为不同的生理构造和功能，在性伦理上各有所指。

首先，禁止乱伦。乱伦是儒家伦理思想体系中始终反对的行为和现象，儒家思想倡导遵守父子、夫妻、兄弟姐妹等性伦理规则，把违反身份辈分的性行为视为乱伦，将之归为禽兽之行。为了避免乱伦行为的发生，《礼记》规定了非

---

① 杨伯峻编著．孟子译注[M]．北京：中华书局，1960：182．

② （商）姬昌著，宋祚胤注译．周易[M]．长沙：岳麓书社，2000：362．

常详细的家庭中男女交往规范，即男女授受不亲，包括男女不混坐，不共用衣架和梳洗用品，不亲手递东西，叔嫂不相互问候，男性不让女性长辈为自己洗衣服，外面的事不传给家中女眷，家中女眷中的事也不传给男性，即使是已经嫁人的姐妹也不能与兄弟同席而坐、同器而食。儒家思想成为统治思想后，乱伦成为世人皆可唾弃谴责的行为，内外不容。

其次，服丧期间禁止性行为。服丧是对逝者表达缅怀和敬重的礼仪方式，古代社会对服丧的期限、穿着、居住、饮食和言行都有明确的要求和规范，服丧期间禁止一切欢娱活动。在性的问题上，《礼记》明确要求父在为母为妻服丧一年终期内不能与妇人同房，服齐衰一年之丧，或者大功布衰九月之丧，三个月不能与妇人同房。

再次，节制戒淫。传统社会对男性没有性贞节的要求，男子可以有三妻四妾，可以倚红偎翠，但是不能纵欲过度，不可以淫人妻女，丧身败家。《庞氏家训》要求子孙立身不但要注意随意任性以致癫狂难以自制，违背道义，同时还要深刻认识纵欲过度伤身伤生的惨痛教训，自觉修身，远离非分之想，禁止染指别人妻妾。《高忠宪公家训》认为世间财色二字最能迷惑人，最能败坏人。迷恋财色的最终要毁于财色，不仅为自身带来灾祸，而且会殃及子孙。因此年少之人一定要竭力保持清白之身，守身如玉，否则就可能一失足成千古恨。可见在男性的性规范中，主要强调节制，避免沉迷女色，禁止染指他人妻女。而对女性的性规范则要求消极应对，被动顺从男性的需求，如果女性在性方面积极主动，就会被认为生性放荡、不守妇道。

最后，强调贞节。这主要是对女性的要求。《周易》提出“妇人贞吉，从一而终也”①。女性的吉祥在于从一而终，所以《礼记》就有“壹与之齐，终身不改，故夫死不嫁”②。夫有再娶之义，妇无二适之文，女性要保持贞节，一旦失去贞节就失去了名声，家族和自身都会蒙羞。所以在这样的社会舆论下，女性贞节演变为节烈，女性一旦失身，就只有以命相抵。到了明清时期，这种规范对女性的要求更为严苛。《药言》指出女孩从幼小时候就需要引导她言行符合正道，女人最肮脏的是失身，最罪恶的是多嘴，搬弄是非，打扮妖娆招致淫邪祸

---

① （商）姬昌著，宋祚胤注译．周易［M］．长沙：岳麓书社，2000：160．

② 杨天宇．礼记译注：上［M］．上海：上海古籍出版社，2004：322．

身。明太祖洪武三年(1370)规定:"凡民间寡妇,三十以前夫亡守志,至五十以后,不改节者,旌表门闾,除免本家差役。"①寡妇地位的上升以及由此而来的荣誉,促使很多女子自愿遵循贞女烈妇的规范。在《明史·列女传》中"贞节类占13.98%,殉烈者为68.82%,两者相加共占全传之82.8%。其中未婚而实践贞烈的贞女为3.23%,烈女有12.54%;已婚之节妇则为10.75%,烈妇则占了56.27%,人数最多"②。节、烈成了女德的大宗。

总之,中国传统乡村生活具有浓郁的乡土气息,人与所生存的自然亲密无间,融合在一起,人顺天时、按节气安排生产生活,自给自足,乐天知命,安居乐业。在大自然的天然怀抱中,人们聚族而居,相互扶助,以伦理协调父子之间、夫妻之间、兄弟之间的身份关系和财产关系,以天地之道赋予男女两性生殖繁衍以神圣的色彩。这些伦理规则让传统乡村生活充满古朴的情感,成为人们心灵依偎的宁静港湾。虽然也曾有过动荡混乱和天灾人祸的侵袭,但是和谐宁静的田园牧歌式的生活,一直是乡村生活的主题。

第三节
传统乡村家庭伦理的特点

传统乡村家庭伦理植根于小农经济社会之中,这决定了它具有小农经济社会特有的属性,重视宗法血缘家庭的人伦关系,敬天法祖,男尊女卑,视遵守人伦大义为子孙应尽的责任。这种特性有利于促进传统乡村社会的政治稳定、经济发展和文化兴盛。

一、厚人伦,重践行

"伦"在传统文化中有类、辈的含义,是基于人的血缘、姻缘和地缘等而形

① (明)申时行修.大明会典:卷20[M].上海:上海古籍出版社,1995:343.

② 衣若兰.史学与性别:《明史列女传》与明代女性史之建构[M].太原:山西教育出版社,2011:296.

成的身份关系。在传统文化中天理和人伦是里表关系：人伦者，天理也。人伦是天理在人间的体现。所以不管是个体，还是家族以及国家，对此都非常重视。

首先，人伦是区别人与动物的重要标志。传统家庭伦理认为，人之所以异于禽兽，就在于伦理，即父子有亲、君臣有义、夫妻有别、长幼有序、朋友有信。明人伦，懂道义，行孝悌是人之本。孟子曰："人之所以异于禽兽者几希，庶民去之，君子存之。"①荀子也认为人与动物的区别在于人"有辨""能群""有义"，即有"父子之亲""男女之别"。为了保障人伦的规则能够在行为中得到更好的体现和践行，于是就形成"礼"。男性有男性的行为礼节，女性有女性的行为礼节，长者有长者的行为礼节，幼者有幼者的行为礼节，不同场合也具有不同的礼仪规范，如果不遵守相应的规范，就会受到周围人的谴责和嘲笑，甚至使家族蒙辱。

其次，伦理规范是家庭生活的首要规则。在传统社会里，家庭是人们的主要生活领域，一切社会关系都可以从父子关系、夫妻关系以及兄弟关系等推扩而来，只要做到家庭伦理秩序有然，就可以保障社会稳定有序，乃至实现天下大顺。《颜氏家训》指出夫妇、父子、兄弟是家庭中的三种伦理关系，其他关系都本于这三种关系，所以"笃人伦"是家庭中的重要规范。"笃人伦"就是要遵守相应的伦理规范，确保父慈子孝、夫义妇顺、兄友弟悌、君义臣忠等，从而实现长幼有序的目的。"笃人伦"强调"道在人伦日用间"，即伦理规则体现于生活的点滴之中。比如孝就是举手投足之间不敢忘父母，言论笑谈中不敢忘父母。"道在人伦日用"主要通过族规家法来实现。族规家法和训诫通常由家族中德高望重、辈分较高的人依据"五伦三纲"的基本原则，通过对儒家经典思想的诠释和人生社会经验的总结而制定，它是家族成员在尊卑、长幼、内外、婚礼、祭祀等活动中的行为规范，形成文字，代代流传，从而成为家族稳定有序的有效约束力量。历代都有名人官宦为后世子孙留下处世箴言，如流传较广的《颜氏家训》《温公家范》《朱子家训》《曾国藩家书》等，这些家训因为内容丰富、情真意切、说理透彻、贯古通今、彼此之间相互印证而流传至今。家族成员因为长久浸润于族规家法和家训的习染之中，久习成性，从而成为封建家庭伦理传承的有力支撑。

---

① 杨伯峻编著. 孟子译注[M]. 北京：中华书局，1960：191.

最后,人伦是国家治理的根本依据。伦理是对社会关系的质的规定性,确定关系的质的要求,维护保障这种质的规定性和要求,就可以保障关系的稳定。孔子认为:"夫妇别,父子亲,君臣严,三者正,则庶物从之矣。"①只要夫妻关系、父子关系、君臣关系符合伦常要求,就可以实现天下归顺。礼是伦理关系的制度性规范,有了礼就可以辨君臣上下长幼之位,别男女父子兄弟之亲,治国安邦就有了保障。反之,坏国、丧家、亡人,必先去其礼。孔子的礼治思想成为传统封建社会治理的根本依据。无论是封建礼教还是刑法制度,都以封建人伦等级规则确立。"中国传统社会既以法维护'纲常'之礼,从而在礼的目标下安顿了法的地位,又通过'以礼入法'的形式安顿了礼的地位,从而形成了礼先法后、法具礼意、礼法融合的相互关系。"②这种礼法关系构成传统社会的礼法制度,它既是传统社会国家政权正常运行的制度保障,又是乡野民间进行社会管理的重要工具。礼法制度形成的根据以及所维护的内容就是"五伦三纲"。"礼"是维护"五伦三纲"的行为规范,"五伦三纲"需要"礼"来完成,无"礼"则纲纪废弛。"法"原指处罚,后演变为刑律制度。它也是以"五伦三纲"为根据、内容和目的。对此,瞿同祖指出:"古代法律可说全为儒家的伦理思想和礼教所支配。"③"礼""法"在社会管理中发挥不同作用,"礼者禁于将然之前,而法者禁于已然之后"④。二者共同维护长幼、尊卑、贵贱的等级伦理秩序。

二、重家庭,轻个体

传统家庭伦理注重家庭的价值和意义,把家庭和睦视为处理人伦关系的基本原则,这既是由自给自足的自然经济决定的,又是伦理的本质使然。

传统社会家庭是主要的经济生产单位,生产劳动以及经验的积累与传授都是在家庭内部完成的。其一,家庭生产不仅满足自家人的生存需要,也是国家赋税的主要来源,所以从经济地位上说,家庭是第一位的,而个体只有依附于家庭才能获取生存的资本。其二,家庭是乡村社会治理的基本组织。古人

---

① 杨天宇. 礼记译注:下[M]. 上海:上海古籍出版社,2004:657.

② 王露璐. 伦理视角下中国乡村社会变迁中的"礼"与"法"[J]. 中国社会科学,2015(7):94-107.

③ 瞿同祖. 中国法律与中国社会[M]. 北京:中华书局,1981:326.

④ (清)王聘珍撰,王文锦点校. 大戴礼记解诂[M]. 北京:中华书局,1983:22.

云：天下之本在国，国之本在家，家之本在身。虽然作为个体的身具有更基础的意义，但家是身的依托和价值意义的载体所在，是国家大治的根本。“一家仁，一国兴仁；一家让，一国兴让”[①]，只有一个个家庭安居乐业、崇德向善，国家才会有力量。因而治家齐家就成为个人修身进阶中非常重要的节点。从最基本的起点看，家是个人的第一个舞台，它为个体成长进步提供现实条件，如果治家齐家都力不从心，更遑论实现治国平天下。所以从这个意义上看，家庭优先于个体，重于个体。其三，家庭是个体价值意义的载体。对于中国文化而言，人为什么活着既有宗教性的诉求，又有现实世俗的考量，厚本重生是其基本的原则，个体需要通过知其来自何处，明确当下的价值来源和力量所向。生生不息是天道运行之规律，也是人道遵循之原则，而代代的家庭延续就是人生价值意义的最好表征，由家而国，最终实现人生圆满、天下大顺。在这样的意义系统中，个体只能处于依附地位。

三、重父子，轻夫妻

众所周知，“中国的家庭是以父子关系为主轴，中国的文化即是以这种父子轴的家庭关系为出发点而发展形成的”[②]。父子人伦作为家庭人伦的主轴，是小农社会宗法血缘制度的产物，夫妻婚姻关系从属于父子关系，一旦夫妻婚姻关系威胁到父子关系的要求，婚姻关系就会解体。

首先，孝是婚姻存在的价值意义。在宗法血缘社会，家族至上，个体只是家族代际传递的一个纽结，一方面需要承担对上辈祖先慎终追远的责任，另一方面又要履行显亲扬名、耀祖光宗、繁衍子息的传承责任。个人在家族中的这种责任只有通过传统孝道的践行才能完成。所以，孝蕴含着传统社会个体存在的价值要求、价值目标。而婚姻是保障个人存在意义目标实现的组织形式，没有婚姻，祭祀祖宗和家族代际传承就失去了依靠。

其次，孝是婚姻缔结的道德规范。既然婚姻是人尽孝的一种方式，那么婚

① 杨天宇．礼记译注：下[M]．上海：上海古籍出版社，2004：806．

② 李桂梅．冲突与融合——中国传统家庭伦理的现代转向及现代价值[M]．长沙：中南大学出版社，2002：38．

姻的缔结就必须经由父母同意。父母之命、媒妁之言，这样婚姻的缔结才能获得家族的认可。《诗经 · 南山》指出："娶妻如之何？必告父母。""娶妻如之何？匪媒不得。"[①]如果没有经过媒妁之言，个人的身份和名誉就会受到影响。《礼记 · 内则》认为"聘则为妻，奔则为妾"[②]。孟子则强调"不待父母之命、媒妁之言，钻穴隙相窥，逾墙相从，则父母国人皆贱之"[③]。可见，明媒正娶意味婚姻中的合法地位和身份得以保障，而私订终身，则缺乏相应的社会和家族认可，也会让女方家族蒙羞。这样的婚姻缔结观念，经过封建社会长期的教育熏染，在我国仍具有根深蒂固的影响。现实中仍有不满子女婚恋，而以孝对子女加以训斥、指责的父母。

最后，孝是婚姻维系的主要原则。在"孝治"色彩浓厚的传统家庭氛围中，孝是一切道德行为规范的依据和准则，婚姻的维系也不例外，家长意志是婚姻存亡的最高指针。即使夫妻恩爱，如果儿媳得不到公婆的认同，就有可能被"出"，相反如果夫妻关系不好，但是儿媳能讨到公婆的欢心，就可以得到家族的认同。家族利益、父母态度代替夫妻情感而成为婚姻维系的决定性因素。

第四节　传统乡村家庭伦理的作用

一、传统乡村家庭伦理与乡村社会稳定有序

乡村社会由一个个村落构成。何谓村落，根据《社会科学大词典》的解释，村落作为社会和文化的统合单位，是地域性组织的聚居形态，常常表现为各个家屋的集合。它以农业或其他利用定居土地的生业为基础，居民相互熟知。村落是一种地域社会，其地域具有世代相承的性质，亲属纽带在其中发挥主要

① 程俊英．诗经译注[M]．上海：上海古籍出版社，1985：174．
② 杨天宇．礼记译注：上[M]．上海：上海古籍出版社，2004：360．
③ 杨伯峻编著．孟子译注[M]．北京：中华书局，1960：143．

作用，具有封闭性和自律性的生活和文化特点。① 从村落的概念可以看出，它是依据生产环境和条件聚集起来的自然血缘组织。人们长期聚居于此，并形成以血缘和亲缘关系为主的熟人共同体，这个共同体依靠成员之间的血缘和亲缘关系，凝聚起村落社会的各种力量，保障彼此相安无事。按照费孝通先生的话就是："血缘社会就是想用生物上的新陈代谢作用，生育，去维持社会结构的稳定。"②乡村社会这种聚族而居的特点，决定家庭伦理是维护乡村社会稳定有序的基本准则。

在儒家思想中人伦之则意味"义"，按照《礼记》的"十义"就是父慈子孝、兄良弟悌、夫义妇听、长惠幼顺、君仁臣忠。在治理国家的过程中，圣人整治人的七情，培养十义，倡导诚信友爱，崇尚谦敬礼让，去除人的争权夺利之心，都是依据"礼"来进行。礼是按照人伦之则而设计的规范体系，它是伦理的外在表现，也是国家治理的基本手段。"治国不以礼，犹无耜而耕也；为礼不本于义，犹耕而弗种也"③。只有在社会治理中遵照礼义的要求，居仁由义，教化百姓，才能让人们四体端正，皮肤充盈。家庭中父子情深，兄弟和睦，夫妻和美，国中大臣守法，小臣廉洁，官职有序，君臣相处以正，最终实现天下大顺。这是儒家社会治理的理想境界，个体、家庭、国家均能按照礼义要求，培养各自德行，各司其职，最终实现社会大治。而在现实社会中，家族、社会的有序则是通过严格的礼仪制度体现，违反礼仪制度就会受到家族的严格惩戒和社会舆论的谴责，礼法共治保障差序格局、尊卑分明、亲疏有定、男女有别能够得到严格遵守。

除了用严格的礼仪制度维持社会有序，面对出现的意外灾难和贫穷状况，不少家训都提出抚恤孤寡、扶贫赈灾的要求。"在灾难和贫穷面前，面对具有血缘亲情的族众或乡民，为了维护乡土社会的稳定与和睦，历代士大夫们倡导建立与家族伦理相匹配的社会保障制度，用家族组织这个群体的力量来缓解或者消除家族个人抵御能力的不足。'恤其孤寡，同其好恶，贷其贫急'是家族的职责。"④一些家族利用家族财产开展赈灾、济贫，进行教育、生育、婚丧等方

① 彭克宏，马国泉，陈有进，等．社会科学大词典[Z]．北京：中国国际广播出版社，1989：361.

② 费孝通．乡土中国 生育制度 乡土重建[M]．北京：商务印书馆，2017：72.

③ 杨天宇．礼记译注：上[M]．上海：上海古籍出版社，2004：281.

④ 李志明．传统中国家族组织的公法职能：以明清两代为中心的考察[M]．北京：中国政法大学出版社，2016：128.

面的救助，也有家族成员利用个人财产或者赏赐开展救助贫寡等活动。这些家族对伦理规则的践行，缓解了特殊时期乡村社会的矛盾，彰显了儒家伦理思想的社会担当。而在动荡的年代里，一些有实力的家族则组织武装力量保护当地乡民免于战火流离之灾。

二、传统乡村家庭伦理与乡村经济发展

家庭是农业社会的生产者和组织者，具有举足轻重的地位。“一农不耕，民有为之饥者。一女不织，民有为之寒者。”[①]历代统治者非常重视家庭的生产功能，在春耕和养蚕时期皇帝和皇后都要亲自参加推犁耕地和亲临蚕事的典礼，以示重视。《齐民要术》有言：“夫治生之道，不仕则农；若昧于田畴，则多匮乏。”[②]可见，家庭生产不仅是家庭衣食丰足的保障，也是社会衣食丰足、经济发展进步的保障，更是社会正常运转的物质基础。家庭生产是社会生产的主要方面，没有家庭生产，不仅家庭失去物质保障，国家也失去物质基础。家庭伦理是家庭组织运行的基本原则，有了这样的规则，为人子、为人父、为人妻、为人母，就有了各自的行为准则。它既可以保障家庭中所有成员按照自身的身份承担起相应的责任，又可以保障家庭各项功能得以正常发挥。

首先，它为乡村社会经济发展提供了人力资源。一是将婚姻视为宗族延续的主要手段，要求个体成年后要进行婚配。这样就可以保障人口的生产绵绵不断。二是将多子多孙，子孙满堂视为家族荣耀，人生之福。桓谭《新论·辨惑》指出，“五福：寿、富、贵、安乐、子孙众多”[③]。多子多福不仅是家庭养老的保障，也是一个家族兴旺的象征，家族兴旺就可以促进国家人丁兴盛，为乡村农业经济发展提供充足的人力资源。

其次，传统家庭伦理确定了家庭中男女老少应承担的身份职责。为人子、为人父、为人妻、为人母，具有不同的行为要求，这可以保障家庭的各项功能得以正常发挥。司马光在《居家杂仪》中指出，作为家长要用严守礼法来驾驭子

① (唐)房玄龄注，(明)刘绩补注，刘晓艺校点. 管子[M]. 上海：上海古籍出版社，2015：448-449.
② (北魏)贾思勰著，缪启愉，缪桂龙译注. 齐民要术译注[M]. 上海：上海古籍出版社，2020：17.
③ (汉)桓谭. 新论[M]. 上海：上海人民出版社，1977：53.

弟以及家中成员，给他们安排相应职务，让他们掌管家中事务，保障各项事业有序运行；制定节俭使用财物的规定，量入为出，按照家庭实际情况进行合理分配。男性最重要的是要传宗接代，延续家族香火。而对女性，班昭在《女诫》中明确指出，女性在家庭中处于卑下地位，负责家中衣食住行和生活用品以及祭祀用品准备，保障家庭衣食整洁有序。作为妻子和母亲，要守好妇道，伺候好公婆和丈夫，教育好孩子。

最后，传统家庭伦理涵育乡村经济发展需要的道德品质。小农经济社会家庭生产自给自足，只要家庭成员勤劳苦干、勤俭节约、开源节流，吃饱穿暖就不是问题。古人云：力能胜贫，谨能胜祸。贾思勰在《齐民要术》的序言里，借用古语反复强调进行农业生产和勤劳的重要性。晁错在《论贵粟疏》中提出明君贵五谷而贱金玉，要求实行重农抑末政策，重视粮食生产，强调农业生产为国家根本大计。只要百姓学会耕种、养蚕治丝、种植养殖，家庭就可以奉养父母，国家就会和谐太平。有了财物还需要节用，这样才能保障不时之需。这样的治理观念不仅适用于国家，也适用于家庭。在家庭中表现为重耕读传家、勤俭节约的家训家风。传统家训中大多有这方面的内容要求。曾国藩按照其祖父星冈公的治家法则，归纳出书、蔬、鱼、猪、早、扫、考、宝“八字诀”。他认为要实行“勤俭”二字，家中妯娌做事不可铺张浪费；后代小辈要勤于走路，不可凭车马代步。女孩子不能懒惰，要学会烧茶、做饭。读书、种蔬、养鱼、养猪是一家的生机所在；少睡多做，是一个人的生机所在。正是有曾国藩勤俭耕读的教诲，曾氏家族即使在朝代更替、社会动乱的年代里，后世子孙也继承着曾氏家风，保持着曾氏家族文明昌盛的气象。

三、传统乡村家庭伦理与乡村文化积淀①

乡村是中华文明的载体，家庭是乡土社会的基础，它不仅是乡土社会的生产单位，还是乡土社会文明传承的细胞。传承的基本因子就蕴含在家训家规中的讲仁爱、崇正德、求和谐、敦伦责、尚勤俭、重践履的中华优秀传统文化之

① 李桂梅，张翠莲．传承发展家训家规 提升乡风文明水平[N]．光明日报（理论版），2019-02-18．

中。家训家规是一个家族中族长对族员、长辈对晚辈、德高望重者对后代子孙的训示或者规约，其中蕴含丰富的伦理道德文化，是传承中华优秀传统文化的密码。也正是家训家规对个体、家庭和乡风的积极影响，乡村文明风气才得以长久延续。

第一，培育个体道德素质。《礼记》有言，"自天子以至于庶人，壹是皆以修身为本"①。修齐治平的路径，决定个人道德修养是社会实现大顺的基点。所以修身立德、崇德向善不仅是中国传统知识分子立言立功的基础和途径，也是传统家族对子孙后代的规训要求。正是因为谨严的家庭规训，这才保障了家族后代人才辈出。东汉蔡邕告诫女儿蔡文姬"夫心，犹首面也，是以甚致饰焉。面一旦不修饰，则尘垢秽之；心一朝不思善，则邪恶入之"②。所以日常容貌修饰和打理都需要注重心之状态。览照拭面，思心之洁。傅脂，思心之和。加粉，思心之鲜。泽发，思心之润。用栉，思心之理。立髻，思心之正。摄鬓，思心之整。蔡邕苦心孤诣对蔡文姬品德才学的培育，由此可见一斑。林则徐儿子林汝舟年方二十八，已是进士，授职编修，林则徐告诫儿子不可自满，遵守三戒：一戒傲慢，二戒奢华，三戒浮躁。常秉持勤敬与和睦，作为一家之主，他要在这方面做出表率。云南云氏家族历来遵守和践行"孝友勤俭四字，最为立身第一义，必真知力行"的家族训诫，以致文昌民间有一种说法：监狱不是为姓云的人修的。可见优良的家训家规是家族成员的精神支柱和理想追求，是行为自律的源泉。良好的家庭训诫可以培养孩子终生受用的优秀品质，有了良好、得体的个人言行，乡风文明培育才有切实的主体基础。

第二，促进家庭和睦。和谐是中国文化的价值准则和价值目标，在家庭领域尤其如此。"和为贵""家和万事兴"成为众多家训家规重要内容。三国时期向朗告诫子孙，家族和睦就会处动得所求，处静得所安，无往不利。古人认为贫穷不是人生和家族的大患，失和才是。南宋文学家叶梦得身体力行，告诫五个儿子，兄弟和睦才是门户久长之道。家庭和睦，家族成员能够齐心协力、和衷共济，谨遵圣明祖训，共同维护家族尊严和荣光，家族就会人才辈出、荣昌兴盛。如何保障家族和睦，历代家训家规从不同方面提出要求。家族成员必须

① 杨天宇. 礼记译注：下[M]. 上海：上海古籍出版社，2004：801.
② (清)严可均编. 全上古三代秦汉三国六朝文 · 全后汉文[M]. 北京：中华书局，1958：878.

恪守伦理之责，遵德守礼，做到父慈、子孝、兄友、弟恭，男正位于外，女正位于内。袁采认为，父子、兄弟不和主要在于“责善”和“争财”，家里长辈劝勉小辈和晚辈如己从善，小辈和晚辈有所不遵；而长辈的作为也不能满足小辈和晚辈的期望，导致嫌隙产生。所以为父兄者，要能和子弟共情，不能严苛子弟也像自己一样从善；做子弟者要尊重父兄，不要期望父兄全都顺着自己。这样父兄、子弟之间才能和睦相处。也有家训家规非常注重家长的作用，司马光要求一家之长要身体力行，谨守礼法，这样才能得到家族成员的认同并顺从。还有家训家规重视妇婿在家族和睦中的作用，姚舜牧要求在婚恋嫁娶中，要注重夫婿与儿妇的性格品行以及他们的家法是否谨严，不能因为贪图富贵而结永世之好。对于家族中有饥寒者、不能葬者、不能嫁娶者，杨继盛告诫其子要量力而行，周济族人，不能对他们的困难漠不关心，忘掉自己的根本，保障族人之间能够和衷共济、齐心协力。古人注重家和的追求和做法，对乡风文明培育具有重要启示。弘扬家训家规，唤醒家族对后代教育的重视，运用家训倡导的和谐价值要求，协调家庭中因为过分注重个人利益、个人诉求而导致的矛盾冲突，传承家族公益精神，对培育乡风文明具有重要保障作用。

第三，涵育文明气象。历代家规家训都是基于儒家伦理精神形成的行为准则和规范，充分体现我国乡土文明的价值要求。家训家规不但注重个人道德品质提升和家庭和睦，而且注重以礼节、道义搞好乡邻关系，汇聚了丰富的睦邻友好、守望互助的道德资源。姚舜牧告诫子孙，邻居与我们相处日久，最宜亲近友好。庞尚鹏要求子孙在与宗族、乡党和亲友相处时，要注意言语和顺，气色平和。明代许相卿要求子孙年终宴请乡邻，救急救难的时候，要注意态度诚恳，使宾主心欢意满。高攀龙劝谕子孙在谋划做事时，一定要考虑穷人的利益，为他们留下活路，帮助他们渡过难关。袁了凡则劝谕子孙救人危急，造福乡邻。“或以一言伸其屈抑，或以多方济其颠连。”①“或开渠导水，或筑堤防患，或修桥梁，以便行旅，或施茶饭，以济饥渴。随缘劝导，协力兴修，勿避嫌疑，勿辞劳怨。”②左宗棠身体力行地告诫子孙“士人居乡里，能救一命即一功

① （明）袁了凡撰，胡国浩导读注译. 了凡四训[M]. 长沙：岳麓书社，2019：63.
② （明）袁了凡撰，胡国浩导读注译. 了凡四训[M]. 长沙：岳麓书社，2019：64.

德，以其无活人之权也"①。这些有名望家族留下的睦邻友好、守望互助的家训文化，一方面深刻影响当地乡民的家教家风。左氏家族形成的行善积德、清正廉洁家风不仅延及左氏后人，就连故里所在的村民也以左氏家风为傲，潜移默化地以左宗棠的家规教育孩子。家规家训中蕴含的丰富道德理性和道德智慧在家族荣昌中闪现动人光芒，使之在乡民中具有更广泛的认同基础，能潜移默化地完成文明教化的任务。另一方面推动睦邻友好、守望互助邻里关系的形成。家训家规中体现的睦邻友好、守望互助的仁爱精神深化了邻里之间的感情，有效化解了邻里之间产生的摩擦，营造了乡村社会良好的互助和谐风尚。

家庭是治国之本。只有引导乡村社会和家庭重视家训家规，传承发展家训家规蕴含的美好价值和道德智慧，乡风文明培育才会有切实的主体基础、家庭保障和良好氛围。

① (清)左宗棠撰，林鸣凤，等整理．左宗棠全集：十三 诗文·家书[M]．长沙：岳麓书社，1987：145.

第二章

中国当代乡村家庭伦理的现实审视

新中国成立尤其是改革开放以来，乡村社会经济、政治、文化等各方面均发生深刻的变革，乡村家庭伦理观念也随之发生相应变化。近年来，学者们关注的留守儿童家庭教育缺失、留守老人养老困境、乡村离婚率升高、农民工非婚性行为频发和"临时夫妻"等问题反映了乡村家庭正面临严峻考验，乡村家庭伦理状况堪忧。

华中科技大学村治研究中心主任贺雪峰在《中国农村的代际间"剥削"——基于河南洋河镇的调查》一文中谈到，河南农村一些父母认为自己是儿子的长工，只要还有劳动能力，就会一直劳动下去，直到丧失劳动能力，而这离死亡也不远了。① 阎云翔对黑龙江下岬村老人赡养状况的恶化及孝道的衰落进行了田野调查，他认为乡村在赡养和孝道问题上，公共舆论日渐沉默，孝道观念因为没有传统机制的支持而失去了文化和社会基础，因此乡村出现了养老危机。② 中国社科院王跃生通过考察冀东农村子代婚姻支付行为，认为子代的婚姻花费是父代负担最重的一项，子代完婚的过程已经实现了家庭财产的转移。③杨子贤、张跃飞通过调查发现，农民工非婚性行为频发，性关系非常混乱，性观念极度偏差。④

由于中国乡村发展不平衡，地域文化差别较大，现有的成果多是就乡村家庭伦理某一方面或某一地域展开调查，有一定局限性。为了真正了解当前乡村家庭以及家庭伦理状况，中国乡村伦理研究课题组于 2017 年和 2018 年暑期，对我国湖南、湖北、江西、江苏、甘肃、山东和广东七省七村进行了实证调

---

① 贺雪峰. 中国农村的代际间"剥削"——基于河南洋河镇的调查[N]. 中国社会科学报，2011-08-02.

② [美]阎云翔. 私人生活的变革：一个中国村庄里的爱情、家庭与亲密关系（1949—1999）[M]. 龚小夏，译. 上海：上海书店出版社，2006：208.

③ 王跃生. 婚事操办中的代际关系：家庭财产积累与转移——冀东农村的考察[J]. 中国农村观察，2010(3)：60-72.

④ 杨子贤，张跃飞. 农民工的"性乱象"——长三角地区农民工非婚性行为的调查与思考[J]. 哈尔滨工业大学学报（社会科学版），2013(5)：70-78.

查，本书基于已有的分析和课题组所做的调查，从理论和实证两方面对当前乡村家庭伦理的变化作出准确全面的科学分析。

第一节
乡村家庭伦理呈现良好风貌

改革开放40多年来，我国乡村经济得以快速发展，人民生活水平有了显著提高，家庭伦理方面也正朝着现代化的方向逐步演进。从此次调研情况来看，乡村婚姻家庭中进步因素正呈上升趋势，男女平等、恋爱自由、婚姻自主、夫妻恩爱、尊老爱幼、勤俭持家等已经成为家庭伦理的主流，乡村家庭伦理总体状况良好，主要表现为家庭关系总体和谐、婚恋伦理观念日趋进步、性伦理更趋宽容理性、家庭道德教育意识较强，新型生育伦理已被广泛接受。

一、家庭关系总体和谐

乡村家庭伦理总体状况良好主要表现为家庭关系和谐。乡村家庭关系主要包括夫妻关系、父子关系、长幼关系和邻里关系等，村民家庭关系和谐可以从村民对生活的满意度中看出。生活满意度是对生活各个方面利弊、好坏情况进行综合考虑和权衡后的一种主观、整体评价，是一种基于现实情况下的评判。它能反映人们对生活水平、居住环境、家庭关系、经济能力等的基本态度。从研究团队对全国七省七村的调研结果来看，当代中国乡村家庭关系总体状况和谐，村民的家庭幸福指数较高，对自己目前生活普遍感到满意。在回答"总的来说，您对自己的生活状况是否满意？"这一问题时，39.8%的村民对自己目前的生活基本满意，24.2%的村民表示比较满意，7.4%的村民则非常满意，三者合计为71.4%。由此可见，大多数村民对自己的生活状况感觉较好。

具体来说，男性对自己的生活状况满意的占29.1%，女性满意的占33.1%。可见，女性村民对自己目前的生活满意度高于男性村民。从受教育程度来看，小学及以下文化程度的村民对自己的生活状况满意的为31.1%，初中文化程度的村民为28.9%，高中、职高文化程度的村民为35.8%，大专及以上文化程度的村民为38.5%。由此可以看出，小学及以下文化程度的村民对自己的生活状况满意度高于初中文化程度的村民，可能是因为小学及以下文化程度的村民走出村庄见世面的机会较少，没有把自己的生活与外界的生活进行比较，反而对自己的生活状况比较满意。而文化程度越高的村民对自己的生活状况满意度越高，这可能是因为文化程度高的村民在社会竞争中有优势，大都能通过自己的努力过上比较好的生活。问卷中还就村民对自己家庭收入的满意程度进行了调查，设置问题为"总的来说，您对目前家庭的收入水平是否满意?"回答"一般""比较满意"和"非常满意"三项的总比率为58.8%，选择"很不满意"和"不太满意"二者的总比率为39.1%，由此可以看出，大部分村民对自己家庭收入比较满意。改革开放以来，农民的经济收入不断提高，农民获得感和满足感不断增加，同时为家庭伦理建设与家庭和谐提供了物质基础。访谈时，林屋村一位村民跟我们聊到自己，她的言语洋溢着对当前生活的满足：

> 我对我现在的生活挺满意的，村里的自然环境很好，没有什么大的污染，给我们的福利也不错，跟熟人在一起也挺热闹，生活也很开心，没有觉得人们有钱了，人际关系就不好了，环境就污染了。
>
> ——2018年8月14日16:42—17:50在林屋村便利店店主LSD的访谈。

（一）夫妻关系状况良好

我国村民能真正领悟"家和万事兴"的道理，努力构建团结和睦的家庭关系。在所有家庭关系中，夫妻关系是最根本的关系，是家庭伦理的核心。我国传统的夫妻关系的伦理内涵是"夫义妇顺"，即在婚姻中，丈夫应以道义为依归，妻子则应以柔顺为德，相夫教子。而现代社会新型夫妻伦理关系为夫妻和睦相处、平等相待，它是家庭和谐的基础。村民认为要建立和睦的夫妻关系，夫妻双方必须履行好各自的责任和义务。概括起来，当代中国婚姻家庭生活中，夫妻必须履行的责任和义务有：夫妻互敬互爱、互勉互助，夫妻共同努力实行优生优育，共同做好尊老爱幼，正确处理家庭关系，努力营造和睦舒适、积极向上的家庭氛围。访谈中，绝大多数已婚被访者对自己的夫妻关系都满意或非常满意。村民更多追求以爱情为基础的婚姻，夫妻之间不再仅仅为了凑合过日子，而是更注重精神上的高度契合、心理需求和性需求的满足。特别是年轻一代夫妻，更强调彼此之间在文化、思想观念和情感方面的契合，寻求心理和情感的共鸣。经济关系在夫妻之间降到次要位置，感情关系关注度上升，情感已经成为维系现代夫妻关系的主导因素。

访谈时，一位年轻的村支书对自己的夫妻关系十分满意，他谈道：

> 我和我老婆属一见钟情，我们是自由恋爱，她是 1978 年生的，我们不是一个村，我读书回来代过课，她也代课，我们组织去听她的课，就这样认识了。我老婆孝敬父母，对我的父母好，心地善良，教育小孩好。即使有小过错，我都可以包容。现在我每年都会陪老婆孩子出去玩一次。
>
> ——2017 年 7 月 9 日 14:40—16:00 在西岭村村委会与村支书 LH 的访谈。

夫妻之间不仅要同富贵，也要共患难。在夫妻一方因某些原因生病或受伤时，另一方应履行妻子或丈夫的责任，尽心照顾和关怀对方，尽可能使妻子或丈夫早日摆脱病痛，回归正常生活。在江西抚州下聂村，一位有情有义的丈夫 N 跟我们聊起他瘫痪在床的妻子的情况时言辞恳切，令我们印象深刻，他谈道：

> 我老婆得了脑梗死，中风 11 年了。这 11 年来都是我照顾她穿衣吃饭，做护理工作。每天给她按摩，因为不按摩，肌肉就会萎缩。冬天洗脚，热天洗头洗澡。她病了，我不能丢下她，逃避不是人。照顾老婆，是丈夫应尽的责任和义务。有时候想想，老婆年轻时候吃了苦，现在生病了，我不能不管他，不然自己良心过意不去。
>
> ——2017 年 7 月 26 日 20:20—20:50 在下聂村祠堂与村民 NJW 的访谈。

对于夫妻关系的满意度，其他相关的调查研究也得出类似结论。全国妇联和国家统计局实施的第三期中国妇女社会地位调查数据显示，无论城乡，大多数已婚妇女能够得到丈夫的理解和支持，夫妻关系和谐，85.2%的女性对自己的家庭地位表示比较满意或很满意。① 上海社会科学院徐安琪等人对上海和兰州城乡做过调查分析，大多数夫妻对婚姻关系做出非常满意和比较满意的评价，被访者在对"夫妻间相互尊重/双方的平等相处""相互理解/包容""对方的忠贞不贰/感情专一"等选项打分时，选择4—5分的人占八到九成。（1—5分表示从"非常不满意"到"非常满意"，其中4分为"满意"，5分为"非常满意"。）②

（二）亲子关系、婆媳关系总体和睦

亲子关系和婆媳关系是家庭中除夫妻关系外的两组重要关系。两者处理是否妥当会影响整个家庭关系的和谐。从调查中可以看出，我国乡村家庭中，老人基本都在家养老，子女为其提供物质赡养，保障老人的生活，极少出现虐待老人的现象。除物质赡养外，大多数村民能关心老人的精神生活，在老人生活上不能自理时，基本能担负起照料老人的生活起居的责任。在外务工的子女，经常通过电话等方式关心父母，特别是春节、端午、中秋等传统节日，大多数老人的子女都能回来看望父母，一部分子女因无法回家而给父母捎去一些礼物以表孝心。访谈中大多数村民明确表示对自己的家庭关系比较满意，其中西岭村的一位老人，膝下有一儿两女，她对自己的亲子关系和婆媳关系的满意之情溢于言表：

> 我对我的家庭很满意，感觉很幸福。儿女全都结婚了，女儿女婿很好。亲家们对我的儿子女儿都很满意，别人都羡慕他们的家庭。我对儿子儿媳比较满意，他们非常照顾我的生活，儿子做饭，儿媳把家里的事情安排好，不要我操心。我喜欢跳广场舞，吃完晚饭后我就

---

① 第三期中国妇女社会地位调查课题组．第三期中国妇女社会地位调查主要数据报告[J]．妇女研究论丛，2011(6)：5-15.

② 徐安琪，等．转型期的中国家庭价值观研究[M]．上海：上海社会科学院出版社，2013：107-108.

> 去跳广场舞。邻居们都很羡慕我。
>
> ——2017 年 7 月 9 日 11:10—12:10 在西岭村村委会与老支书夫人、原村妇女主任、计生专干 FYJ 的访谈。

(三)邻里关系融洽

邻里团结是中国人的优良传统,“远亲不如近邻”是乡村流传广泛的俗语。邻里关系事实上是一种地缘关系,是家庭的延伸和家庭生存的条件之一,邻里关系的社会功能主要分为生产互助和守望互助两方面。邻居之间在农忙季节,相互帮助以弥补家庭生产功能的不足,并提高家庭生产能力。平时生活中,邻居之间还可以相互抱团取暖,在家庭遇到困难时,大家相互帮衬,增强抵御外来侵害的能力。良好的邻里关系能为家庭创造和谐安宁的生活环境。建立和睦团结的邻里关系,是社会主义家庭美德建设的重要内容。村民追求的邻里团结,就是期望邻里之间相互信任、相互尊重、相互帮助、相互关心、相互谦让,及时化解矛盾、解决纷争。

从访谈中可以看出,中国乡村的邻里关系也总体和谐。邻里关系和谐可以大大地提升村民的幸福感。林屋村一位 78 岁高龄的退休老教师跟我们聊到他比较喜欢住在村子里,村子里环境好,自己人际关系相处也比较融洽,没事自己还能串串门,跟同事、自己以前的学生聊聊天,日子过得挺开心。华宏村的一位 71 岁的老人也满足地说:

> 现在村里人与人关系越来越好。以前生产队有打架的,现在邻居大多很友好。一门道四户,家家和和气气。人的思想观念在转变。父母子女没有矛盾,每个老年人自己都有点养老钱。村民都能尊老爱幼,关系好,子女大多会给老人买衣服。
>
> ——2017 年 8 月 20 日 9:40—10:30 在华宏村村委会与原村委会主任 LYF 的访谈。

王杰村一位 65 岁的老年村民还把现在的生活与以前的生活进行了对比,

他认为近年来村民不仅物质生活水平提高了，精神生活也随之更受重视：

从七十年代到现在，村子的面貌和村民的生活变化太大了。我们小时候都是吃玉米面、地瓜干，一年都吃不上一次肉，现在大家天天都吃肉，还是变着花样的吃。我们小时候的房子都是土墙、土房，现在都是瓦房、楼房。不仅物质生活方面提高了，精神风貌也有很大变化。以前的时候，邻里之间经常会因为一些琐碎的事情发生摩擦，甚至吵架，房屋地界谁多了、谁少了，粮食谁掉了、谁捡了等等，婆媳关系也处理不好，经常听到哪家媳妇儿又被打了、哪家婆婆又骂人了等等。这些状况现在很少见了，我觉得首先是大家的生活水平都提高了，很多事情都不那么计较了，再就是精神文明建设也越来越受重视，电视、电影等各种教育宣传形式也多了，人们素质自然也提高了，广场舞等一些娱乐活动也能增加人与人之间的感情交流，生活都充实了，自然也就没那么多心思了。

——2018 年 6 月 1 日 14:54—15:36 在王杰村村委会图书室与王杰村原村支书 WZW 的访谈。

二、婚恋伦理观念日趋进步

新中国成立后，随着 1950 年《中华人民共和国婚姻法》的贯彻实施，中国乡村婚恋伦理观念以现代社会主义婚恋伦理为主导，越来越多的青年男女冲破传统婚恋观的束缚，充分享受恋爱自由、婚姻自主，他们选择婚姻多以两人有感情为前提，更多考虑个人价值观的相互契合，注重个体因素，其价值取向更趋向现代。

（一）大多数村民婚恋动机更趋现代化

婚恋道德观中，婚恋目的和动机处于极其重要的地位，决定了婚恋的道德与否。此次调查中七个村的村民在回答“您认为恋爱结婚目的是什么？”时，村民所选的比率分别为“有自己的家”（33.1%）、“相亲相爱一辈子”（29.8%）、

“生娃”(10.2%)、“生活有依靠”(10.6%)和“实现父母的愿望”(4.3%)等。选择“有自己的家”和“相亲相爱一辈子”两项的村民共占62.9%。此外,在调查村民对于理想婚姻家庭的看法时,排在前三的是“家庭成员和谐相处、身体健康”(29.2%)、“夫妻感情好”(25.3%)和“孩子懂事有出息”(17.9%),对这个问题,七个村村民的看法基本一致,这充分彰显了村民非常看重家庭成员身心健康、夫妻和谐相处和孩子的成长等现代元素。还有部分村民认为“不为吃穿发愁”(12.6%)和“父母和子女经常沟通交流(10.7%)”也是理想婚姻家庭的重要因素。

对于“您认为影响夫妻感情的主要因素是哪些?”这个问题,我们设计了“是否忠诚有责任心”“经济收入”“思想观念是否一致”“性生活”“家庭暴力”“子女问题”“与对方家人相处是否融洽”和“不知道/说不清”等选项。从调查结果来看,选择“是否忠诚有责任心”(29.3%)、“思想观念是否一致”(21.5%)的人数最多。由此可见,村民把“责任心”和“三观一致”等现代元素视为维系夫妻感情的重要内容。而选择“经济收入”(10.1%)、“家庭暴力”(9.6%)和“性生活”(4.4%)选项的比例较少,在影响夫妻感情的因素方面占次要地位。从村民的选项中可以看出村民并不认为经济收入是影响夫妻感情的决定性因素,他们更注重夫妻双方内心的相互协调等现代元素。由此可以看出,大多数村民已经接受了现代婚恋伦理观念,他们开始关注自我对婚姻的感受,这是婚恋观进步的表现。

(二)择偶标准日趋现代化

在多元家庭伦理价值观的影响下,我国村民在择偶标准上也日趋现代化,自主性、独立性明显增强。比如,在婚恋对象的选择上,大部分村民倾向于选择与自己“志趣相投”、“相伴终老”和“情真意切”的伴侣,“执子之手,与子偕老”的婚恋伦理观念在乡村占据主流。从本次调查结果来看,我国乡村村民在择偶时,对家庭条件的关注度明显减弱,对个人素养的期待有所提升。过去,村民结婚时,更多考虑对方的家庭条件,讲究“门当户对”。现在,人们在选择结婚对象时,不再把对方的家庭条件放在考察的重要位置,而是把两人感情和个人素养作为重点考察因素,如人品好、身体健康、性格温和、有一定的技能和文化程度较高等。当代社会，爱情作为婚姻的基础已经成为人们的共识，人们倾向于把爱情作为缔结婚姻和解除婚姻的关键因素。

在考虑“您在选择结婚对象时会主要考虑哪些因素?”这一问题时，我们设置了“家庭条件”“两个人的感情”“人品”“是否志同道合”“个人外在条件”“是否有手艺”“其他”和“不知道/说不清”等选项，所得到的回答情况是“两个人的感情”“人品”“是否志同道合”是村民选择结婚对象时考虑最多的三个因素。其中选择“两个人的感情”占比37.6%，选择“人品”占比30.8%，“是否志同道合”占比10.1%，三者合计占比78.5%。由此可见，绝大多数村民认为两个人的感情是婚姻的基础，也是婚姻的首要价值，没有感情就不会结婚，部分村民强调婚姻是爱情的升华，是相爱的两个人心灵的结合，也是爱情最神圣的象征。村民认为要想婚姻家庭幸福美满，夫妻双方的“人品”是不可忽视的因素。男女志同道合、有相似的价值观和共同的理想信念以及志趣相投等因素也被村民很看重，体现了村民在选择结婚对象时持现代价值取向。

三、性伦理更趋宽容理性

性伦理作为人类性行为规范的道德理论，是人类对自身性关系、性行为和规范进行反思的结果。性是人的基本生存方式，是人类社会得以存在和发展的基础。从总的趋势看，村民的性伦理观念越来越开放，对于“婚前性行为”和“婚外性行为”均呈现出宽容的态度，但对两者的宽容程度有区别。

改革开放之前，“婚前性行为”和“婚外性行为”在我国乡村地区都是社会禁忌，但随着社会的进步，我国乡村的性禁忌被逐步打破。部分村民对“婚前性行为”的看法较之以前更为开放，从调查数据中可以得到印证。在问卷调查中，村民在回答“您如何看待婚前性行为?”时，有18.4%的村民认为“属于个人隐私不做评论”，17.9%的村民认为“双方愿意无可厚非”，8.0%的村民觉得“满足感情需要可以理解”，有12.5%的村民选择“可以理解，但不会做”，4.9%的村民说“确定结婚就可以”。共计有61.7%的村民认为“可以理解”，明确表示反对的村民只占24.9%，即大多数村民已默认“婚前性行为”。徐安琪等人的调查研究也得出类似的结论：人们对婚前性行为的宽容程度有所提高，只有

26.9%的人认为男女婚前发生性行为“绝对错误”,49.5%的被访者认为“总不太好”,12.4%的被访者认为“在有些情况下是错的”,11.2%的人认为“没错/正常”。[①] 这表明传统的禁欲观念在当代村民心中正逐渐淡化,越来越多的村民认为当爱情发展到一定阶段,是可以发生性关系的,这并不违背道德。“婚前性行为”已越来越被人们接受,更趋自然化和常态化,正在演变为“恋爱—性行为—结婚”的婚恋模式。

村民对于“婚外性行为”的宽容度也在提高,但较“婚前性行为”稍严苛。众所周知,性伦理考量的不仅仅是性作为合乎目的的需要,还要衡量实现该目的的手段是否合乎伦理原则。显然,“婚外性行为”是不符合伦理原则的。从七个村村民的问卷调查数据来看,对“婚前性行为”表示明确“反对”的比率是24.9%,而七个村村民对“婚外性行为”明确“反对”的比率是56.4%,比前者高出一倍多。从以上两组数据可以得知,村民对“婚外性行为”比“婚前性行为”的态度更为严苛。最能体现村民对“婚外性行为”宽容度的是对女性“婚外性行为”的态度。传统社会对女性“婚外性行为”的态度是严厉打击,家法族规会对这种女性处以惩罚。现代社会村民对女性这种行为有一定的宽容。在访谈中,有一位男性村民说道:

> 如果我的妻子有婚外情。我会顺着她的意,尊重她的选择。她的心不在我身上,强行捆绑在一起,也没有意义。
>
> ——2017年7月9日在西岭村村委会办公室与村民LXH的访谈

在访谈中,当问到村民“如果你的配偶发生婚外性行为,你会选择离婚吗?”这一问题时,大部分回答是否定的,被访者毅然选择离婚的仅为少数,大多数村民选择不打算离婚。他们表示会给配偶机会,规劝他/她回归家庭,会尽可能维持家庭的稳定。由此说明,村民对婚姻的态度是谨慎且理性的,当前中国乡村的性伦理观念较之以前则更加宽容理性。

村民对性伦理的开放宽容也体现在对女性离婚和老人再婚的看法上。传

① 徐安琪,等. 转型期的中国家庭价值观研究[M]. 上海:上海社会科学院出版社,2013:146.

统社会女性没有离婚自由，社会要求女性严守贞节，所谓“一女不事二夫”。然而改革开放以来，我国农村地区离婚率一直呈现走高趋势，突出表现为农民工离婚率上升，而其中女方更容易提出离婚，从李卫东的调研中可以得到印证。他的调研结果表明：“有多达近 45%的农民工的婚姻在不同程度上存在不稳定状态，其中有超过 9%的农民工的婚姻不稳定已经发展到在行动上认真提出过离婚或分居。”“女性农民工婚姻不稳定性要显著地高于男性农民工，其中 49.64%的女性农民工的婚姻存在不同程度的不稳定性，有 11.43%达到高度不稳定程度，分别高出男性农民工近 9.1 个百分点和 5 个百分点。”这说明“女性的离婚倾向更为明显”①。访谈中，赵家湾村的一位村民告诉我们：

> 我们这里大男子主义不严重，没有家暴现象。村子里如果女性离婚了，很少会有人说闲话，现在社会离婚比较正常。离婚后也有再重新组合家庭的，还比较好。
>
> ——2017 年 7 月 14 日在赵家湾村村委会办公室二楼与村民 HDF 的访谈。

由此可见，乡村社会对妇女离婚的宽容度越来越高。此外，村民也能接受老人再婚，如赵家湾村一位中年男性村民跟我们说：

> 老年人如果是单身的话，我会赞同他们再婚。我觉得再婚之后有人陪着他们养老，家里的孩子去外面打工了，老人连个伴儿也没有。
>
> ——2017 年 7 月 14 日在赵家湾村村委会办公室二楼与村民 LZH 的访谈。

访谈中发现大部分村民可以接受女性离婚和再婚，这表明村民对女性的“性”要求不及以前严苛，更显开明。中国人性观念的宽容度提高是以经济进步、教育程度普遍提高、信息传播和共享等为特点的现代化和全球化的结果。

---

① 李卫东．农民工婚姻稳定性研究：基于代际、迁移和性别的视角[J]．中国青年研究，2017(7)：74-81.

虽然青年人对待婚前性行为和婚外性行为较之以前更为宽容，但需要强调的是，对他人的性宽容态度源于现代人的理性思考，并不必然导致性行为的放纵和性道德的混乱。①

四、新型生育伦理已被广泛接受

生育伦理，即夫妻繁衍后代行为观念的道德要求及其道德评价。② 不同社会有不同的生育伦理。人类的生育意愿可分为两类：一类是重数量、轻质量和强烈偏好男孩，这是与传统农业社会相关的传统生育意愿；另一类是少生、优生和无性别偏好，这是与现代工业社会相关的现代生育意愿。从整体上而言，我国社会的生育伦理发生了变化，其核心内容转变为生育数量上有节制、男女平等和优生优育等。在调查时，大多数村民都认为多生孩子不仅违反国家政策，也给自己家庭造成很大负担，这是年轻村民和年长村民均已达成的共识。③ 大多数 40 岁以下的村民都只生 1—2 个孩子，极少数村民生育 3 个及以上孩子。部分村民的生育观正在向"自己挣钱养老，少生优生"的进步观念演变。随着经济的发展，人们思想日趋进步，从调查中发现，有部分村民已接受"丁克家庭"，他们认为结婚不仅仅为了生育，还要考虑个人经济因素和感情因素。

从调查结果不难看出，村民对于"您生养孩子的首要目的是什么？"这一问题，选择最多的答案是"家庭完美"（34.3%），其他依次为"活着有意义"（7.3%）、"为社会尽义务"（6.9%）和"感情寄托"（6.2%）等选项。七个村的村民选择"生育出男孩以传宗接代"的比率并不高，说明村民的生育伦理观念悄悄发生了改变，很多村民特别是新生代农民工已接受"生男生女都一样，女儿也是传后人"等进步的生育观，他们进城务工的经历，使他们不断摆脱传统生育观的束缚，逐步向新型生育观转变。随着人们男女平等意识的提高，这一思想得到了进一步的强化。他们认为生育孩子的主要目的不再是为了延续香

---

① 徐安琪，等. 转型期的中国家庭价值观研究[M]. 上海：上海社会科学院出版社，2013：161-163.

② 朱贻庭主编. 应用伦理学辞典[Z]. 上海：上海辞书出版社，2013：581.

③ 本调研系 2017—2018 年暑期进行。2021 年 8 月 20 日，全国人大常委会会议表决通过了关于修改人口与计划生育法的决定，修改后的人口计生法规定，国家提倡适龄婚育、优生优育，一对夫妻可以生育三个子女。

火，而是给自己的生活带来情趣和精神意义，对这一目的的追求有超越“传宗接代”目的之势。黄雁玲在她的博士论文《壮族传统家庭伦理及其现代演变研究》中，就壮族地区村民的孩子性别偏好做了调查，在100名村民中，有83%的村民认为“生男生女都一样，只要孝顺就好”。她的调查还发现，有许多年轻夫妇生育一个女孩后，自愿不再生育。[①] 由此可以看出，我国目前新型生育伦理已被广大村民所接受。

五、家庭道德教育已被认同

20世纪80年代，中国开始实行计划生育政策，每个家庭的孩子数量急剧减少，大多数家庭都只有1—2个孩子，村民都十分重视孩子的教育。在孩子的各方面教育中，家庭道德教育仍然处于最重要的地位。从本次调查来看，几乎每位深度访谈对象都谈到了教育的重要性，愿意尽最大努力送自己孩子到县城或镇上接受更优质的教育。受访中的大多数村民都认为应该重视家庭道德教育，对其认同程度很高。在设置“您认为农村小孩的家庭教育应重视哪些方面内容?”这一问题时，我们设计了“思想品德教育，懂道理，孝敬父母”“学习习惯培养，爱学习”“生活技能教育，自立自强”“安全教育，不做危险事”“心理情感教育，培养好性格和好心态”“生活行为习惯培养，没有恶习和不良嗜好”“不知道/说不清”等选项，七个村村民选择“思想品德教育，懂道理，孝敬父母”选项的比率达36.4%，在所有选项中比率最高。由此可见，村民都认识到应对孩子进行教育，并且认为家庭道德教育应放在首位。

第二节
乡村家庭伦理存在的问题

当今中国社会处于转型期，乡村家庭伦理关系和伦理观念都发生了变化。其中一部分村民已悄然接受现代家庭伦理观念，其具体表现在婚恋伦理、性伦

① 黄雁玲. 壮族传统家庭伦理及其现代演变研究[D]. 长沙：中南大学，2013：151.

理、生育伦理、亲子伦理和家庭道德教育等方面都有显著进步。但不可否认的是，乡村家庭伦理也存在一些问题。我们通过实证调查和已有的文献对乡村家庭伦理问题作出分析。

一、婚恋伦理呈现物质化、功利化倾向

在我国传统乡村社会，“父母之命，媒妁之言”的包办婚姻一直盛行，当时的婚姻把家庭利益放在第一位，忽视了个人爱情。尽管新中国成立以后，乡村婚恋伦理观念以现代社会主义婚恋伦理为主导，越来越多的青年男女选择充分享受恋爱自由、婚姻自主，在婚恋选择中以爱情为主导因素，但也有部分村民在选择结婚对象时，会考虑对方的物质条件、外貌等非感情因素，人们的婚恋伦理呈现物质化、功利化趋势，从此次调研数据中可得到印证。此次调查中七个村的村民在回答“您认为恋爱结婚目的是什么?”时，选择“生娃”的村民占10.2%、选择“生活有依靠”的占10.6%，选择“生娃”“生活有依靠”这两项的村民共占20.8%。由此可以看出，婚姻在这部分人眼里沦为传宗接代的“工具”或“飞上枝头变凤凰”的“铺路石”。这也导致了近年来乡村媒婆职业的盛行和“天价彩礼”的出现。在彩礼方面，访谈时有村民跟我们说：

> 现在我们农村的彩礼基本在6(万)—8万左右，但是这些仅是彩礼，不包含其他开销，女方家一般陪嫁衣柜等家具。我认为彩礼是一个恶性循环，比如有的女儿出嫁必须要14万，儿子也就必须得出14万彩礼。
>
> ——2017年7月20日上午10:40—11:20在辘辘村委会会议室与原辘辘村村委会会计BYQ的访谈。

> 现在就这个村子里来说，彩礼一般的可能就是6(万)到10万，有的也多一点超过10万。一般需要男方准备房子，彩礼也是男方给的，除了彩礼之外，还要买首饰。
>
> ——2017年7月14日在赵家湾村村委会办公室二楼与村民LZH的访谈。

从这些访谈可以看出，乡村家庭要拿出如此大笔的费用作为彩礼，会给家庭带来很大的经济压力，通常要举全家之力；家庭经济条件较差的，甚至因此背负沉重的债务。这是乡村婚恋观呈现物质化、功利化趋势的真实体现，要纠正这种不良倾向，还有很长的一段路要走。

在设计“您在选择结婚对象时会主要考虑哪些因素？”这一问题时，我们设置了“家庭条件”“两个人的感情”“人品”“是否志同道合”“个人外在条件”“是否有手艺”“其他”“不知道/说不清”等选项，从回答情况看，选择“家庭条件”和“个人外在条件（身高、长相、文化程度）”等因素的村民占一定比例。如选择“家庭条件”的村民占 10.2%，选择“个人外在条件（身高、长相、文化程度）”的占 3.8%。具体而言，男性和女性在选择结婚对象时主要会考虑的因素也不尽相同，女性村民在选择结婚对象时比男性村民更现实。除“两个人的感情”和“人品”是男女两性在选择结婚对象时共同会考虑的主要因素外，男性还会考虑“是否志同道合”，而女性则更多考虑对方的“家庭条件”。女性在择偶时，除感情因素外，还会考虑男性的经济能力。男性在择偶过程中，除感情因素外，还会考虑女方的外在条件，特别是外表，其次为孝顺、贤惠和操持家务的能力。

由此可以看出，传统的“男才女貌”的择偶观在今天仍有深远的影响，只不过“才”方面更注重“财”。乡村青年男女在相亲时，往往会以对方的经济情况和外表来决定是否建立恋爱关系。

二、性伦理观念出现偏差

中国传统社会村民对“性”的问题一般避而不谈，他们认为“性”问题难登大雅之堂，对它故意避讳，老一辈人们更是“谈性色变”。改革开放后，各种思潮涌入国内，村民同样受到影响，他们的思想发生变化，这也表现在对性问题的看法上。从总的趋势看，村民对于“婚前性行为”和“婚外性行为”均呈现出开放的态度。据相关调查结果显示，我国乡村地区“婚前性行为”发生频率出现走高趋势，此行为主要存在于乡村青年群体和农民工群体中，他们接触网络的程度最高，社会流动性最强，受到社会舆论的束缚最少。①

① 李桂梅，郑自立．当代中国乡村家庭伦理的变迁[J]．伦理学研究，2017(6)：107-111.

（一）村民对“婚前性行为”的认识偏差

受到西方性开放思想的影响，我国乡村部分村民对“婚前性行为”看法比较开放，甚至默认，此现象从调查数据中可以得到印证。在问卷调查中，村民在回答“您如何看待婚前性行为?”时，明确表示反对的村民只占 24.9%，即大多数村民已默认“婚前性行为”。越来越多的村民认为当爱情发展到一定阶段是可以发生性关系的，并不违背道德。当然对于绝大部分进入婚姻殿堂的男女而言，婚前性行为并无大碍，也没有必要进行道德评判。但“婚前性行为”属于非婚性行为的一种，它不受法律保护。青年男女恋人之间发生“婚前性行为”，而后来因为种种原因不能有情人终成眷属，对男女双方特别是对女性的身心会造成很大伤害。

具体从性别来看，男性对“婚前性行为”比女性呈现出更开放的态度，女性表示完全反对占的比重为 27.6%，而男性表示反对的占 22.2%。在年龄上也出现差异，18—35 岁的年轻村民更能接受“婚前性行为”，认为“属于个人隐私不做评价”的比率在三个年龄段中最高，达到 26.9%；36—55 岁的中年村民认为“属于个人隐私不做评价”的比率为 16.9%，而 56 岁以上的村民最不能接受“婚前性行为”，他们中认为“属于个人隐私不做评价”的比率仅为 4%，他们反对的比率最高，达到 35.4%。徐安琪等人对此问题也做过调研，她们认为公众对婚前性行为日渐宽容。只有 26.9%的被访者认为男女婚前发生性行为“绝对错误”，而 35 岁及以下青年人所占比重仅为 13.5%；在判断“单身成年人如果非常相爱而发生性关系有错吗”这个问题时，只有 18.3%认为“绝对错误”，而其中 35 岁及以下青年人仅为 8.5%。[①] 她认为年龄也与婚前性行为的宽容程度呈显著负相关，年纪越轻的被访者态度越宽容。[②]

（二）部分村民默认“婚外性行为”

婚姻包括性和爱两部分，性是婚姻存在的生理基础，爱情是婚姻存在的精神要素。一个已婚人士的性行为是否符合伦理原则，不仅要看他的婚姻是否

① 徐安琪，等．转型期的中国家庭价值观研究[M]．上海：上海社会科学院出版社，2013：225.

② 徐安琪，等．转型期的中国家庭价值观研究[M]．上海：上海社会科学院出版社，2013：147.

以爱情为基础，还要看在婚姻中是否存在背叛爱情的行为，一旦其性行为背叛爱情，也就违反了性伦理原则。显然“婚外性行为”不符合性伦理原则。然而，从此次调查可以看出，我国乡村部分村民对“婚外性行为”表示默认。在调查村民“如何看待婚外性行为”时，七个村村民持开放态度的人数占一定比例。选择“属于个人隐私不做评论”(13%)、“双方愿意无可厚非”(5.8%)、“满足感情需要可以理解”(5.2%)、“可以理解，但不会做”(6.6%)和“不知道/说不清”(13%)等选项的村民共占43.6%。

男性对“婚外性行为”的态度也比女性更开放，女性表示完全反对的占61.4%，而男性表示反对的占51%。年龄上也出现差异：18—35岁的年轻村民更能接受“婚外性行为”，认为“属于个人隐私不做评价”的比率在三个年龄段中最高，达到23%；36—55岁的中年村民认为“属于个人隐私不做评价”的比率为12%，而56岁以上的村民最不能接受“婚外性行为”，他们中认为“属于个人隐私不做评价”的比率也为12%，但他们反对的比率最高，达到67.5%。由此可以看出，年龄越小的村民对“婚外性行为”的态度越开放。这可能与他们接受西方性自由的思想影响比年长者更容易有关。

我们在做文献梳理时还发现，进城务工者群体中存在令人惊奇的婚姻扭曲现象——“临时夫妻”，这是被广大农民工默认的典型“婚外性行为”，而且数量初具规模，近几年也引起学界的强烈关注。“临时夫妻”即长期分居两地的农民工夫妻，为了解决生理上的性压抑和缓解情感上的孤寂，在不影响原有夫妻关系的情况下，悄然结成“临时夫妻”。“临时夫妻”的出现具有独特的时代背景，它是我国转型期政治、经济、文化格局变化造就大规模的人口流动，而社会管理又无法达到相应的水平导致的结果。这种“临时夫妻”现象严重威胁农民工的婚姻家庭稳定，这也是部分村民性伦理观念出现严重偏差的具体表现。

三、传统生育伦理的遗毒

传统生育观一直影响着我国的生育性别行为，致使我国人口性别比持续偏高，造成婚姻挤压现象，威胁社会的和谐稳定。重男轻女、多子多福、传宗接代和养儿防老是传统生育伦理的核心内容。对于传统中国农民来说，孩子是父母一生奋斗的动力。贺雪峰认为，对于普通人而言，婚姻的本体价值即“不孝有三，无后为大”的传宗接代，就是上对得起祖宗、下对得起子孙。① 徐安琪在调查中也发现：城市被访坦诚“只生女孩多少会感到遗憾”的占比仅为9.6%，而在农村则达22.3%。② 这是由于我国传统社会生产力水平低下，男女之间的生理差异决定了男性体力明显强于女性。农业劳动对劳动力需求旺盛，所以人们从家庭利益出发考虑，愿意选择生育男孩。然而在今天，仍有部分村民受传统生育伦理的影响，固守传统生育观，把生育男孩仍然放在重要位置，有些夫妻为了生育男孩，不惜倾家荡产，直到生育出男孩为止。

如在问卷调查中，对“您生养孩子的首要目的是什么?”问题的回答，部分村民选择了“老了有依靠”(30.4%)和“生育出男孩以传宗接代”(10.7%)。访谈中，赵家湾村一个村民告诉我们：

> 农村跟城市不一样，很多人想生个儿子，就是代代相传，把香火传下去，生两个女儿，没有继承人，有时候闹起矛盾来人家骂你没有儿子要绝代。
>
> ——2017年7月14日10:45—11:50在赵家湾村村委会办公室二楼与村民LJL的访谈。

陈柏峰和郭俊霞在对皖北李圩村的调查中也发现：在李圩村，村民在生育观念中表现出对男孩的强烈偏好。每个家庭都憋足了劲，“非生个儿子不可”。为了生儿子，人们想尽办法，不惜成本，外出超生、婚前生育等都是实践过的有效办法。他们认为生儿子最重要，养了儿子才能有出路，才能老有所依，因此他们在行动上没有一刻放弃生儿子。生女儿不管种地，生儿子才管养老，唯有养儿子，才能为年老后的生活提供保障。当自己年老后，只有儿子在身边，才会继承自己的土地，管干也管养，养生也葬死。非要生个儿子，即使生他养他

① 贺雪峰. 农民价值观的类型及相互关系——对当前中国农村严重伦理危机的讨论[J]. 开放时代，2008(3)：51-58.

② 徐安琪，等. 转型期的中国家庭价值观研究[M]. 上海：上海社会科学院出版社，2013：227.

需付出代价，都是为自己年老无法自养时，寻找一条可靠的出路。为此，李圩村人表现出生儿子的强烈愿望。①

徐安琪等人对男孩偏好存在的明显的性别、城乡、地区和年龄差异现象进行了对比研究。兰州地区被访的男孩偏好观念最为明显，有25%的人认同“只生女孩会有遗憾”的说法，比上海高出近20个百分点。性别偏好的城乡差异也很大，郊县被访表示赞同的比例是城市的2倍多。另外，男性、年长者的男孩偏好也更强些。② 由此看来，传统的乡村生育观对村民的影响仍然非常大，部分村民“传宗接代”“养儿防老”的传统思想还很严重，不可能在短时期内消失，要改变传统的生育观还任重道远。

四、亲子伦理失衡

我国传统社会里，亲子关系的伦理内涵是“父慈子孝”。子女受父母的养育，长大后应该遵循的伦理是“孝顺”，即子女对父母应赡养和关爱。在本次调研过程中，我们发现村民对以“孝”为核心的养老敬老伦理观念非常熟悉，对“孝”的认知十分明确。如在调查“您觉得尽孝要做到哪些？”这一问题时，我们设置了“不打骂父母”“让父母有安身之处”“必要时提供物质和生活照料”“经常探望和关心”“让父母感到有面子”“自立自强”“不知道/说不清”等选项（最多选三项），选择“经常探望和关心”（28.5%）、“让父母有安身之处”（21.4%）和“必要时提供物质和生活照料”（19.6%）三项的村民最多。这充分表明村民对亲子伦理的认知非常清楚，而且看法一致。

而在实际生活中，综观所有被访家庭，均程度不同地出现以自己的儿女为轴心、对孩子关爱有加、轻视冷落和忽略老人等现象。由此可见，村民的认知与实际行为脱节，导致乡村亲子伦理失衡。从调研中发现，我国乡村亲子伦理失衡主要体现在三个层面，即老人物质赡养不足、老人精神陪伴缺位和存在“逆反哺”现象。首先，访谈中，我们发现乡村仍存在不愿意给老人提供安全舒

① 陈柏峰，郭俊霞．农民生活及其价值世界——皖北李圩村调查［M］．济南：山东人民出版社，2009：83，90．

② 徐安琪，等．转型期的中国家庭价值观研究［M］．上海：上海社会科学院出版社，2013：175．

适的居住环境，出现物质赡养不足的现象。辘辘村有村民告诉我们：

> 我们村里存在不愿意管老人的现象，双方各住各、各吃各的。如儿子住新房，老人住小房子或者是帐篷（救灾帐篷），有的媳妇不让老人进家门，有的女儿嫁出去了更不管老人了，老人就自己种点地，靠养老金（70 岁以上一个人一个月 80 元）勉强维持自己的生活。
>
> ——2017 年 7 月 20 日 10:40—11:20 在辘辘村委会会议室与村民 BYQ 的访谈。

其次，在我国乡村还存在老人精神陪伴严重缺位的现象。乡村绝大多数老人不仅期待子女在物质上给予赡养，在生病或生活困难时，能及时得到子女的帮助和照料，老人还渴望享受天伦之乐。但有些子女因忙于生计，对父母的这些精神需求视而不见，致使老人得不到精神满足，心里倍感孤独，亲情关系冷漠。人民网曾刊发了一篇文章《今晚报：母亲想"做儿子家一条狗"，痛哉！》：一网友发表了一篇帖子。帖子以一名母亲的身份，讲述自己想"做儿子家的一条狗"，想像狗一样由儿子牵着去散步、吃香喷喷的狗粮、穿漂亮的花衣裳、住温暖的窝。这种"愿望"反映了母亲的无奈，而正是这种无奈，让人们看到了，这位母亲现在所受到的待遇和所处的地位，儿子的孝心与母亲对儿子愿望的差距有多大。时下确有不少成年子女养老观念淡化，道德水平低劣，他们对父母只讲索取、不讲付出，甚至泯灭良知，把老人视为累赘。如在大型商场里，专售老年服装和老年用品的门店门可罗雀，但面向儿童的游乐场、玩具店及各种培训机构一个接一个开、一个比一个火；很多家庭给孩子报班花几万块钱都不心疼，但给老人换部新款手机就连一两千块也舍不得花；给孩子讲故事绘声绘色，跟老人聊天却匆匆忙忙。

最后，我国乡村出现"逆反哺"现象，即青年子女成家以后，不对父母施以"反哺"之义，反而对父母进行"代际剥削"，以各种名义套取父母积攒的用于养老的存款，榨取他们的劳动力，如要父母帮忙带小孩、干农活等，又以各种借口逃避属于自己的赡养责任。这种"逆反哺"现象严重干扰了乡村家庭伦理秩序，加剧了乡村养老困境，造成亲子关系紧张。从调查中得知，我国部分乡村老人选择跟一个已婚子女过，也有选择“空巢”或“单过”，选择“单过”大多出于不愿打扰子女生活，这一选择无形中也流露出老人内心的孤独凄凉。陈柏峰和郭俊霞在对皖北李圩村的调查中也对这种现象做过论述：老人若还有能力，年轻人似乎就有理由不那么尽心照顾，相反，还尽可能地对父母进行赤裸裸地剥削。很多出去打工的年轻人将孩子扔给自己的父母，对孩子不管不顾，不但不给父母任何补偿，就连孩子的奶粉钱、学费也不负担。村里的一位老人找到村干部，要求与儿子脱离父子关系，以此来惩罚儿子的这种“无赖”行为。另外，许多老年人抱怨，现在的年轻人只有妻子家一门亲戚，自己家族之内的亲戚、舅姑姨等亲戚就都不要了，因为他们从来不在这些亲戚方面花费人情，而将责任推给父母，这一项沉重的负担几乎让老人们无法为自己的养老积累任何财产。①

调研中，我们还发现部分乡村老人的生活过得非常艰难，由于子女自身的经济条件不好，故意忽略对老人的生活照料，还压榨老人让其无偿抚养孩子，而老人自己又没有谋生的能力。访谈中一位老年女性村民谈道：

> 我现在这个儿媳妇厉害得很，她不愿意跟我们两个老人一起生活，所以我们就分开住，我儿媳妇从来不来看我们，也不让儿子给我们钱，儿子家的钱都是儿媳妇管着的。我这个儿媳妇嫁过来的时候带着一个儿子，然后跟我儿子又生了个女儿。后来她就不想再生了，但是因为我是我们家的独生女，总觉得还是应该让我儿子再生一个男孩，所以我就让儿媳妇又生了一个男孩，但是儿媳妇不愿意养，就扔给我们老两口养，她从来不来看孩子也不给孩子生活费。我们老两口也很不容易的，我丈夫做过手术，不能干重活，小孙子还小要喝奶粉。村里的人都知道我儿媳妇这个样子，也有很多人去劝过她，可是没有用，她就是不管我们，过年过节也不来我们家，我们现在习惯了也就不觉得难过了。我从来没想过让儿子给我养老，因为现在这个儿媳妇太厉害了，不指望她给我们养老。趁我现在还能种地，我只

① 陈柏峰，郭俊霞. 农民生活及其价值世界——皖北李圩村调查[M]. 济南：山东人民出版社，2009：154.

能先走一步看一步了,以后的事没有去想过。

——2017 年 7 月 21 日 10:40—11:30 在辘辘村委会会议室与村民 BEH 的访谈。

当今社会普遍出现"养老不足,爱幼有余"的怪象,乡村社会表现更加突出。从被访村民中得知,几乎所有村民都是居家养老,即儿女养老和自主养老,他们希望政府的养老政策力度更大一些,以减轻乡村孝亲养老的压力。令人感到欣慰的是,根据国务院《关于开展新型农村社会养老保险试点的指导意见》(国发〔2009〕32 号)规定,新农保制度让已年满 60 周岁、未享受城镇职工基本养老保险待遇的乡村居民,不用缴费,就可以按月领取基础养老金。

五、乡村家庭道德教育实践乏力

传统中国乡村非常重视家庭道德教育,家训族规和乡规民约都体现了大量家庭道德教育的内容。始于 20 世纪 70 年代末的独生子女政策,让许多家庭都视孩子为"小皇帝"或"小公主",部分父母对孩子溺爱有加,使孩子养成唯我、自私自利的性格。家长对孩子的爱是发自内心,应该给予肯定。但任何事都有一个度,这种爱应该保持在合理范围内,否则就成为摧残儿童身心健康的爱。此外,在"望子成龙,望女成凤"思想的影响下,家长往往仅注重子女的知识教育及平时的吃饱穿暖,而不注重孩子的道德情感教育,特别是父母常年在外务工,由于工作忙,无法顾及孩子的教育,道德教育几乎处于缺失状态,造成年轻一代道德水平欠缺。虽然近年来乡村社会发生了一些深刻变化,但是村民依旧认同家庭道德教育的重要地位。但实际行动中却由于各种原因忽视家庭道德教育。

我们调研的七个村的村民大多从事加工业、种植业或旅游业,但由于父母忙于赚钱,加之村民的自身素质不高,乡村家庭道德教育问题频出。从前述的调查数据可以看出,村民都认识到应对孩子进行教育,而且都认同家庭道德教育非常重要。然而,乡村社会的村民生活水平不高,农活负担重,为了增加家庭收入,大多数村民一年忙到头,几乎没有空闲的时候。即使父母有时间,他们也更多关注孩子的成绩、升学及各种技艺的学习，很少对孩子进行尊老爱幼、尊师重教等道德教育。村民对孩子思想品德教育的重要性仅仅是停留在认知上，在实际行动中并没有时间、精力和能力顾及。此现象从深度访谈中也得到了印证，西岭村有村民表示：

> 我们村家庭条件稍好一点的孩子上学都送到镇上或县城去，家庭条件一般的小孩就在本地中小学上学，父母通常很忙，没有时间和精力管孩子，就把孩子送到“学生之家”托管。在托管机构，孩子的思想道德教育几乎被束之高阁。部分父母在外务工，孩子完全留守在家，平时几乎缺失家庭道德教育。
>
> ——2017 年 7 月 10 日 14:40—16:00 在西岭村委会会议室与村民 HJY 的访谈。

忽视家庭道德教育，社会已经为此付出了一定的代价。在 2018 年 12 月，湖南接连发生两起未成年儿童因父母未能满足自己的要求而杀害亲生父母的案件，在社会上造成恶劣影响。孩子出问题，责任在于家长。这两起案件的发生有多种原因，但有一个重要且不容忽视的原因就是缺乏家庭道德教育，家长与孩子缺少真正的陪伴与心灵的沟通，父母对孩子或溺爱或暴力，平时教育最多停留在学习成绩层面，很少对孩子进行思想道德教育。家庭道德教育的缺失对孩子的负面影响很大，接二连三发生的未成年孩子凶残弑亲的惨案，已敲响了警钟，家庭教育无方，贻害无穷，值得所有人反思。因此，加强乡村家庭道德教育势在必行。

六、乡村留守家庭伦理问题凸显

自改革开放以来，大规模的乡村劳动力向城市转移，在我国乡村便出现了留守妇女、留守孩子和留守老人这一庞大的新社会群体，被戏称为“389961”部队，乡村家庭出现离散化现象。留守对乡村家庭结构、功能和生态均可能产生不良影响，乡村青壮年外出务工极大地影响了对长辈的孝亲和对孩子的抚育，因此出现隔代抚养的情况，老人不仅未能得到子女的照顾，反而还要为子女的孩子劳碌奔波，这极大地增加了留守老人的负担，也导致家庭生产、抚养、赡养、情感满足和保护功能难以正常发挥，从而引发家庭冲突和社会问题。

我们此次调研的七省七村中有部分留守家庭。但甘肃辘辘村（规模种植当归等药材）、湖南西岭村（种植茶叶）和山东王杰村（种植大蒜）留守家庭相对较少，由于这几个村大多都有属于自己的种植业，村民大多在家务农。此外，江苏华宏村和广东林屋村的村民，村办或乡镇企业工厂就在自家门口，村民无需出远门，就可实现就业。但江西抚州临川区下聂村村民外出务工比较多，由于他们村的地域优势，离抚州市比较近，村民大多白天在市区务工，晚上骑摩托车回家休息。而湖北赵家湾村有近三分之一的村民外出务工，据该村党支部委员说：

> 外出务工的人多，主要是年轻人，我们村有 1 500 人，大约 500 人左右外出务工。如果父母在外工作较好，会带孩子到城里上学。村里大部分人家主要收入还是务工，农业只是补充。
>
> ——2017 年 7 月 14 日在赵家湾村村委会办公室二楼与赵家湾村党支部委员 HDF 的访谈。

乡村留守家庭伦理出现的种种问题，综合起来主要体现在两个方面。

（一）留守导致夫妻情义疏离

留守导致婚姻因时空距离而成为非正常的伦理实体，同时诸多因素导致其婚姻伦理面临种种困境，如抚幼养老责任重，家庭支持网络削弱；情感需求压抑，心理状况堪忧；性生活缺乏，婚姻面临挑战等。其中对夫妻关系来说，情义疏离是留守家庭面临的最大困境，将影响整个家庭的完整性。部分留守家庭的丈夫在外精神空虚，自控力不强，抵挡不住各种诱惑。留守妇女对两地分居的夫妻关系信心不足，满意度不高。陈飞强《农村留守妇女的生存困境及其对策——基于湖南省的调查》一文的调查结果显示，由于和丈夫两地分居，一半左右的留守妇女表示担心夫妻之间的感情，因而对婚姻的满意度不高。具体而言，在丈夫外出务工期间，留守妇女对自己的婚姻家庭生活表示“比较满意”和“很满意”的人仅为52.2%。在心理状况方面，留守妇女产生较多的消极反应，如孤单、心中不踏实、情绪低落、容易烦恼和激动、害怕、压抑、焦虑等。①

有调查显示，近年来“打工离婚案”愈来愈多，尽管留守妇女在家尽心尽力，但丈夫一旦移情别恋，她们的婚姻也会亮起红灯。目前，在一些经济比较发达的地区，农民工日渐成为离婚的主要群体。其中外出务工的农民工家庭约占农村离婚率的80%，且有逐年上升的趋势。② 农村家庭中的丈夫或妻子由于率先进入城市，在融入当地社会之后，随着经济收入的增加，眼界也更加开阔，往往会开始嫌弃在农村的配偶“土气”，逐渐对原来的配偶不满意，而且夫妻双方长期两地分居，使得两性感情缺乏必要的沟通，加上城市社会舆论对不轨行为的漠视，婚外情极易发生。

从家庭经济因素考虑，更多家庭选择丈夫外出务工，妻子留守在家照顾孩子、老人和干农活的模式。留守妇女一方面要撑起繁重的家务、照顾老人、抚育孩子，另一方面还要担心种种安全问题，导致自己心力交瘁。由于留守妇女长期没有性生活，生理需求无法得到满足，并且与丈夫少有机会进行感情交流，她们逐渐成为没有精神内核和爱的滋养的机器人，从而导致婚姻生活出现危机。有学者认为，夫妻分离给婚姻关系带来消极影响，如降低婚姻吸引力、减少离婚障碍、缺乏婚姻责任感等。

访谈过程中，赵家湾村的一名64岁的老人对女儿的婚姻很担心：

> 我的一个女婿在闹离婚，他长期在武汉打工，又有了别的女人了，我女儿在家带孩子，婆婆身体不好，家里什么也干不了，所以我女儿只能留在家里。这件事让我压力很大，白天干活还行，晚上睡觉都睡不着。他们第一次已经上过法庭，我们不同意离婚，所以希望法庭调解一下。是女婿向法院提出离婚的，他是一个工头，抽烟、打牌、花钱大手大脚、在外面有女人。三年前都不知道，现在知

① 陈飞强．农村留守妇女的生存困境及其对策——基于湖南省的调查[J]．山东女子学院学报，2013(6)：29-35.

② 吴国平．半流动农民工家庭婚姻问题及其解决对策研究[J]．法治研究，2014(4)：63-71.

道已经晚了。我女儿已经39(岁)了,离婚了再找对象也可以,但是她已经没有生育能力了,已经结扎了,生了两个了嘛。小孩大的12岁,小的6岁。大的读书在班上还中上的。我女儿也不愿意,因为离了至少一个孩子就不能跟妈妈过,那我女儿就很心痛。现在这种情况,村里也有。有的男的在武汉打工,出去了就对家里不闻不问了,也不向家里汇钱,也不回家。过年或孩子上学回家一次,以后就回家少了。

——2017年7月14日在赵家湾村村委会办公室二楼与赵家湾村民LCW的访谈。

(二)留守导致亲子间抚育和赡养缺位

儿童只有生活在功能正常完整的家庭里才能健康成长,反之一旦家庭功能无法正常发挥,儿童成长就会面临一系列的问题。在留守家庭中,父母长年在外务工,对子女的抚育几乎全部缺失。孩子得不到父母陪伴式的关爱,与父母的感情比较疏远,普遍存在严重的亲情饥渴。同时,留守导致孩子的道德情感、道德意志、道德行为的培养存在障碍,孩子的自控力较差,不服管教。父母缺位还可能导致孩子的情绪不稳定、产生孤独感及反叛心理等倾向,他们的心理极易走向极端。要么自卑心理严重,性格内向孤僻,胆小怕事;要么任性、倔强,缺乏热情和同情心。① 调查显示,多数留守老人认为小孩的表现受父母外出影响较大,父母长期不在家,孩子的抚养和教育会面临各种困境。老人们认为自己没有能力辅导孩子的学习、管不住孙子女(特别是孙子)。而且农村留守老人们也没有时间和精力管孩子的学习。他们一天到晚要忙家务和农活,几乎没有空闲时间。当然最大的困难还是"没有能力管教孙子女",他们找不到好的方法来教育孩子,孩子也不接受他们的管教方式,管教多了还可能会导致孩子反感。

如赵家湾村的一名退休村干部也跟我们聊到:

① 杨震.农村家庭结构变化对家庭成员心理的影响[J].西昌学院学报(社会科学版),2007(1):116-119.

我们村子里小孩子在教育方面最突出的问题是我们年轻一代的父母长期在外面打工，有的将孩子带在身边，有的一个在外务工，一个在家带孩子，现在大家都能意识到教育的重要性。但在孩子教育问题上还存在很多问题，比如小孩子父母年轻一代外出务工，小孩子由爷爷奶奶照看，但他们的知识不够，教育方式落后。有些夫妻一方在家自己教育，与爷爷奶奶教育就完全不同，爷爷奶奶容易对孩子过于溺爱，爷爷奶奶带孩子在这方面问题更多。

——2017 年 7 月 14 日在赵家湾村村委会办公室二楼与赵家湾村退休村干部 LG 的访谈。

对于乡村老人来说，他们留守乡村得不到应有的关爱和尊重，还要承担隔代抚育的责任，这势必给他们增加沉重的负担，也让亲子代际沟通出现疏离。赵家湾村的一位教师跟我们说：

就目前的农村老人而言，面临的最大问题是空巢老人挺多的，没人照顾，子女负担也重，还有就医问题。没有什么专门的组织机构，但邻里之间如果有空巢老人，会帮忙照顾。丈夫长期在外务工的农村妇女最需要帮助的主要是农活，再就是子女上学的接送问题。农村问题比较多，一是要家庭和睦，二是要有稳定的经济收入，三是要老有所养，但最重要的是农业发展问题，提供农业发展创业机会，提供技术支持，就业机会增多，外出务工的就会减少，空巢老人也会减少，子女入学等教育问题也会相应解决。

——2017 年 7 月 14 日在赵家湾村村委会办公室二楼与赵家湾村退休教师 TYQ 的访谈。

第三节
当代乡村家庭伦理问题的主要成因

当前乡村家庭伦理的状况是社会经济、政治、文化等各种因素共同作用的结果。通过调查及相关文献分析,我们对我国当代乡村家庭伦理问题有了较全面的了解和认识,为更好地解决问题,我们必须进一步探究乡村家庭伦理问题的成因,以便有针对性地寻找解决问题的具体对策。

一、乡村家庭财富重心和话语权转移

伴随社会的转型发展,乡村社会也向开放、现代和多元急速转变。在社会变迁过程中,乡村家庭关系逐渐由伦理本位向经济本位转变,无论是在夫妻之间还是亲子之间,都出现"谁对家庭的经济贡献大,谁的话语权就多"的现象,导致乡村家庭财富重心和话语权转移。这主要表现在以下两个方面。

(一)乡村家庭财富重心和话语权下移

中国传统社会是一个农耕社会,农业知识靠的是经验传承,老人的经验对下一代务农,有着指导性作用,因此老人一般是一个家族生产的组织者和管理者,家族规则的制定者和执行者。传统社会对经验的看重,使得老人的权威受到最高统治者的推崇,把他们视为民族智慧的象征。中国传统文化实际上是一种尊重过去与经验的老年文化,对老人的尊重已经成为一种社会共识,有着共同的心理基础。但改革开放以来,随着乡镇工业的发展以及农民涌入城市,乡村家庭收入结构已发生显著变化,脑力劳动逐渐代替体力劳动,成为促进生产力发展的最大推手。具有丰富生产经验和社会经验但年老体衰的老人对农业生产的指导意义基本丧失,他们难以具备现代农业工业生产所需的能力。年轻一辈由于受到较好的学校教育,思维活跃,思想观念相对超前,学习能力强,善于创新,接受新生事物快,能够更好地适应社会,他们可以凭借自己健壮的体魄和灵活的头脑参与到城市的各项生产和建设中,快速增加家庭收入。而老人面对社会的快速发展,他们的学习能力和学习意愿均不及年轻人,跟不上时代发展的步伐,于是老人不再是各个领域的领导者,取而代之的是年轻人以崭新的面貌引导着社会向高科技方向发展。这正是美国著名学者玛格丽特·米德所提出的"后喻文化"的典型范例,即老年人在各专业领域向青年人学习的一种文化。

由于年轻人在竞争日益激烈的社会环境下，掌握了先进的技术，生产能力明显强于老人在经验方面的优势，他们所获取的财富逐渐增多，在家庭中的地位也不断提高，在家庭中的话语权也不断增大，逐渐主导了家庭话语权。而父辈的农事经验价值丧失，加之老人在身体和脑力上的日益衰弱，且观念陈旧，不易接受新生事物，老人的地位开始下降，乡村家庭财富重心和话语权由父辈迁移到子辈，使得乡村家庭中父辈与子辈的地位发生变化，这也导致了我国当代青年孝道观念的转变，使得年轻一辈对老一辈尊重不够、关心不够。

（二）乡村家庭财富重心和话语权平移

随着女性解放和独立意识的增强，过去家庭生活中“男尊女卑”的不平等状况得到改变，建立起了男女平等、夫妻和睦的家庭伦理观念。乡村家庭财富重心和话语权转移，还体现为女性家庭经济地位和决策权的上升，婚姻家庭中女性的从属地位发生巨大变化。

20 世纪 80 年代初期农民务工潮的兴起，男性村民走出家门，家庭事务全权交给妻子，进一步增强女性的家庭决策权，提高女性在家庭中的地位。绝大部分乡村地区妇女在家中管钱管物，妇女当家成为普遍现象。甚至有农民说，妇女不只是顶半边天，而是整个天空。加之乡村婚姻市场，女性数量不足，再一次增加了女性在婚姻家庭中的筹码。而且随着现代婚姻家庭观念的树立，夫妻感情成为婚姻维系的主要因素，这些都不同程度地增强女性在婚姻家庭中的话语权。

特别是随着市场经济体制改革的推进，广大乡村妇女都摆脱农耕模式，走出封闭的家庭，走进了市场经济的广阔天地。她们或进了工厂打工，或在本地成为当地旅游业、服务业及让农产品商品化的主力军。妇女参与的行业越来越广泛，在各种社会活动中发挥了很大作用，不仅大大提升自身素质，还有了自己的收入，经济上获得了独立，家庭和社会地位也得到较大提高。首先表现在家庭事务中，妇女有了与丈夫平等的决策权。诸如家里添置大件家具和电器、盖房、小孩上学、生育孩子的数量、赡养老人及社交活动等，她们都有了自己的发言权，丈夫一般都会主动征求妻子的意见。这在第四期中国妇女社会地位调查数据报告中也可得到印证：在“投资/贷款”和“买房/盖房”方面，妻子参与决策的分别占 89.5% 和 90.0%，分别比 2010 年提高 14.8 和 15.6 个百分点。[①] 其次，妇女外出工作，丈夫也走进厨房分担家务活，改变了曾经女性包揽家务活、女性的天地是厨房等歧视女性的传统观念。此外，在离婚问题上，女性主动提出离婚的比例不断提高。由此可见，我国乡村夫权大大减弱，妇女在家庭中的地位明显提高，夫妻关系更趋向平等。

女性经济地位的提升和话语权的增强势必会促使婚姻家庭伦理关系出现新的动向和要求。女性渴求自身个性的解放，追求个人情感的满足和个人价值的实现，希望在家庭中获取平等地位，她们对公婆和丈夫不再言听计从，在生产、生育和日常生活方面有自己的主见，也更多顾及自己的小家庭利益，由此导致乡村婚恋伦理、生育伦理等出现新变化。

二、乡村家庭道德调控力量弱化

道德调控是一种“软调控”，主要依靠传统习俗、社会舆论、内心信念起作用。道德调控可以规范家庭成员的道德行为，影响人们道德心理的形成和发展，塑造个体道德人格。从调查中可以得知，中国乡村家庭伦理领域出现道德秩序和道德文化紊乱，一个重要原因就是家庭道德调控力量弱化。

（一）国家行政力量对乡村家庭道德的调控弱化

在建设新型乡村家庭伦理进程中，政府的力量是非常重要而独特的。一方面，它可以通过法律和政策的制定和实施直接影响新型乡村家庭伦理建设，另一方面，它通过影响市场、教育、文化等方式，进而对乡村家庭伦理产生间接影响。政府作为一个国家的公共权力机构，应该为乡村社会的发展和家庭的和谐创造良好的外部环境。新中国成立初期，我国政府的社会治理模式高度集中和统一，此时社会调控力量很强，个人感情和家庭生活完全服从于国家的需要，人们的家庭生活出现政治化、革命化的趋势，婚姻家庭稳定性较高。改革开放之后，国家对婚姻家庭的政治化干预日趋弱化，婚姻家庭领域逐步摆脱

① 第四期中国妇女社会地位调查领导小组办公室．第四期中国妇女社会地位调查主要数据情况[N]．中国妇女报，2021-12-27(004)．

革命化的倾向，归于个人私生活领域，这使得婚姻家庭领域的自由度提高，国家的行政调控力量减弱，加之个人自律能力不强，导致乡村婚姻家庭一些不道德现象涌现。国家行政力量对家庭道德的调控弱化主要表现在以下几个方面：

一是国家在制定政策时考虑欠周全。国家政策鼓励农民工进城务工，增加村民收入，这不仅快速让村民致富，也为城市建设提供大量的劳动力。然而政策制定者却没有充分地考虑到农民工的子女成为留守子女，父母成为留守老人，妻子成为留守妇女，他们都得不到相应照顾等问题。尤其是孩子与外出务工的父母接触的机会大为减少，导致生活技能、情感和道德等方面的教育缺乏，农民工很难同时做到既外出务工，又照顾好家里的一家老小。政府对留守家庭问题不够重视，出台的相关政策也不够完善，致使留守家庭问题频出，其责任不仅在于农民工个人，国家和社会也有责任。政策中家庭道德意识的缺失是对现实存在的家庭道德问题的漠视、放任，也加剧了乡村家庭道德失范行为。

二是当地政府对乡村道德建设的认识不足。当地政府把重心放在经济建设上，他们更多关注经济增长和政治稳定，较少关注精神文明建设，很少关注乡村道德尤其是家庭道德建设。一些党政干部特别是乡镇和村干部，不理解物质文明与精神文明的辩证关系，对乡村道德建设的战略地位认识不足。他们看不到道德建设对乡村经济发展和社会进步的巨大推动作用，认为只要经济建设上去了，乡村的道德状况和社会风气就会随之变好，认为只要有政绩摆在领导面前，就可以“一俊遮百丑”。还有部分村镇干部在道德建设方面，仍然搞形式主义，说起来重要，做起来次要，忙起来不要。抓道德建设还是以会议落实会议，用文件贯彻文件，靠讲话传达讲话精神，导致乡村道德建设仍然停留在口头上，未落实到行动中，更未深入到农民的头脑中。

三是乡村文化道德建设经费投入不足，乡村道德文化宣传工作滞后。当代乡村道德文化建设需要一定的文化基础设施的投入。但部分乡村只顾搞经济建设，不愿在道德文化方面投入经费，导致道德建设陷入窘境。而且村民良好的道德素质离不开丰富多彩、健康向上、充满正能量的道德文化熏陶，道德文化宣传工作对于提高村民道德文化素质是必不可少的。然而乡村的道德文化宣传工作做得不到位，对道德建设未能起到引领作用。乡村的道德文化宣传工作通常出现“县里热，乡里冷，村里僵”的尴尬境地，教育方式单一，手段老化。这主要体现为以下几个方面：

第一，乡村文化道德宣传阵地萎缩。我们调查中发现，有些村仅有一个广播，没有图书室、电影院、健身设施，文化站也只是镇上才有，乡村文化道德宣传失去了载体；同时乡村中小学教育日趋没落，乡村道德文化宣传也失去了主阵地。大量农民工进城务工，导致留在乡村的孩子越来越少。近年来，乡村许多中小学校舍都被闲置，学校被撤销。从调查中得知，乡村九年义务教育都不能普及，不少适龄儿童特别是女童失学情况严重。这其中有父母自身教育水平有限，对子女受教育的重要性认识不足而造成的辍学。“读书无用论”在农村开始盛行，导致农村文盲和半文盲人数增加。

第二，乡村文化秩序混乱，亟待加强管理。一些乡村正能量的文化宣传不足，文化生活相对匮乏，导致村民的业余生活单调枯燥，村民精神空虚、不求上进。农忙之余，村民经常会去村小卖部聚众赌博、酗酒作乐；一些娱乐场所疏于管理，涉嫌提供黄、赌、毒服务；彩礼攀比、薄养厚葬等不良习俗也给村民带来极大的消极影响。村民之间相互攀比，农村婚姻市场出现“天价彩礼”。农村丧葬花费很大，一个葬礼少则花费几万元，多则十几万元，这可能是村民几年的收入，导致村民在父母在世时，不愿赡养，父母生病时，不愿花钱给父母治疗，而父母的葬礼，子女却很乐意花钱为自己挣面子。在这种缺乏精神文化食粮，外界又没有正确、健康的道德文化导向的情况下，村民极易被低级趣味和不健康的思想所侵蚀，致使乡村社会风气日益式微。

（二）乡村社会舆论对家庭道德的调控弱化

社会要形成稳定的家庭伦理秩序，创造良好的家风，必须依靠有效的道德调控力量。传统的中国乡村社会安土重迁、聚族而居，家庭结构以扩大家庭或联合家庭为主，村民的行为受家规族训和乡村舆论的约束，社会舆论的调控具有权威性。个人违背纲常伦理，通常会受到众人指责，可能身败名裂，此时社会舆论监督发挥了强大的行为规范功能。改革开放以来，成年子女结婚成家后，从主干家庭中分家出去单过，家庭小型化在乡村成为趋势。村民大多只关心自己的小家，很少管别人家的事情，村民的“家族”、“家产”和“祖业”等观念正慢慢淡化，传统的道德规范和家族舆论已基本丧失原有的控制和调节功能。现代乡村社会舆论也是道德调控的一种外在手段，是乡村家庭道德调控的重要载体。但现代乡村社会道德评价标准的多元性、宽容性和模糊性，造成村民的道德认知混乱，道德行为出现偏差。加之村民外出务工较多，大多数村民几乎未生活在同一舆论氛围中，传统乡村熟人社会的舆论监督无法发挥作用，也使一些不道德现象有了滋生的环境。

此外，大众传媒在宣传现代家庭伦理方面未能发挥其积极作用，甚至产生误导和消极作用。当今社会是信息技术和媒体发达的时代，现代人都被动地生活在一个由传媒话语主导的舆论氛围中，大众传媒传递的话语信息如空气般弥漫在社会生活的各个角落，在很大程度上成为一种影响公众价值观的强大力量。电视和网络上的家庭伦理剧，应该向人们展示真善美，倡导先进的家庭伦理，让人们去遵循和效仿。然而，在利益的驱使下，媒体制作人为了吸引观众的关注，多会运用夸张的手法，插入一些“婚外情”、“一夜情”和“三角恋”等情节，婚恋题材的影视节目宣扬的婚恋伦理观念，有不少背离主流婚恋价值观。其中以电视相亲类节目最为引人注目，其宣扬的婚恋价值观充斥着各种拜金主义的低俗言论。还有就市场需求而诞生的婚恋交友网站，为吸引人气，举办一些有违主流价值观的相亲活动，如“见面红包”“一吻定情”等，这些节目隐含着错误的价值观，误导人们不相信世界有真情，放弃追求真正的爱情，造成婚恋价值观领域的乱象。

三、错误道德观念侵蚀

我国乡村家庭伦理领域出现各种道德问题，究其深层次的根本原因是村民自身道德水平参差不齐，道德素质有待提高。我国是一个农业大国，提高农民的思想道德素质是提高整个中华民族素质的关键。没有广大农民道德素质的提高，“以德治国”只能是纸上谈兵，流于形式。长期以来，政府重点关注城市的经济和文化建设，对广大乡村缺乏必要的关注，导致乡村思想道德建设处于边缘化状态，村民的道德思想容易受到外界错误思想观念的影响。

（一）村民受封建道德思想的影响

部分村民一直以来因地域条件限制，生活在相对封闭的环境，很难接触新思想，而且自身文化水平有限，导致其固守传统落后的家庭伦理观念，跟不上新时代发展的步伐。从我们这次的调查数据来看，调查对象当中从未受过正式教育的村民占13.5%，小学文化程度占27.4%，初中文化程度占36%，初中及以下文化程度者合计占比76.9%。由于受教育水平低，他们分辨不清哪些是需提倡的先进家庭伦理观念，哪些是该摒弃的落后观念，仍然深受封建落后的家庭伦理观念的束缚和影响。如部分村民的生育伦理观念带有较重的封建色彩，有强烈的男孩偏好，千辛万苦生育男孩，仅仅为了“传宗接代”。部分村民还受男尊女卑的封建思想的影响，致使女孩受教育程度较低。乡村家庭生活中，女性仍然承担着大部分家务劳动，她们白天下地干活，晚上回家后做家务、管孩子。不少男性认为，女性做家务天经地义，男性即使偶尔参与家务劳动，他们也认为只是帮妻子的忙。

改革开放以来，乡村地区的经济得到长足发展，人民的生活得到极大改善，乡村的道德文化开始呈现进步的趋势。然而，由于历史因素、地理环境、风俗习惯等原因，我国大多数乡村地区的经济文化相较于城市而言还是比较落后的。大多数乡村还是以传统农业生产为主要生活来源，生产中科技含量较低，抗风险能力较弱，收入水平不高，致使乡村家庭的孩子接受高层次教育的机会较少，乡村地区教育文化贫困出现代际传递。乡村地区经济文化落后，对其婚姻家庭伦理也产生极大的负面影响。乡村的兴盛，必须依靠一大批高素质的人才，为乡村经济文化发展提供强有力的精神动力和智力支持。因此，我们必须真正构筑起系统的、完整的村民思想道德体系，努力提高村民的思想道德素质和道德水平，形成良好的家庭道德氛围，以适应新时代乡村振兴战略的需要。

（二）村民受市场经济的负面效应和错误思想的影响

随着市场经济的快速发展，社会转型的加速，社会利益分化，社会价值的多元化，一些不良思想占据了一定市场，对人们的思想观念、道德价值观产生了强烈冲击。我国乡村也被卷入市场经济的浪潮中，市场经济的发展，一方面，振奋了村民的精神，增强了他们创造美好新生活的信心，村民的发展意识、效率意识、自我权利保护意识和自我价值意识都显著增强。另一方面，市场经济的趋利性原则，容易使人的价值取向发生扭曲，由"社会人"变成"经济人"，价值目标指向金钱，一切向"钱"看，见利忘义，损公肥私，一旦有钱，立即追求物质享受，寻找感官刺激。如果一个人的价值观念是金钱至上，就会失去做人的底线，导致道德沦丧。就整个社会而言，这可能会引起社会秩序紊乱和人际关系冷漠。

村民受市场经济的负面效应和错误思想的影响具体表现在亲子伦理、婚恋伦理和家庭道德教育中。首先，在亲子伦理方面，村民更注重权利，忽视义务，出现代际剥削、亲子关系失衡的现象。家庭伦理重心由原来的老人转变为子女，子女教育和消费已经成为一个家庭的首要目标，相反老人的精神需求和生活赡养问题被忽略。一些年轻人组成家庭之后，把全部的重心放在自己的小家庭，在经济和家务劳动方面过分依赖老人，一味索取，不知回报。孝敬老人的传统美德已被淡化，使失去经济来源且体弱多病的乡村老人，成为社会的弱势群体，老人的养老成为亟须解决的社会问题。

其次，在婚恋伦理方面，选择恋爱对象时注重对方的外在物质条件和社会地位，忽略个人品德，婚姻生活中责任意识淡薄，个人主义增长。由于享乐主义和纵欲主义的盛行，造成性、爱与婚姻的分离，在人性的迷茫中，重婚、婚外情、婚外性行为、"临时夫妻"等社会腐朽现象滋生。为了金钱，随意离婚，喜高厌低，把市场经济强调的利益作为婚姻的纽带，"傍大款"成为部分人的时尚。这样的婚姻缺乏爱情作为基础，极其脆弱，抗风险能力差，婚姻难以持续。

最后，在家庭道德教育方面，不注重孩子的思想品德教育。我们的调查发现，大部分村民思想上重视家庭道德教育，但实际上没有做到，还有一部分村民由于自身素质不高，根本没有认识到孩子道德教育的重要性，他们甚至认为只要给钱让孩子上学，就算尽到做父母的责任了。还有部分家长常年在外务工，很少有时间陪伴孩子成长，往往试图用金钱来弥补对孩子的愧疚感。父母不明白，孩子们要的并非金钱，而是父母的陪伴。留守儿童出现问题，最主要的原因是父母不在身边，导致家庭道德教育缺位。而祖辈在孩子监管上有心而无力，加之孩子自身自控力不强，很容易出现行为偏差。农民工本来是希望通过自己的努力让孩子有更好的学习和生活条件，结果是“鼓了家庭钱袋子，毁了孩子一辈子”。因此我们认为，要促进乡村家庭伦理的进步，提升村民个体的自身道德素质是关键。

第三章 中国当代乡村家庭伦理建构的目标与原则

建构中国当代乡村家庭伦理，一方面，需要积极汲取中国源远流长、优秀的传统家庭伦理文化；另一方面，也需要认真考量目前乡村家庭发展的现实基础和主要诉求。基于这两方面的考虑，宜将“和睦家庭”确立为中国当代乡村家庭伦理建构的基本目标，而在具体建构过程中，需要坚持社会责任、整体利益、人文关怀、交融互鉴等与“和睦家庭”要求相一致的原则。

第一节
中国当代乡村家庭伦理建构的基本目标

将“和睦家庭”作为中国当代乡村家庭伦理建构的基本目标，是对中华优秀传统文化的承继、对中国当代乡村家庭伦理问题的时代回应以及对“构建社会主义和谐社会”这一美好愿景追求的必然诉求，有着充分依据与现实条件。“和睦家庭”这一基本目标具有丰富的内涵与独特的评判标准。

一、“和睦家庭”作为建构目标的依据与缘由

（一）建设“和睦家庭”是对中华优秀传统文化的承继

将“和睦家庭”作为中国当代乡村家庭伦理的建构目标是建立在源远流长、博大精深的中华优秀传统文化基础之上的，并不是“无源之水，无本之木”。众所周知，在五千多年的历史长河中，中华民族创造了深厚的中华文明，凝聚成了优秀而丰富的传统文化。这些优秀的传统文化，不但积淀着中华民族最深沉的价值追求，代表着中华民族独特的文化标识，而且滋养着中华民族的现在与未来，助力着中华民族伟大复兴的中国梦的实现。其中，中国传统文化中

孕育着丰富的“家和”思想，而“家和万事兴”、“阖家欢乐”与“阖家幸福”等传统的家庭伦理观更是深深影响着现代的家庭伦理观，为后者提供着充沛的思想养分。正如习近平总书记在会见第一届全国文明家庭代表时所说：“尊老爱幼、妻贤夫安，母慈子孝、兄友弟恭，耕读传家、勤俭持家，知书达礼、遵纪守法，家和万事兴等中华民族传统家庭美德，铭记在中国人的心灵中，融入中国人的血脉中，是支撑中华民族生生不息、薪火相传的重要精神力量，是家庭文明建设的宝贵精神财富。”①简而言之，现代的家庭伦理观念离不开传统的家庭伦理观念，现代的“和睦家庭”观念是对传统家庭伦理观念的承继，建设“和睦家庭”就是弘扬优秀的传统家庭伦理文化的具体实践。

中国传统文化中孕育着丰富的“孝弟（悌）”等家庭伦理观，而建设现代的“和睦家庭”需要从中汲取养分。中国传统的家庭观深受“家国同构”社会政治结构的影响，即“国和”的基础在于“家和”，“家和国才和”，因此，传统中国社会非常重视“和睦家庭”的建设，强调家庭本位伦理精神，更为重视家庭的价值和权利，认为个人只是家庭中的一员，其存在须以家庭的群体存在为前提，其发展也必须以家庭的发展为优先。② 而且在历史的发展中逐渐形成了“三纲五常”“十义”等伦理制度，通过制度的强制要求与道德的软性约束共同来建构和睦的家庭秩序。其中，“入则孝，出则弟（悌）”的“孝弟（悌）”观以及此观念指导下的具体行为便成了维护家庭和谐与和睦的重要途径。“孝”是建设和睦家庭的纵轴。“孝”要求家族中的子孙后代应该祭拜列祖列宗，切忌“数典忘祖”，要求晚辈应该孝顺长辈。而“弟（悌）”则是横轴。“弟（悌）”要求兄弟姊妹、邻里等同辈之间，应该相互友爱、关心与帮助，防止相互伤害、中伤与侮辱。这样，纵横两轴便能够相辅相成，共同促使和睦家庭与良好家风的形成，最终形成“尊老爱幼、夫唱妇和、母慈子孝、兄友弟恭”的美好局面。

在“孝弟（悌）”观念影响下，历代的史书典籍与诗词歌赋，特别是《颜氏家训》、《朱子家训》与《治家格言》等家训，无不体现着以“孝弟（悌）”观为中心的“和睦家庭”思想。颜之推在《颜氏家训》中认为“夫风化者，自上而行于下者也，自先而施于后者也。是以父不慈则子不孝，兄不友则弟不恭，夫不义则妇

① 习近平．在会见第一届全国文明家庭代表时的讲话[N]．人民日报，2016-12-16(002)．

② 李桂梅．略论中西家庭伦理精神[J]．湖南师范大学社会科学学报，2005(2)：20-23．

不顺矣。父慈而子逆，兄友而弟傲，夫义而妇陵，则天之凶民，乃刑戮之所摄，非训导之所移也。”[①]通过对教育后代、维持兄弟情谊、治理家庭等方面的论述，要求子孙后代应该父慈子孝，夫义妇贤，兄友弟恭，共同构建和睦家庭，而且他特别强调榜样的作用。宋代大儒朱熹，以弘扬理学为己任，力求通过对家庭伦理的构建而实现国家伦理纲常与道德规范的重整、价值理想与精神家园重建。他的《朱子家训》以伦理道德为其核心，重视“和睦家庭”的建设。《朱子家训》开宗明义：“父之所贵者，慈也；子之所贵者，孝也。君之所贵者，仁也；臣之所贵者，忠也。兄之所贵者，爱也；弟之所贵者，敬也。夫之所贵者，和也；妇之所贵者，柔也。事师长，贵乎礼也；交朋友，贵乎信也。见老者，敬之；见幼者，爱之。有德者，年虽下于我，我必尊之；不肖者，年虽高于我，我必远之。慎勿谈人之短，切勿矜己之长。仇者以义解之，怨者以直报之。人有小过，含容而忍之；人有大过，以理而责之。”[②]它通过对父、母、夫、妇、兄、弟、子等家庭成员各自身份的约束与要求，使各成员能修身而齐家，营造和睦的家庭氛围，维持良好而有序的人际关系。

朱柏庐的《治家格言》，也以治家为重点，以“和睦家庭”为理想目标。要保障家庭和睦，家庭成员就必须遵守家庭伦理道德的规范，他指出：“施惠无念，受恩莫忘。凡事当留馀地，得意不宜再往。人有喜庆，不可生妒忌心。人有祸患，不可生喜幸心。善欲人见，不是真善。恶恐人知，便是大恶。见色而起淫心，报在妻女。匿怨而用暗箭，祸延子孙。”“一粥一饭，当思来处不易；半丝半缕，恒念物力维艰。宜未雨而绸缪，毋临渴而掘井。自奉必须俭约，宴客切勿留连。器具质而洁，瓦缶胜金玉；饮食约而精，园蔬愈珍馐。勿营华屋，勿谋良田。”[③]他既重视抽象的理论阐释，要求人们能够有善心、行善事、知恩情、勿嫉妒等，又非常重视具体的日常实践，要求人们能够崇勤劳、尚俭约等，而且要从小事做起并持之以恒。朱柏庐的家庭伦理思想，对构建现代的“和睦家庭”与和谐邻里关系有着积极意义。

因此，将“和睦家庭”作为当代中国家庭伦理的建构目标并非是凭空臆想，

---

① （北齐）颜之推撰，王利器集解．颜氏家训集解[M]．北京：中华书局，1993：41．

② 朱杰人，严佐之，刘永翔主编．朱子全书：第 26 册[M]．上海：上海古籍出版社，合肥：安徽教育出版社，2002：742．

③ （清）陈宏谋辑．五种遗规[M]．北京：线装书局，2015：28．

而是建立在对中华民族优秀传统家庭伦理文化承继之上的，可以说，“和睦家庭”的伦理思想是中华民族优秀的传统文化，对今天的家庭伦理建构有着积极的借鉴意义，为现代和睦家庭建设及其实现提供了源源不断的理论养分与资源支撑。如果说现代的“和睦家庭”观念与实践是一棵树，那么传统的家庭伦理观念与实践便是肥沃的土壤，前者只有生长在本民族传统的土壤上，才能枝繁叶茂。当然，现代“和睦家庭”观念的建构与具体实践，在承继传统家庭伦理观念的基础上，还应该对传统家庭美德和优良家风实现创造性转化和创新性发展，处理好传统与现代、继承与创新的关系，切忌不加分辨，盲目继承。

（二）建设“和睦家庭”是解决中国当代乡村家庭伦理问题的迫切要求

将“和睦家庭”作为中国当代乡村家庭伦理的建构目标是建立在当代乡村家庭关系紧张、离婚率日益增高、家庭子女身心健康受到负面影响等现实基础之上的，是建构中国现代乡村家庭伦理的时代要求。改革开放 40 多年以来，伴随着中国经济的飞速发展与西方文化的大量传入，中国也出现了一些社会问题。其中，家庭问题便是诸多问题之一。与城市家庭问题相较而言，乡村家庭问题主要体现在以下方面：

其一，乡村家庭结构趋于简化，新生一代缺乏家庭责任感。几千年以来，中国家庭素来具有“多子多福”的观念，其乐融融的四世同堂更是中国人普遍的向往。但是伴随着 20 世纪末以来 30 多年计划生育的实施，中国的家庭结构发生了巨变。1982 年 9 月，计划生育被定为中国基本国策，同年 12 月被写入宪法，它提倡晚婚、晚育，少生、优生，从而有步骤、有计划地实现控制人口的目的。在人口增长速度得到有效控制的同时，中国的家庭结构也发生着变化，出现了核心家庭、直系家庭、复合家庭、单人家庭、残缺家庭及其他，且核心家庭是当代中国最普遍的家庭类型，①换言之，目前的中国家庭结构从原先的家族家庭逐渐变成了核心家庭。传统社会乡村家庭规模比较大，子孙后代比较多且选择生活在一起，属于家族家庭；计划生育后的乡村家庭，多是父母与子女所组成的核心家庭，即父母与一个孩子所组成的一家三口，也有少数父母与

① 王跃生．当代中国家庭结构变动分析[J]．中国社会科学，2006(1)：96-108，207.

两个、三个孩子所组成的一家四口、五口等。很多乡村家庭虽然是核心家庭，与父母分家，但依旧关系密切，有的家庭仍然选择祖父母—父母—子女的模式。由于家庭经济条件日益变好，而子女却只有一个或者两个，因此子女变成了祖父母与父母眼中的宝贝，溺爱现象比较严重，这导致子女的家庭责任感、社会责任感也比较弱。

其二，乡村婚姻伦理观念发生了变化，婚姻物质化与脆弱化倾向增强。改革开放以来，中国的家庭观念受到了一定冲击，家庭伦理关系由"政治本位"向"经济本位"转变。① 政治本位则是指改革开放前的家庭伦理偏向于政治化，人们的恋爱、结婚、离婚等都会受到政治因素的干扰，且政治干预成为家庭婚姻生活中的"常态"和"必需"。而改革开放后，人们的家庭婚姻对组织政治干预的依赖性大为减弱，越来越具有私人化的特点，市场经济的影响也渗透到家庭中，经济的因素在婚姻家庭中越发重要，成为婚姻结合与夫妻权力架构的重要基础，乡村的婚姻家庭观念也开始发生变化。一些观念的变化对家庭和睦构成了巨大挑战，具体而论，主要体现在以下几个方面：

首先，表现为婚姻重视物质条件。以前乡村青年男女到了谈婚论嫁的年纪，不管是自由恋爱，还是相亲结婚，家庭经济条件、彩礼等物质条件虽然重要，但最重视的是对方的人品与家庭名声。但 20 世纪 90 年代以来，特别是 21 世纪以来，乡村的婚姻风气变得很快，天价彩礼、城里有房、家里有车成了硬性的标准，情感让位于物质，婚姻像是一场"物质交易"。之所以出现过分重视物质的情况，是因为改革开放以后，对物质生活的追求成为乡村家庭生活的重要目标，为了更好地适应市场经济生活，避免物质贫乏带来的生活压力，男女结合越来越意识到一定经济基础的重要性，这就使得乡村家庭伦理关系逐渐由政治本位向经济本位转型。② 而在物质基础上所组成的家庭，由于夫妻二人缺乏共同语言与情感基础，容易出现各种家庭问题，最终导致家庭原结构的解体。

其次，表现为当代乡村青年越来越强调自我的权利和个性，容易导致离婚。传统家庭伦理重视家庭稳定和家庭整体利益，为了家庭的和睦，成员都会

---

① 李桂梅，郑自立. 当代中国乡村家庭伦理的变迁[J]. 伦理学研究，2017(6)：107-111.
② 李桂梅，郑自立. 当代中国乡村家庭伦理的变迁[J]. 伦理学研究，2017(6)：107-111.

选择自我牺牲与自我隐忍。但当代中国农民在道德行为选择上呈现出多样化趋势，自主性、独立性明显增强，自我主义倾向比较强烈。另外，由于经济与文化水平等方面的普遍提高，现在很多夫妇，特别是年轻夫妇，甚至因为鸡毛蒜皮的小事，也会选择离婚，很难像传统家庭那样，即使关系不和，也会选择容忍过日子。

其三，乡村人口流动，留守家庭导致情感疏离。新中国成立以来，中国长期处于城乡二元结构体制中，农民属于农业户口，不管是男性还是女性，均需要从事务农工作，以求生活与生存，不能离开乡村。但是随着中国市场经济的逐渐推进，以男性为主的农民为了更好的生活而选择进城务工，他们成了城市人眼中的"农民工"。进城务工的农民的工作性质发生了转变，从务农转向了务工，他们拥有了与以往不同的新身份。进城务工的农民，由于常年在城市工作与生活，只有在农忙或者逢年过节时，他们才能够回家，经历短暂的团聚后，又离家进城。平时他们只能通过固定电话、手机等与家人联系，长此以往，与家人的关系，特别是夫妻关系，可能由于沟通问题而使得双方情感处于疏离状态。而且有些进城务工的农民，面对城市里的"诱惑"，缺乏自控能力，容易迷失自我，比如为了解决生理需要与情感需要，他们选择情色服务或者与其他人组成临时家庭。这些违背伦理道德的行为，无疑会影响到夫妻的正常感情。而常年在家赡养老人与抚养孩子的妇女，由于与丈夫的感情处于冷淡状态，夫妻关系也可能走向紧张甚至破裂。并且，随着时代的发展，如今很多已婚的家庭女性也会选择进城务工，打破了原先乡村"男主外，女主内"的传统，由于拓宽了视野，增长了见识，夫妻也会因感情不和等原因而脱离原先的婚姻关系。可以说，进城务工使乡村家庭工作发生转变，产生了留守家庭与流动家庭，最终导致了留守儿童、留守妇女与留守老人的出现，让家人情感处于疏离状态。其中，很多留守儿童从小就跟着爷爷奶奶生活，一年甚至很多年都很少见到进城务工的父母，长此以往，由于长期得不到父母的关爱与呵护，便可能产生孤独、忧郁等负面情绪，他们与父母之间产生隔阂，很难对父母乃至家庭产生认同感。相关研究表明，家庭环境因素与儿童的人格特质相关性很高，"留守儿童"的家庭环境发生了不利于其人格发展的变化，"留守儿童"的人格因此出现了一些不良特质，表现出以下特征：一是乐群性低，比较冷淡、孤独；二是情绪不稳定，易心烦意乱，自控能力不强；三是自卑拘谨，冷漠寡言；四是比较圆滑世故，少年老成；五是抑郁压抑，焦虑不安；六是冲动任性，自制力差；七是紧张焦虑，心神不定。而在乡村空心化日益严重的背景下，留守老人现象越发严重，根据《第四次中国城乡老年人生活状况抽样调查成果》，2020 年我国失能老年人达到 4 200 万人，空巢和独居老年人已达到 1.18 亿人。这些老年人由于常年独自生活，缺乏来自孩子的情感慰藉，因此他们常常觉得空虚、孤独、痛苦等，甚至会出现抑郁乃至选择自杀等极端的行为。正如有些调研结果显示，对留守老人而言，成年子女对老人各个维度的精神健康都不能提供支持；相反，因为子女（尤其是女儿）外出打工，反倒增加了老人的孤独感。于是，乡村的留守老人呈现出"老年空巢化、空巢孤独化"的特点，有普遍较高的抑郁水平和孤独症状。① 更加严重的是，目前每年至少有 10 万名 55 岁以上的老年人自杀死亡，占每年自杀人群的 36%，老年人（尤其是乡村留守老年人）已成为中国自杀率最高的人群。②

其四，乡村家庭暴力现象严重，原生家庭给子女带来负面影响。家庭暴力是指对家庭成员进行伤害、折磨、摧残和压迫等方面的强暴行为，其手段有殴打、捆绑、残害身体、凌辱人格、限制人身自由、遗弃以及性虐待等。③ 改革开放以来，我国乡村的家庭暴力现象受现代与传统的多重因素影响而增加，引发越来越多的关注与讨论。乡村家庭中的夫妇，由于文化程度较低、物质条件较差、性格缺陷、整体素质不高等原因，常常陷入吵架状态，甚至采取暴力。而乡村家庭暴力问题是诸多乡村家庭问题中最引人注目的问题之一，也是难以杜绝的问题之一。目前我国一些乡村地区妇女受家暴的现象还比较严重，从语言辱骂、恐吓到程度不一的殴打，甚至包括对女方日常行为的控制、对女方家人施暴等。究其原因还是由于乡村社会传统文化的深厚影响。乡村还保留着很多传统的中国文化，其中有些文化已经处于落后、腐朽状态，不能适应现代生活。在追求性别平等的时代，乡村依旧普遍存在着男尊女卑的思想，大男子主义较为盛行。因此，在一些乡村中，夫妻关系紧张，家庭暴力现象比较严重，

---

① 郑莉，李鹏辉．社会资本视角下农村留守老人精神健康的影响因素分析——基于四川的实证研究[J]．农村经济，2018(7)：114-120．

② 本刊编辑部．我国每年至少 10 万 55 岁以上老人自杀死亡[J]．医药与保健，2010(2)：4．

③ 张亚林．论家庭暴力[J]．中国行为医学科学，2005(5)：385-387．

给女方带来了肉体与精神的双重打击，这导致家庭处于破裂状态。而这种家庭夫妻间的争吵与暴力，无疑会给孩子带来负面影响，致使他们自卑、痛苦、反叛、心理承受能力较差等，也影响着他们的世界观、人生观、婚姻观等。而且令人深思的是，除了夫妻间的暴力外，父母与子女间也存在家庭暴力问题。一些乡村的父母往往缺失平等的观念，视孩子为自己的私有财产，当孩子出现读书不用功、成绩不理想、与同学打架、不听话等问题时，或者父母心情不好时，他们都会动手打孩子或者用言语责骂孩子。这种频繁打骂孩子的行为，是极其不利于孩子健康成长的，也阻碍了父母与子女间良好关系的建立。

（三）建设“和睦家庭”是构建中国社会主义和谐社会的有力基础

将“和睦家庭”作为中国当代乡村家庭伦理的建构目标是因为和睦家庭是构建社会主义和谐社会的有力基础。“构建社会主义和谐社会，是我们党从中国特色社会主义事业总体布局和全面建设小康社会全局出发提出的重大战略任务，反映了建设富强民主文明和谐的社会主义现代化国家的内在要求，体现了全党全国各族人民的共同愿望。”①社会主义和谐社会的本质特征是和睦有序，建设的总要求是“民主法治、公平正义、诚信友爱、充满活力、安定有序、人与自然和谐相处”，共同建设、共同享有、效率与公平兼顾等具体建设原则须服从服务于这个总要求。构建社会主义和谐社会是全面建设小康社会的重要一维，所谓“全面”，就是经济发展、社会和谐、民主健全、文化繁荣、生活殷实。②

构建社会主义和谐社会是无数中国人的梦想，它是一个动态的积累式发展过程，也是一个庞大的社会系统工程。而和睦家庭的建设则是这个大系统的“子系统”工程，且属于基础性工程。只有家庭这个“子系统”处于和睦、健康的状态，社会这个“大系统”才会处于和谐的状态，而当家庭这个“子系统”处于无序状态，则社会这个“大系统”也会同样处于动荡状态。

建设和谐社会必须从建设和睦家庭开始。首先，建设和睦家庭与建设和谐社会具有相同的性质，即两者的建设目标指向具有一致性。具体而言，前者

---

① 胡锦涛．切实做好构建社会主义和谐社会的各项工作 把中国特色社会主义伟大事业推向前进[J]．求是，2007(1)：3-6．

② 中国社会科学院课题组．努力构建社会主义和谐社会[J]．中国社会科学，2005(3)：4-16，205．

追求家人间关系的和谐、邻居间关系的和谐，后者追求部分与整体的和谐、人与人间的和谐、人与自然间的和谐、人与社会的和谐，但两者都共同追求和谐的状态。其次，建设和睦家庭是建设和谐社会的基础。中国传统社会，家国处于同构状态，家庭是国家的基础，而国是家的扩大，由无数个家庭所组成。其实，家更是“天下”这个中华民族共同体的基础。正是在这种家国同构的文化传统里，才积淀出了修身、齐家、治国、平天下的儒家伦理政治思想。现代社会应该摒弃家国同构政治结构所蕴含的宗法观念，积极弘扬重视家庭及其作用的优秀文化传统。正是因为家庭是社会的组成部分，和睦家庭也是和谐社会的基础，无数个和睦家庭的实现则会推动着和谐社会的实现。只有无数个家庭处于和睦状态，才能使社会走向整体和谐。换言之，和谐社会的实现离不开家庭的和睦，和谐社会的构建理应从营造与建设和睦家庭开始。最后，和睦家庭的建设离不开每一个家庭成员的努力，而和睦家庭的建设也是为了每一个家庭成员的快乐与幸福，这与和谐社会的建设是一脉相通的。和谐社会的建设与实现，也离不开每个社会成员的努力，而它的目标也是为每个家庭、每个人的幸福与快乐提供美好的整体环境。

但是，目前乡村家庭存在的诸多问题，是不利于社会主义和谐社会建设的。首先是日益严重的乡村空心化致使乡村日益凋敝。而乡村空心化的直接产物则是留守儿童、留守老人与留守妇女的增多，其中留守儿童问题最为棘手。从数据上看，乡村留守儿童的数量已由 2000 年的 1 981 万人上升到 2005 年的 5 861 万人，再上升到 2010 年的 6 102 万人，①经过政府、爱心组织与个人等多方面的努力，官方精准摸排和数据库统计结果显示，近年乡村留守儿童数量已不足 700 万。② 虽然数量在下降，但近 700 万的人数规模还是相当庞大的。近年来发生的“湖南邵东 3 名留守儿童入校抢劫杀害女教师”“湖南 12 岁男孩持刀杀害亲生母亲”“杭州留守儿童章子欣被租客杀害”等极端事件更是触目惊心，引发了社会的强烈关注，对和谐社会建设产生了十分不利的影响。除了这些极端的留守儿童事件之外，留守儿童的教育、情感等问题亦比较

① 段成荣，等. 我国农村留守儿童生存和发展基本状况——基于第六次人口普查数据的分析[J]. 人口学刊，2013(3)：37-49.

② 罗国芬. 农村留守儿童数量下降：现状、原因与政策意涵[J]. 少年儿童研究，2021(3)：60-72，59.

突出，而留守老人与留守妇女的问题也不容乐观。这些都易使家人间的情感处于疏离状态、家庭处于紧张乃至分裂状态。其次是乡村夫妻关系比较紧张，离婚率日益增高。这无疑严重影响着家庭的和睦、乡村社会的平静与社会整体的和谐。中国的高离婚率是过去几十年来巨大而深刻的社会经济变革和转型的历史产物，而乡村离婚占全国离婚的比重亦逐年增高。最后是老人赡养问题比较突出。目前，中国乡村家庭结构多为核心家庭，其祖父母辈多与父母辈分家居住，而父母辈由于常年进城打工或者自身经济压力较大，很难兼顾到老人。因此，乡村里的老人普遍处于物质与情感双重匮乏的状态，需要子女及子孙的物质帮助与情感慰藉。

总之，家庭是社会的细胞，家庭和睦是社会和谐的强有力的基础，而社会和谐则为家庭和睦营造良好的社会环境，为家庭提供物质和文化基础保障。因此，为了建设中国特色社会主义和谐社会，必须从建设和睦家庭开始。家庭和睦，社会和谐便有了可能。基于乡村家庭的真实现状，建设乡村和睦家庭不仅有利于解决存在已久的家庭问题，还有利于每个成员的健康成长与发展，有益于维护家庭关系的和谐，有利于社会整体的和谐。正如习近平总书记在会见第一届全国文明家庭代表时所说的："家庭和睦则社会安定，家庭幸福则社会祥和，家庭文明则社会文明。历史和现实告诉我们，家庭的前途命运同国家和民族的前途命运紧密相连。我们要认识到，千家万户都好，国家才能好，民族才能好。国家富强，民族复兴，人民幸福，不是抽象的，最终要体现在千千万万个家庭都幸福美满上，体现在亿万人民生活不断改善上。同时，我们还要认识到，国家好，民族好，家庭才能好。"①

二、"和睦家庭"的内涵与标准

（一）"和睦家庭"的内涵

"和睦家庭"有着丰富的内涵，涉及经济、政治、法律、伦理、心理等众多领域，属于伦理学与社会学等相互交叉的范畴。从字面意义上讲，"和睦家庭"便

① 习近平．在会见第一届全国文明家庭代表时的讲话[N]．人民日报，2016-12-16(002)．

是相处十分融洽与友好的家庭，即家庭成员共同组成了一个幸福的、快乐的与健康的家庭。从本质上来讲，“和睦家庭”是以仁爱为核心、以人的全面发展为目的、以社会主义核心价值观为价值遵循、以相互扶持而休戚与共和相互成就而妥协包容为途径、以家庭成员的文明行为为外在表现形式的新型文明家庭模式。具体而言，“和睦家庭”必须是建立在仁爱基础之上的，即夫妻相互爱慕、长幼相互敬爱、兄弟姊妹相互友爱，家庭成员之间能够懂得包容、妥协而携手共进；“和睦家庭”的终极目标则是“成人之美”，人人平等，能够保持自己的个性，能够促进个体的全面发展，能够助力彼此实现各自的人生价值；在“和睦家庭”的价值取向上要坚持社会主义核心价值观，必须重视引导家庭成员特别是下一代爱党、爱国、爱社会主义，崇尚尊老爱幼、男女平等、夫妻和睦、勤俭持家、邻里团结等中华民族传统美德。“和睦家庭”的实现途径则需要在相互尊重与肯定的基础上，努力、奋斗、相互扶持，且在利益冲突的时候，能够为了实现一个共同的目标而自愿做出妥协，奉献自己的光和热；“和睦家庭”的外在表现形式则是社会成员对家庭的良好评价，即家庭能够得到社会的肯定，让社会成员觉得这个家庭是和睦的，是幸福的。

实际上，“和睦家庭”的外延也十分丰富。它除了包含家庭内部和睦之外，还包括家庭外部和睦，即家人与他人的和睦、家人与社会的和睦、家人与自然的和睦。可以说家庭外部和睦是家庭内部和睦的结果与进一步的追求，也是实现家庭内部和睦的必要条件，两者相互联系。换言之，家庭内部的和睦有利于提升家庭成员为人处世的素养，从而也能够使家庭成员更好地适应外部环境变化，与家庭外部环境达成和谐关系状态，因而家庭外部和睦是内部和睦的延伸；而家庭内部和睦也离不开家庭外部和睦，如果无法跟外界进行和谐相处，家庭内部也会因为受到外在因素的干扰和破坏而无法实现和睦。比如，和睦家庭的建设与实现，离不开良好的社会舆论氛围的支持，当社会呈现出对和睦家庭建设的一致肯定和赞赏的舆论气氛时，和睦家庭建设会得到来自社会各方面更多的支持和帮助。

另外，“和睦家庭”与“幸福家庭”“文明家庭”等相互关联。相比之下，“和睦家庭”更强调爱、以人为本与家庭成员间的尊重和妥协；和睦关系要以家庭文化建设为纽带。尊老爱幼、孝敬父母、邻里团结、诚实守信、勤俭持家，崇尚科学、反对迷信，讲正义、知进取，树立正确的人生观、价值观，营造健康向上的家庭文化氛围等，这些都是家庭文化建设的重要内容。“文明家庭”的范畴则更加宽泛，其内容包含“爱国守法、遵德守礼、平等和谐、敬业诚信、家教良好、家风淳朴、绿色节俭、热心公益”等，既包括家庭内部，又包括家庭外部，即一个家庭是否文明，不但要看内部是否和睦、幸福、健康，而且要看是否热爱祖国、遵守法律、崇尚道德、维护礼节、热爱公益等，是否对社会有正面的、良好的作用与意义，是否能够推动社会的进步与发展，是否有利于和谐社会的维护与建设。幸福家庭不但要具备“和睦家庭”和“文明家庭”的基本内涵和要求，而且更强调的是家庭成员对家庭生活的舒畅和愉快的感受。它是对家庭成员之间关系和家庭物质生活与精神生活感到满意的一种价值体验和评价，其核心是在正确的家庭伦理观念指导下的家庭人际关系的和谐。因而家庭和睦是家庭伦理建设的基本目标。如果把家庭伦理建设的目标分级，“和睦家庭”可看作为第一层级目标，“文明家庭”可看作为第二层级目标，“幸福家庭”可看作为终极目标。当然，值得强调的是，“和睦家庭”的内涵并非是绝对化的、固定的、孤立的，相反其是随着时代变迁而不断发展的，是与社会进步、自然变化等相互联系的。

（二）“和睦家庭”的标准

一般而言，和睦家庭是指在家庭空间内，诸要素趋向融洽互动、完整统一与协调发展的理想状态。衡量一个家庭是否和睦虽然没有绝对的标准，但依然有相对的标准，它以重视家庭为基础，以一定的物质基础为坚强后盾，以家庭成员的全面发展为目标，以平等和谐的家庭关系与民主协商的家庭氛围为主要内容，以营造积极向上的家庭精神为价值取向，以培养良好的家风为风尚，等等。具体来说，建设乡村和睦家庭，主要有以下几个方面的内容标准：

其一，和睦家庭成员遵法守德。俗话说，“没有规矩，不成方圆”。家庭成员讲规矩是建设和睦家庭的首要条件。从家庭层面来说，讲规矩最主要的就是要遵法守德，即要遵守国家法律法规和人们在长期社会生活中建立起来的、被全体社会成员共同认可的道德准则。需要提出的是，无论是法律法规的内容，还是我国社会道德的内容，都会随着时代更替和社会变迁而变迁。建设和睦家庭，需要家庭成员能够因时而变，既不能固守旧有的、不切合时宜的法律条文和道德准则，也不能盲目求新求变而忽视传承。之所以将家庭成员遵法守德作为和睦家庭的首要标准，是因为，一方面这是构建家庭内部有序结构的需要。家庭的形成源于血缘关系，而家庭的发展却更多因为利益关系，在现代社会条件下，家庭成员之间的利益关系日益凸显，常常成为主导家庭兴衰的主要因素。有利益的地方，难免就会有矛盾。如何使家庭成员能够正视自己的利益所得，能够心安理得而不与其他成员“计较”，法与德的介入就成为必要条件。只有当每个家庭成员都能够遵法守德时，家庭成员之间的利益矛盾才能被有效化解甚至避免。另一方面这也是实现家庭与外部环境和谐相处、维护家庭基本权益的需要。建设和睦家庭，不仅要求内部有序，还需要有良好的外部环境。纵观古今，外来“横祸”常常是造成家庭破落、妻离子散的重要原因，而“横祸”的到来又往往与家庭成员不遵德守法息息相关。正所谓“法兴德昌而家旺”，建设和睦家庭，需要每个家庭成员都能够自觉遵法守德。

和睦家庭成员要能自觉做到遵法守德，需要树立向上向善价值观。价值观是文化的核心部分，同样也是和睦家庭的内核，是其最重要的精神要素。关于价值观，国内著名学者黄希庭等人认为它是人们区分好坏、美丑、益损、正确与错误，符合或违背自己意愿的观念系统，它通常是充满情感的，并为人的正当行为提供充分理由。① 价值观对人的行为具有重要的指导作用。一般而言，积极向上的价值观有利于个人的成长与促进个人的进步，而消极的、虚无的价值观则阻碍个人的进步，甚至危害社会。在具体的家庭生活中，和睦家庭需要继承与发扬“自强不息”“厚德载物”“奋发有为”等中华民族传统美德，需要恪守社会主义核心价值观，需要注重引导家庭成员相信并积极践行“与人为善”的人际观，“一分耕耘，一分收获”的付出观，“三分天注定，七分靠打拼”的拼搏观。需要注重“引导家庭成员特别是下一代热爱党、热爱祖国、热爱人民、热爱中华民族。要积极传播中华民族传统美德，传递尊老爱幼、男女平等、夫妻和睦、勤俭持家、邻里团结的观念，倡导忠诚、责任、亲情、学习、公益的理念，推动人们在为家庭谋幸福、为他人送温暖、为社会作贡献的过程中提高精神境界、

① 黄希庭，等. 当代中国青年价值观与教育[M]. 成都：四川教育出版社，1994：7.

培育文明风尚”①。

其二，和睦家庭成员有民主平等的家庭关系。民主与平等的家庭关系及家庭成员的全面发展，是一个和睦家庭最重要的衡量标准。民主与平等受西方价值观的推崇，也是社会主义核心价值观的重要组成部分。它们既是政治中的圭臬，又是现代家庭观念中的精华。所谓家庭民主则是指在家庭之中，所有成员都享有参与讨论、决定家庭事务的权利；而所谓家庭平等，则是指家庭成员之间的人格与权利是平等的。但是在一些乡村地区，由于大男子主义、重男轻女等传统思想根深蒂固，现代民主与平等意识相当薄弱，家长专制、男性专权等现象仍很严重。在和睦的家庭里，家庭人际关系一定是处于相对和睦的状态，具体包括夫妻关系、亲子关系、婆媳关系、家庭成员以及周围邻里关系等处于比较融洽舒服的状态，而家庭人际关系融洽与民主和平等的家庭关系息息相关。具体而言，首先是夫妻关系的民主平等化。与男尊女卑、大男子主义等传统的性别观不同的是，现代的夫妻应该秉持男女平等的性别观。夫妻应该相互尊重、相互肯定、相互关爱、相互帮助、相互信任、相互谅解与相互扶持，反对一切家庭暴力、身体摧残、人格侮辱等。将民主与平等思想融入现代乡村家庭伦理建设中，其意义是非凡的，它无疑会改变乡村传统性别观念，促进男女平等，更有利于女性权利的保护。其次是亲子关系的民主平等化。现代亲子观念即父母应该视孩子为独立的个体，切忌将孩子视为自己的财产，无视孩子的人格尊严。父母也不应该过于溺爱孩子，让其过分依赖家庭，使其养成自私的习惯。再次是兄弟姐妹关系的民主平等化。在乡村，虽然实行计划生育三十多年，但重男轻女思想依旧存在。建设和睦家庭，必然要坚持男女平等，促使家庭每个成员都能够有独立的人格，实现自己的价值。最后是婆媳关系、邻里关系、姑嫂关系等其他家庭关系的民主平等化。在乡村，婆媳关系、姑嫂关系等关系比较复杂：有些家庭，儿媳处于核心位置，父母经常受到冷遇；而有些家庭，与其相反，儿媳经常受到父母的冷遇。因此，和睦家庭的建设，必须实现婆媳关系、邻里关系、姑嫂关系等其他家庭关系的民主与平等，这也是家庭和睦的重要内容。

---

① 习近平．在会见第一届全国文明家庭代表时的讲话[N]．人民日报，2016-12-16(002)．

其三，和睦家庭有良好的家教家风。自古以来，中华民族重视家教家风建设。正所谓“天下之本在国，国之本在家”[①]“家齐而后国治，国治而后天下平”[②]，而且形成了“尊老爱幼、妻贤夫安，母慈子孝、兄友弟恭，耕读传家、勤俭持家，知书达礼、遵纪守法，家和万事兴”等中华民族传统家庭文化与家庭美德。但是随着我国改革开放的不断深入与西方文化的不断传入，我国传统的家庭伦理观念受到冲击，由“简单化一”向“多元共存”转变，[③]而新的家庭伦理观念又没有完全形成且正处于新旧交织阶段，这就造成了多种家庭伦理价值观并存的局面。社会上甚至出现了漠视家庭与抛弃家庭的不良思想与行为，这极其不利于家庭的稳定与社会的和谐。其具体表现为：有人认为家庭不适宜于现代人的成长，是禁锢个人自由的场所，个人理应独立生活，无须建立家庭；也有人认为个人在家庭中是最重要的，一切以自己为中心，不关心家人；更有人突破伦理的底线，选择婚内出轨、包养情人等。基于此，建设和睦家庭必须重视培养新时代正确的家庭观，使人们认识到家庭对个人、社会与国家的重要性。家庭对个人而言，既是一个空间意义上的场所，又是情感意义上的寄托与归宿之处，它是个人成长与成才的重要力量源泉。“无论时代如何变化，无论经济社会如何发展，对一个社会来说，家庭的生活依托都不可替代，家庭的社会功能都不可替代，家庭的文明作用都不可替代。无论过去、现在还是将来，绝大多数人都生活在家庭之中。我们要重视家庭文明建设，努力使千千万万个家庭成为国家发展、民族进步、社会和谐的重要基点，成为人们梦想启航的地方。”[④]从历史发展来看，家庭是人类生存和发展的最佳选择，没有一个组织能取代家庭，没有一个组织能够像家庭那样对社会产生如此大的影响。迄今为止，人类也无法找到不以家庭为基础而兴旺发达的社会。尽管家庭一直处于变动中，但它一直是个人成长的起点和社会发展的基础。只有每个社会成员认识到家庭的重要性，感受到家庭的温暖，重视家庭，并在日常生活中积极履行家庭责任，久久为功，和睦家庭才能建设起来。缺乏重视家庭的意识，和睦家庭的建设便无从谈起。

---

① 杨伯峻编著．孟子译注[M]．北京：中华书局，1960：167．

② 杨天宇．礼记译注：下[M]．上海：上海古籍出版社，2004：801．

③ 李桂梅，郑自立．当代中国乡村家庭伦理的变迁[J]．伦理学研究，2017(6)：107-111．

④ 习近平．在会见第一届全国文明家庭代表时的讲话[N]．人民日报，2016-12-16(002)．

和睦家庭需要在建设先进的家庭文化基础上培养良好家风。先进的家庭文化必须是在家庭空间内所形成的具有进步性，符合主流价值，有利于个人、家庭、国家、全人类的和谐与全面协调可持续发展，能够使人们在身心发展方面获得最大满足的文化。可以说，先进的家庭文化是乡村和睦家庭的精神支撑。众所周知，中华文明的根在乡村，但随着时代的发展，有些传统的乡村文化已经无法适应新需求，因此，在乡村振兴中，应该重视乡村文化振兴，应该培养与建设先进的家庭文化。在先进的家庭文化熏陶下，家庭成员能够克制感情冲动而保持理性，能够谦恭礼让与真诚善良，能够以德服人与依法做人，从而有利于实现家庭的和睦与社会的和谐。而良好的家风也是和睦家庭中重要的衡量标准。“家风是社会风气的重要组成部分。家庭不只是人们身体的住处，更是人们心灵的归宿。家风好，就能家道兴盛、和顺美满；家风差，难免殃及子孙、贻害社会，正所谓‘积善之家，必有余庆；积不善之家，必有余殃’。”[①]家风是家庭所形成的风尚、风气和风范，是整体素养的表现。家风作为一种强有力的精神力量，它不仅能够在思想道德上约束其家庭成员具体的言行举止，还能促使家庭成员在一种积极向上、健康有为的氛围中实现自己的成长与发展。当良好的家风汇聚成强大的国风时，中华民族才能拥有积极的精神面貌与强大的文化力量，才能重建中华文明，以良好的形象展现在世界舞台上。中国乡村地区的家风建设处在自发形成的初级阶段，还不成熟，且具体的家风内容也偏向于传统中的勤俭持家等习惯，缺乏现代性的家风理论资源的支撑。因此，积极培育新乡村家风，既要继承传统优秀的家风文化和红色家风文化，又要注入现代的家风文化。每个家庭只有形成良好的家风才有利于家庭的和睦，使家庭成员更加愉快地学习、工作与生活，使社会风气焕然一新。

其四，和睦家庭有健康文明的生活方式。健康是指有益于人的身心发展和进步，个体有积极乐观的生活态度。文明的生活方式是指要与社会经济的发展、科学技术和人类文化的进步相适应，合乎国家法律、社会公德以及公序良俗等且有利于个体和社会道德进步的生活方式。健康文明的生活方式是社会文明建设的重要目标和内容，它能满足人民日益发展的精神文化需求，提高人民的精神文化生活水平，为家庭和睦及个体的社会化打下良好的基础。

---

① 习近平．在会见第一届全国文明家庭代表时的讲话[N]．人民日报，2016-12-16(002)．

健康文明的生活方式首先体现为物质生活与精神生活的统一。人既是自然存在物，又是社会存在物，还是物质与精神的统一体。因此，物质需要和精神需求是人类个体不可分割的两大基本需要。两者虽然不同，但是相互联系，理想的状态不仅是获得一定的物质需要或者精神需求，还在于两者的和谐统一。一方面，一定的物质生活资料是精神满足的前提和基础。个人只有在满足吃、穿、住等基本需要的基础上，才能有时间、有精力、有情趣去追求更高层次的精神生活。正如管子所言"仓廪实则知礼节，衣食足则知荣辱"①，从个人到家庭，道理类似。经济基础对于一个家庭而言是十分重要的。和睦家庭只有具备一定的经济基础，才能够满足家庭成员正常的生产生活开支。当一个家庭具备一定的经济基础、能够满足家庭成员的物质需要时，家庭成员方能有余力与闲情去进一步培养和谐的家庭氛围。如果一个家庭连最基本的物质生活都无法保证，那么每个家庭成员势必会被艰难的生存所折磨，即使对和睦家庭充满了无限的渴望，但最终也会是"巧妇难为无米之炊"。因为"贫贱夫妻百事哀"，缺失一定的经济基础时，家庭处于饥寒交迫的状态，家庭的和睦便失去了基本的保障。对于乡村家庭而言，拥有一定的物质基础，在满足农民的基本生活基础上又能够有一定富余，这就为营造和睦的家庭氛围创造了有利的条件。目前，由于外出务工、承包土地等，很多农民家庭的物质条件越来越好，这为他们的和睦家庭的建设提供了良好的物质基础。另一方面，人的精神追求是人的生命价值和意义的依托，也是一个家庭和睦的内核。虽然和睦家庭的建设需要一定的物质基础，但也绝不是说有了物质基础，家庭就一定和睦。在现实生活中，很多家庭即使有一定的甚至是强大的经济基础，却依然不和睦。事实上一定的物质基础只是为家庭和睦提供条件，而家庭成员精神层面的共同追求和相互理解才是家庭和睦的"核心要件"。因此和睦家庭的建设固然需要在物质追求上下功夫，以保证家庭及其成员不断增长的物质需要得到满足，但也不能忽略家庭成员的精神需要，精神生活的追求更能体现和确证人的本质，它能使人正确对待物质追求，引导家庭实现物质生活与精神生活的和谐，促使家庭和睦的目标达成。

健康文明的生活方式需要在促进家庭成员与自然的和谐上下功夫。这要

① （唐）房玄龄注，（明）刘绩补注，刘晓艺校点．管子［M］．上海：上海古籍出版社，2015：1.

求家庭成员树立绿色环保理念，养成低碳生活方式。这具体包括家庭成员爱护环境，平时能做到不乱扔垃圾，做好垃圾分类和回收，不随地吐痰，不乱砍伐树木，选择低碳出行方式；家庭成员积极节约资源，平时能够做到节约用水、用电、用气和用纸，提倡健康节约、杜绝浪费的意识；家庭成员崇尚绿色消费，生活用品尽量选用环保产品，减少一些非必要的消费，积极修旧利废，乐于使用可重复利用的产品。我国乡村家庭虽然具有厉行节约、艰苦朴素的光荣传统，但还是存在着一些较为落后的生活方式，比如卫生意识较弱，做事讲排场，肆意宰杀动物等。这些现象既影响了家庭与自然环境的和谐相处，又使乡村家庭发展因此而遭到自然环境因素的冲击与报复，不利于和睦家庭的建设。因此，推动家庭成员树立爱护环境和保护环境的意识，是在广大乡村地区建设和睦家庭的内在要求。

第二节
中国当代乡村家庭伦理建构的主要原则

社会责任原则、整体利益原则、人文关怀原则与交融互鉴原则等是中国当代乡村家庭伦理建构必须遵循的四条主要原则。在建构过程中，只有自觉坚持并努力践行这四大原则，才能确保中国当代乡村家庭伦理建构目标的顺利达成，避免走弯路、走邪路，付出不必要的代价。

一、社会责任原则

建构中国当代乡村家庭伦理首先要坚持社会责任原则。社会责任是指个体与家庭对社会应尽的责任和义务，个人与个人所在家庭之言行，必须有利于促进社会和谐与进步。社会责任原则受法律与道德的双重制约。一方面，法律通过明文的形式要求个体与家庭应该肩负起社会责任，不能做出违背社会责任的行为；另一方面，它更受道德的无形约束。其要求个体与家庭，在个体利益、家庭利益与社会利益产生冲突面前，应当首先维护社会利益，甚至不惜牺牲个体利益和家庭利益。

中国的乡村社会还是一种熟人社会，而个体、家庭与社会三者也不是孤立的，始终处于一种动态的相互联系之中。即每个村民都是乡村社会的人，每个村民组成家庭，每个乡村家庭又共同组成乡村社会，村民及其家庭的具体行为会影响乡村社会的发展，而乡村社会的整体情况反过来又影响村民及其家庭的发展。具体而言，每个村民的幸福与发展是建立在家庭幸福和发展以及乡村社会整体和谐的基础之上的，每个村民获得幸福与发展绝不是纯粹的个人行为，而是需要家庭和社会为其提供条件和保障，是在一定的家庭和社会关系中从事的实践活动。而家庭和睦又需要村民个体的努力与乡村社会的保障。同理而论，乡村社会的和谐程度，又是以每个村民和家庭幸福与发展的实现程度和水平得以体现。因此，在实现中华民族伟大复兴进程中，我们应在乡村地区大力倡导爱国主义、集体主义精神，督促村民自觉践行社会主义核心价值观，不断协调村民、家庭与乡村社会之间的关系，在实现村民个体幸福、家庭和睦的基础上，大力提升乡村社会的整体文明程度。

为了使乡村村民更具社会责任担当，乡村各家庭应该重视家教。首先，应该为社会培养“讲规矩”的好村民。涂尔干认为，一个人的儿童期具有极大的可塑性，应该从小培养他对制度的服从意识与讲规矩的意识，使其具有契约精神，将来能够与他人一起共同维持社会的正常运转。人在儿童期，对父母依赖性较强，且具有模仿大人言行的天性，因此父母的言传身教对儿童的成长是非常重要的。在乡村家庭家教中，父母应注重发挥自身的示范引领作用，向孩子传达担负社会责任的意识，使孩子树立正确的社会观与义利观。其次，要大力弘扬社会主义核心价值观，为乡村社会培养具有现代理性与德性的新型农民。要成为一个具有现代理性与德性的新型农民，树立起正确的价值观是至关重要的。根据价值观形成规律，在家庭成员的儿童期，乡村家庭就应该肩负起社会主义核心价值观教育的责任，家长要通过言传身教潜移默化地将社会主义核心价值观传递给下一代。比如，家长可以通过日常对晚辈的关爱，向儿童传递“人人平等”的平等观，告诉他们个体既有行使自由的权利，又要承担一定的义务。最后，应该培育富有正能量的家风。家风连成社风，社风汇成国风，良好的家风对国家、民族的进步与发展有基础性的作用。

家庭责任是社会责任在家庭中的微观体现，是指家庭成员在维系家庭和壮大家庭中应该肩负的责任和义务。具体而言，家庭责任是每个家庭成员根据自己的身份而肩负相应的责任，为家庭的和睦与家人的幸福而贡献自己的力量，主要包括父母对子女的抚养与教育责任、子女对父母的孝顺与赡养责任、夫妻间的尊重与忠贞责任、对其他血缘关系成员的帮扶责任、对家风家训的传承与扬弃责任等等。在一定意义上讲，为家庭尽了责任便是为社会尽了责任，因为只有家庭和睦、幸福，家庭文明程度提高，社会才能走向和谐与有序。一旦家庭责任缺失，社会也就不得不去弥补家庭责任的空缺，从而付出高昂的代价。20 世纪 60 年代西方开始出现的家庭危机，使人们深切感受到了家庭问题引发的严峻社会问题的危害，家庭作为社会稳定的基石的重要性被人们重新认识。今天我国的乡村社会由于大规模的人口流动，客观上造成了家庭责任履行的欠缺或不到位。留守家庭问题引起了国家的高度重视，各种相关政策也在不断建立和完善中。家庭是孩子成长的“初心”萌芽地，父母是孩子的第一责任人，仍然有许多中国老人渴望居家养老。这些都说明家庭责任履行的重要性和必要性，政府应提供各种支持和保障以帮助家庭成员履行家庭责任。如各级政府大力发展本地经济，为村民提供家门口的就业机会，以此解决留守家庭未成年人和老人照料问题。事实上，家人能在一起，心情就会舒畅，工作也就更有动力。家庭责任到位，社会也就安定和谐。

家庭责任与社会责任在某些时候也会产生冲突和矛盾。比如，在抗日战争时期，无数村中好男儿都选择奔赴抗日前线抗击日本侵略者，用自己的生命来捍卫国家领土与主权的完整，这是舍小家顾大家的英雄行为。由此可知，在民族存亡和国家发展的关键时候，协调好家庭责任与社会责任的关系，牺牲小我、舍弃家庭利益、肩负起社会责任是我们的正确选择，是乡村家庭伦理建设中应该倡导的原则，也是中华民族家国情怀的重要体现。正因为无数村民将对家的情意深深融入到对他人和国家的大爱中，寄托在社会责任的担当上，脱贫攻坚和乡村振兴才有了今天的成就。

二、整体利益原则

建构中国当代乡村家庭伦理要坚持整体利益原则。整体利益原则是指个体或者组织从实现整体目标与维护整体利益出发，合理组合各个部门、各个层次、各种因素的力量，最终实现最优化的管理、建设与建构效果。贯彻整体利益原则，则要求部分有全局观念、整体观念，正确处理和协调好内部与外部的关系，保持某种平衡，最终实现预定目标。其具体包括：中国当代乡村家庭伦理建构本身就是坚持国家整体利益的题中之义，解决乡村文化的问题，特别是乡村发展中主要的家庭伦理问题，有利于中国社会文明的提升与国家利益的实现；中国当代乡村家庭伦理建构中坚持整体利益原则就是要维护乡村共同体的整体利益，为乡村家庭伦理建设提供条件和保障；中国当代乡村家庭伦理建构中坚持整体利益原则就是要维护乡村家庭的整体利益，为乡村家庭伦理建设提供主体依托；中国当代乡村家庭伦理建构中坚持整体利益原则就是要维护国家、乡村共同体和家庭的整体利益。

重视整体利益是中华民族的优良传统，社会主义道德的集体主义原则强调整体利益与个人利益的统一。关于什么是集体主义价值观，斯大林认为："个人和集体之间、个人利益和集体利益之间没有而且也不应当有不可调和的对立。不应当有这种对立，是因为集体主义、社会主义并不否认个人利益，而是把个人利益和集体利益结合起来。社会主义是不能撇开个人利益的。只有社会主义社会才能给这种个人利益以最充分的满足。此外，社会主义社会是保护个人利益的唯一可靠的保证。"①也就是说，在社会主义社会中，个人利益与整体利益从根本上讲是一致的，不存在完全不可调和的对立。因为集体主义并非否定个人利益，相反是保护正当合理的个人利益的，它否定的是个人利益至上的极端的个人主义，否定的是以损害多数人的利益来满足的个人利益。真正的集体主义价值观，肯定要捍卫个人的利益，但又要求个体肩负起自己的社会责任，不能为了满足个人的私利而损害他人或社会的利益，当两者发生冲突时，个体能够从大局出发，服从社会利益，甚至做出必要的牺牲，以捍卫整体利益。当然对于个人利益服从社会利益或者为社会利益做出必要的牺牲，集体主义应该给予个人褒奖和鼓励，而且还应给予必要的补偿，这也是集体主义应有之义。集体主义既要反对自私自利的个人主义倾向，反对一切将个人利益凌驾于社会利益之上的思想和行为，又要反对不关心个人利益，漠视个人利

① 斯大林．斯大林选集：下[M]．北京：人民出版社，1979：354-355．

益的抽象的道义论。正如毛泽东所指出的:“我们历来提倡艰苦奋斗,反对把个人物质利益看得高于一切,同时我们也历来提倡关心群众生活,反对不关心群众痛痒的官僚主义。”①

中国当代乡村社会是由不同地区的无数中国现代乡村家庭主体所组成的,是一个抽象的整体。整体是指由两个或两个以上有区别的要素所组成的统一体与集合体,但是整体并不等于各要素的简单叠加,因为合理的组合,能使整体释放出远远超过部分之和的能量。由每个乡村家庭共同组成统一的中国乡村社会,其释放出来的能量会远远超过部分之和。在建构中国当代乡村家庭伦理过程中贯彻整体利益原则,需要政府、家庭与村民共同努力、积极作为。

改革开放四十余年来,中国的经济、文化等都发生着巨大变化。从经济上看,城乡贫富差距日益拉大,乡村问题日益突出;从文化上看,城乡文化也处于较大的差异之中,乡村文化相对比较单薄。而细化到道德伦理层面上看,传统道德伦理受到冲击,而现代道德伦理又没有建立,道德伦理处于新旧交替之中,乡村家庭伦理在转型过程中也遇到了前所未有的困难,一旦这些问题不能被很好解决,既影响乡村整体的健康发展,又影响整个社会的良性运转。因此,中国当代乡村家庭伦理建构坚持整体利益原则是对破解乡村社会现实发展瓶颈的积极回应。鉴于当前城乡差距较大的实际,基于整体利益原则的考虑,中央政府明确提出了“乡村振兴战略”。按照《乡村振兴战略规划(2018—2022年)》要求,其目标在于不断提高村民在产业发展中的参与度和受益面,彻底解决乡村产业和农民就业问题,确保当地群众长期稳定增收、安居乐业。在文化方面,要求加强乡村思想道德建设、弘扬中华优秀传统文化、丰富乡村文化生活,共同繁荣发展乡村文化,健全现代乡村治理体系。乡村振兴是为了乡村社会共同体的利益,它包括了乡村经济、政治、文化、社会、生态等各方面的发展,发展乡村文化是其中重要的内涵,而乡村文化的基础是家庭伦理的建设。改革开放以来,乡村社会的最大变化就是封闭稳定的乡村社会状况被打破,乡村人口出现大规模的流动。这种流动不仅仅是乡村向城市的流动,也是农民职业、社会地位的流动,带来了乡村社会空间的变动,导致乡村家庭的离

---

① 毛泽东. 毛泽东文集:第7卷[M]. 北京:人民出版社,1999:28.

散和分隔，家庭成员聚少离多，流动家庭和留守家庭成为乡村家庭的“常态”，这些家庭的功能受到一定程度的破坏。政府需要关注乡村家庭，为城镇化中的家庭提供户籍、土地、社会保障、就业、住房及教育方面的政策支持，以保障乡村家庭的利益，促使乡村家庭功能得到更好的支持和发挥。唯有乡村家庭共同体的发展，才谈得上乡村家庭伦理建设，否则，乡村家庭伦理建设就失去了依托。

正确处理家庭与乡村共同体、家庭与个人等之间的关系，亦是贯彻整体利益原则的重要诉求。第一，必须正确处理乡村家庭与乡村社会共同体的关系。作为乡村社会的组织细胞，每一个乡村家庭须有维护乡村社会共同体的责任和情怀，在维护乡村社会共同体利益的前提下，妥善平衡好家庭与乡村社会共同体的利益关系。在建构中国现代乡村家庭伦理的过程中，每一个乡村家庭应该高度重视国家的乡村文化发展政策，明晰党和国家关注乡村家庭伦理建设的初心，并积极投身于相关家庭伦理建构过程中。个人应该做好自己的分内之事，在家庭生活中，能够做到相互尊重与理解，积极建设与维护和睦家庭，在处理邻里关系与社会关系时，能够与人为善、和谐相处，维护乡村社会的和谐，从而有利于国家的稳定。当乡村家庭与乡村社会共同体产生矛盾时，要能从全局出发，自觉维护乡村社会共同体的利益。例如在生态保护过程中，部分村民及其家庭的利益可能因此会受到损害，但为了乡村集体整体利益与民族的长远利益，村民及其家庭应做出一定的利益牺牲。第二，必须正确处理乡村家庭与家庭成员个体之间的关系。家庭由个人组成，没有个人则没有家庭。鉴于此，正确处理乡村家庭及其家庭成员之间的关系，一方面来说，各乡村家庭要顾及每一个家庭成员，为每一个家庭成员的健康成长付出力所能及的努力，为每一个成员的发展提供力所能及的帮助，避免片面强调家庭整体利益而过分抑制甚至牺牲某些家庭成员的个人利益；另一方面来说，要坚持家庭发展的整体利益观，在家庭整体利益与成员的个人利益处于矛盾状态时，应该以家庭整体利益为重，避免为了满足某些家庭成员的私利而损害家庭整体利益。第三，每个村民都必须恪守家庭整体利益至上的原则。恪守家庭整体利益至上的原则，要求每个村民在和睦家庭的建设问题上能够做到矢志不渝，能够做到对内孝顺父母、关爱幼小，对外团结邻里以及在社会中展示良好的人格。为此，每个村民都应该努力提高自己的道德修养，学会理解、对他人友善与包容，在个体利益与家庭整体利益发生冲突与矛盾时，能够理性地面对与解决，学会并懂得如何妥协，积极维护家庭的整体利益，为家庭的和睦做出贡献。

三、人文关怀原则

建构中国当代乡村家庭伦理需要坚持人文关怀原则。“人文”一词最早出自《易经·贲》：“文明以止，人文也。观乎天文，以察时变；观乎人文，以化成天下。”这里的“人文”是指以人为中心的、为人的成长和发展需要而创作与形成的各种文化现象的集中表现，既是知识体系与认识体系，又是价值体系与伦理体系。而广义上的“人文”则与人的价值、人的尊严、人的独立人格、人的个性、人的生活意义、人的理想和人的命运等密切相关。人文精神是人对自身命运的理解和把握，或者说是对人类存在的思考，是对人的价值、人的生存意义的关注，是对人类命运、人类痛苦与解脱的思考与探索。而人文关怀则是指对人类发展现时的自我观照与反思以及对人类发展未来的自我关切与计划，具体表现为对人的尊严的捍卫、人格的保护、价值的肯定、命运的关切，对人类主体地位、各种需求、具体生存状态与生活条件等方面的关注等。总之，人文关怀则是对人的全面发展的重视，对人的理想人格的肯定和塑造。

人文关怀最为核心的是以人为本，与以神为本等正好相反。从哲学理论的层面上说，以人为本是贯穿于人的世界的一个根本原则。在人的世界中，人不是某个凌驾于人的世界之上的超人主宰的附庸，不是超人的主宰用来实现自己目的的工具。人本身就是人的世界的根本，同时，以人为本还意味着人本身是人的根本，人就是人的最高本质。可以说，人文关怀就必须以人的生存、安全、自尊、发展、享受等需要为出发点与落脚点，以充分尊重人、理解人、肯定人、丰富人、发展人、完善人和促进人的建设与全面发展为内在价值尺度。人文关怀的宗旨在于“助人自助”，使人达到“充分的存在”，能够对生存环境和主体自身进行自觉的调节和控制，能够合理利用自主选择的权利，达到自我完善和个体功能的充分发挥。人既是一种生理意义上的存在，又是一种超越生命的存在，是一种具有无限丰富性和多样性的存在。人的存在不仅仅是一个被外力塑造的自然过程，还是一个自主自觉的能动性创造过程，从生命本体性看待人的可能发展，人的能动性才是人的存在的根本性力量。在此意义上，人文关怀就是以人的发展为本，尊重人的主体地位和个性需求，培养人的自主意识和主观能动性，促进人的健康成长和全面发展。人文关怀是人文精神的集中体现，而现代人文精神的核心是人性的张扬，是人的尊严与尊重的捍卫，是人的自由与解放。① 倡导人文关怀，就要讲究人性关怀，即要在理顺人与神等其他种种对象的关系中，确立人的主体性，从而确立一种赋予人生以意义和价值的人性价值关怀，最终实现人的自由而全面的发展。从这个意义上讲，人文关怀既需要从政治、经济上给予关怀，又需要从精神上给予同情、理解与尊重，促进人的个性解放，追求人的自由平等，尊重人的理性思考，关怀人的精神生活，最终充分实现人的价值。

在建构中国当代乡村家庭伦理过程中，必须遵循人文关怀原则，是由当前中国乡村家庭伦理发展的现实境遇决定的。在当前中国乡村部分地区，还残存着浓厚的宗法观念、等级观念、大男子主义观念，存在着一定的人身依附关系、身份不平等、人格不被尊重、人权保障不充分等现象，而这些问题的存在不利于个人的成长与成才，不利于人格的独立与平等。在制定和落实与乡村家庭伦理相关的法律、政策、制度时，需要特别强调平等与民主，尊重每一个个体，通过法律、制度、政策、教育等彰显和保护村民的主体地位和个性差异，关心他们丰富多样的个体需求，激发他们的主动性、积极性与创造性，促进他们的自由而全面发展。

建构乡村家庭伦理离不开经济基础。贯彻人文关怀原则，需要推动现代乡村家庭伦理建设与乡村振兴战略有机融合，通过加强乡村地区经济建设，加大扶贫力度，减小城乡贫富差距，让乡村家庭能够真正享受到与城市市民相同的改革开放成果，进一步提高广大村民的经济收入水平与政治权利意识，让村民们能够更加全面而自由地发展。建构乡村家庭伦理离不开文化涵养。贯彻人文关怀原则，需要推动现代乡村家庭伦理建设与乡村文化建设有机融合。

① 胡玉鸿. 法学方法论导论[M]. 济南：山东人民出版社，2002：序言 7.

积极开展文化扶贫，既要挖掘优秀的传统文化，又要传播社会主义先进文化，通过举办各种各样的文化活动，真正丰富乡村百姓的精神生活，努力提升百姓的文化素养。只有百姓的整体素质提高了，才能遵守家庭伦理道德，才能更好地建构和睦家庭。

在建构中国当代乡村家庭伦理过程中，贯彻人文关怀原则，需要重点关心乡村地区某些特殊群体。目前，乡村留守老人、留守妇女与留守儿童比较多，乡村老龄化、空巢化问题突出。因此，政府应该针对这些特殊群体而给予精准关怀，向其提供心理咨询服务、免费医疗服务、公益教育服务等。子女必须孝敬父母。尤其是在当今乡村空心化背景下，进城务工的子女更应该关心父母的心理和生理变化，给予他们所需要的物质赡养、生活照顾与情感支持，使他们过上充实而有意义的晚年生活。此外，鉴于乡村的性别不平等现象还比较严重，应该关心并帮助处于弱势地位的女性，并通过提供教育、推荐就业等方式来增强女性平等意识。对于身处家庭暴力威胁的女性，应该给予法律支持与情感关怀。与此同时，还应该关心乡村的弱势群体——儿童。父母是孩子成长的第一责任主体，应尊重孩子，多花时间陪伴孩子，注重言传身教，关心他们的身心健康和个性发展，培养他们感受幸福与热爱生活的能力，让孩子学会尊重和感恩父母。

四、交融互鉴原则

建构中国当代乡村家庭伦理需要坚持交融互鉴原则。交融互鉴原则是指主体间应该具有开阔的胸襟、虚心的态度、务实的行为，通过相互学习、包容，最终实现博采众长与取长补短。在建构中国现代乡村家庭伦理过程中，需要融合古今文化、中西文化、城乡文化以及汉族文化与少数民族文化等不同文化中所蕴含的合理伦理元素，向乡村家庭伦理建设不断注入新鲜的血液。

首先，建构中国当代乡村家庭伦理，需要重视传统文化与现代文化的融合。由于中国长期处于小农经济环境并深受儒家文化的影响，中国自古以来便有着丰富的乡村家庭伦理文化。而儒家文化中的仁爱思想、孝顺观念、礼节意识、家国情怀等优秀的传统伦理文化，都可以为今天的家庭伦理建设提供源源不断的文化资源，为今天所沿用。在乡村家庭伦理建设中，应重视传统文化中的“德治”。所谓“德治”便是以德治家，主要依靠培育乡村百姓的社会主义核心价值观，提高村民的思想道德素质，树立乡村道德模范，传承优秀家规家训和乡规民约等中华优秀传统文化。我国建设当代乡村婚姻家庭伦理体系，首先需要传承优秀家规家训。优秀家规家训蕴含人生智慧和道德精神，是儒家经典思想的诠释，是家族成员在各种家族活动中应遵守的行为规范，也是家族祖先或长辈对晚辈后人的训示，在本家族内具有较强的认同基础，可以对家族成员进行有效约束。① 但是不能不加选择地盲目崇拜传统文化，需要辩证地看待文化，取其精华，去其糟粕，并与今天的现代文化融合。现代文化追求个体自由、民主与平等，这些都是应该珍惜的全人类共同价值。传统文化讲究子女孝顺父母，但现代文化里讲究子女与父母关系的平等与独立，两者看似是传统与现代的矛盾，实际上有共通之处，并非完全对立。子女孝顺父母是一种美德，理应传承，但孝顺不意味着像传统文化讲的那样百依百顺，失去作为子女的权益，需要融合现代的平等观念。因此既要吸取传统文化中孝的合理内核，又要契合现代文化的独立平等意识，实现两者的融合。

其次，建构中国当代乡村家庭伦理，需要重视中国文化与西方文化的融合。在全球化背景下，文化传播与融合已经成为不可抗逆的趋势，而中西不同的社会背景和文化传统形成了各自独特而丰厚的家庭伦理文化。由于西方文化倡导个人本位，注重个人的自由与权利，因此他们的家庭伦理观念往往与中国不同。在婚姻观上，他们一般认为婚姻纯属个人间的私事，是建立在自由恋爱基础之上的，包括家人在内的任何人没有权利来干涉，个体有恋爱自由权、结婚自由权与离婚自由权。他们有权选择和喜欢的人生活在一起，也有权利选择放弃一段恋情与婚姻，而不受道德的谴责。在他们看来，强迫两个不相爱的人生活在一起是比较残忍的。在亲子观上，西方家庭强调个体的独立与平等，更加重视每个个体的价值，尊重子女的个人意愿，父母只是起到引导和帮助的作用。父母更重视子女的个性成长，注重培养子女的独立思考能力，发挥孩子的特长与激发孩子的潜能。任何一个决定，并不是由父母说了算，而是父

---

① 李桂梅，贺智慧. 当代中国乡村家庭伦理现状调查——基于七省七村的调查数据[J]. 伦理学研究，2019(5)：125-133.

母与子女共同商议再做出决定，父母会考虑子女的意见而不会强迫子女做他们不愿意做的事情。

中国的家庭伦理观不同于西方的家庭伦理观。第一，中国人重视家庭，视家庭为温暖的港湾与毕生的追求之一，传统的“先成家后立业”等观念彰显了家庭对个人的重要性。第二，中国人注重婚姻的稳定性，渴望“从一而终”，即使夫妻间存在着不可调和的矛盾，为了孩子与家庭，能忍则忍，而且有着较强的道德感，如离婚、出轨等都会受到程度不一的道德批评。第三，在亲子观上，中国人往往认为孩子是父母爱的结晶，是家族得以延续的唯一方式，子女的重要功能则是延续香火。自古以来，中国的家庭往往坚持“家长本位”，一切由家长做决定，比较轻视孩子的想法。孩子的权利意识一般比较薄弱，从小就被灌输一种服从意识，不利于孩子的个人成长与全面发展。因此，在建构中国现代乡村家庭伦理时，大家理应以中国文化为基础，继承优秀的中国传统家庭伦理文化，强调家庭成员的个人职责与义务，追求父慈子孝、兄友弟悌、夫唱妇随的理想关系。但又要批判中国传统家庭伦理文化中压制个性和剥夺个人自由的一面。同时，吸收先进的西方家庭伦理文化，学习西方家庭成员间的平等和独立，主张个人自由、恋爱自由、婚姻自由的价值观念，但也要批评和摒弃西方极端的个人主义和享乐主义思想、对结婚与离婚的随意态度。

再次，建构中国当代乡村家庭伦理，需要重视城乡家庭伦理文化的融合。城市的家庭伦理文化与乡村的家庭伦理文化，既有相似点，又有差别。在城市，由于市场经济发达，人们受教育程度较高，文化交流频繁，人们的精神生活比较丰富，家庭生活方式较为文明健康。与此同时，家人之间的关系比较平等民主，家庭气氛比较融洽。但随着城市高楼林立，人与人的关系变得比较疏远，邻里互助明显不够。由于乡村社会经济发展水平较低，较为封闭，因此人们受教育的程度普遍比城市低，思想观念比较传统与陈旧。家人之间平等意识与民主观念有所欠缺，生活方式也较为单调与落后，如封建迷信、赌博酗酒等不良习惯泛起，讲究排场、铺张浪费现象频出。但村民注重家庭的稳定性，人与人之间相互熟悉，邻里来往互惠互助也较多。因此，城乡家庭伦理文化应该互相融合，既不能有城市中心主义的价值取向，把城市和城市文化等同于先进，一味以城市的文化为导向，以城市和城市文化的价值衡量乡村和乡村文化建设，视乡村和乡村文化为落后愚昧的象征，认为乡村的一切文化建设都是为城市服务的；也不能有乡村至上式的乡村价值论，认为乡村的一切都有价值，乡村什么都好，一切传统的东西只有在乡村才能找到。一味地鼓吹乡村文化就是优秀传统文化的代名词，弘扬优秀传统文化就是弘扬乡村文化，这就把乡村和乡村文化过于美化和理想化了。建设现代乡村家庭伦理要弘扬的是优秀的乡村伦理文化，同时又要借鉴新的现代文明。因而要坚持城乡融合、传统和现代融合的文化价值取向。鉴于我们的主题是乡村家庭伦理建设，因而更多地是如何从城市文化建设中吸取经验教训，建设好乡村家庭伦理。因此，建构中国当代乡村家庭伦理时，既要借鉴城市家庭伦理建构经验，又要从乡村实际出发，符合乡村的实际情况，如要将乡村家庭落后的、不讲卫生的生活方式向文明健康科学的现代生活方式引导，必须建立在乡村的经济水平、文化水平等基础之上，需要全面与分批引导相结合，不能急功近利，走形式主义。

最后，汉族乡村家庭伦理与少数民族乡村家庭伦理也应该相互学习、借鉴与融合。在长期的生活与实践中，我国每个民族形成了各自独特的家庭伦理文化，但又在历史的进程中相互融合。少数民族的家庭伦理文化中融合了汉族的家庭伦理文化。例如，在中国西南地区生活着苗族、侗族、土家族、纳西族等少数民族，他们有着独特的婚姻观、子女观等家庭观念，有着“走婚”“哭嫁”等风俗习惯，但又受到汉族家庭文化的影响，他们十分重视家庭伦理道德等。汉族的家庭伦理文化也应该吸收少数民族的家庭伦理文化中的优秀成分，如婚恋中个人享有充分自由，家庭成员之间应该平等和相互尊重等。因此，在建构乡村现代家庭伦理时，既要尊重各民族的婚姻家庭习俗，又要注入现代积极向上向善的家庭伦理元素。

第四章

中国当代乡村家庭伦理建设的重点视域

近些年来乡村家庭离婚率上升，乡村孝道出现了让人忧虑的变化，家庭教育功能弱化，这些问题不但影响乡村家庭和谐以及社会风气，而且影响乡村人才培育和人力资源提升。为此，中央和各级地方政府都制定了关爱、服务和保障体系，从不同方面为乡村婚姻家庭功能的正常发挥提供支持。但是国家政策以及社会支持只能部分克服乡村家庭伦理践行中遇到的外部障碍，并不能真正激发乡村家庭伦理的造血重生。面对日益变化的外部世界，乡村家庭伦理只有丰富自身，汲取历史之源和现实之源的力量，建构起符合乡村家庭实际的伦理规则、价值追求和人格品质，才能有效应对日益复杂的生存和发展环境。

第一节
乡村婚姻伦理困境及其突破

近些年来乡村婚姻出现一些引人高度关注的现象，离婚率上升、临时夫妻、闪婚、高价彩礼、留守妇女，每个现象背后大都隐藏着乡村婚姻缔结、维系和解体过程中的两难冲突，如情感和责任、物质和精神、个人与家庭、伦理与法治。生活艰难，婚姻不易，在起起伏伏的生活浪潮中，人们既能看到乡村婚姻中夫妻相濡以沫，共同奋斗，又能看到生活重压之下艰难维持婚姻和家庭的悲苦以及婚姻解体之后的创痕。在网络媒体无孔不入的不婚、恐婚的个体叙事中，乡村男女和他们的婚姻到底该何去何从，传统婚姻伦理倡导的价值和原则还能在多大程度上给婚姻一个安全的港湾，如何应变才能保障婚姻稳定，这些问题都值得当代人们深思。

一、新中国成立以来乡村婚姻伦理的变化

乡村婚姻伦理的变化与社会发展演进的大背景紧密相连，社会制度影响乡村婚姻伦理演变的方向，乡村婚姻伦理的变化反过来也促进了社会相关制度的变革和完善。

（一）社会主义建设时期乡村婚姻伦理的变化

新中国成立到改革开放前夕，乡村婚姻伦理呈现新旧并存的局面，主要体现为以下几个方面：

一是男女平等、婚姻自由、一夫一妻等基本原则确立，并逐步在社会中占据主导地位。婚姻伦理的基本原则是婚姻中两性关系文明的体现，是处理婚姻关系的基本遵循。要打破封建专制婚姻制度，必须要废除封建婚姻伦理，建立符合新的社会制度的婚姻伦理关系。1950 年《中华人民共和国婚姻法》和 1954 年《中华人民共和国宪法》的颁布实施，为确立男女平等、婚姻自由、自主的权利，坚持一夫一妻制度提供了重要的法制保障。乡村男女青年有了反抗包办、买卖婚姻的底气，部分青年大胆追求自由的爱情和婚姻。而农业社会主义改造的完成，则进一步将女性从家庭的不平等中解放出来，女性婚姻自由、自主权和平等权利得到制度和经济保障。

二是爱情婚姻伦理中的政治性因素增强。新民主主义革命时期，在革命根据地和陕甘宁边区，婚姻自由、男女平等和一夫一妻的婚姻原则已经基本确立。新中国成立初期，封建婚姻制度在新解放区仍然存在，这对深受封建专制婚姻戕害的女性而言，不仅人格受到压抑和束缚，而且面临生命危险。据不完全统计，各地妇女因婚姻不能自主受家庭虐待而自杀、被杀的，中南区一年来有一万多人，山东省一年来有 1 245 人，苏北淮阴专区 9 个县在 1950 年 5 月到 8 月间有 119 人。① 为了维护广大妇女的合法权益，调动妇女在各方面建设的积极性，1950 年颁布的《中华人民共和国婚姻法》第 8 条规定：夫妻有互爱互敬、互相帮助、互相扶养、和睦团结、劳动生产、抚育子女，为家庭幸福和新社会

① 中共中央文献编辑委员会. 周恩来选集：下卷[M]. 北京：人民出版社，1984：56.

建设而共同奋斗的义务。这个条款不仅确立了夫妻的相互义务，还确立了为新社会建设奋斗的义务。革命群众纷纷响应中国共产党在家庭领域的新号召，追求婚姻自由自主，反对封建专制婚姻。此后，经过大规模的婚姻教育运动，新婚姻制度逐步确立。婚姻中的革命性因素逐步增强，这表现在军人成为年轻女性婚恋对象的首选。1951 年从朝鲜战场归来的作家魏巍写了一篇通讯《谁是最可爱的人》，发表在《人民日报》上，在全国上下引起极大反响。毛泽东阅后批示"印发全军"。文中志愿军战士体现出纯洁和高尚的品质、坚韧和刚强的意志、淳朴和谦逊的气质、美丽和宽广的胸怀，获得"最可爱的人"的称呼。军人的高大英雄形象，长期深受女性青睐，一直到改革开放前，嫁给军人，尤其是获得荣誉称号的军人是当时许多年轻女性的理想。除了军人之外，劳动模范和积极分子也是择偶中的香饽饽，他们身上突出体现的牺牲奉献精神尤为年轻姑娘所青睐。婚姻政治性的增强使得恋爱时"如何提高工作效率""如何争取工作上的进步"成为交流的主题和中心。如果一方只注意自我的情感、小我的价值，就会影响情感的发展。轰动一时的电影《朝阳沟》突出展示了当时婚恋价值导向即以社会主义建设为重，女主人公银环最终克服了爱情中的狭隘的自我利益，踏踏实实扎根于乡村的社会主义建设事业中。这一时期夫妻之间的关系主要是同志化的关系，夫妻生活就是同志间的协作，其生活的主题就是生产劳动，夫妻交流多是如何提高自己的思想政治觉悟和技能，帮助对方克服一些不符合生产建设要求的缺点，如一些资产阶级情调。如果说这时期的婚姻关系、夫妻感情，还带有革命浪漫主义的特点。而到了"文革"时期，这种浪漫主义的特点逐渐演化为政治主导性的婚姻关系，婚姻家庭中的政治色彩愈来愈浓厚，如在结婚证上有最高指示等宣传口号，家庭中的亲密关系和情感关系深受政治化倾向的影响。

三是传统婚姻伦理观念仍然根深蒂固。虽然新婚姻法确立了男女平等、一夫一妻、婚姻自由等基本原则，在结婚自由权利方面给予充足的保障，但是婚姻中的封建思想观念依然浓厚。家庭暴力、男尊女卑、女性的依赖倾向以及离婚可耻等观念依然具有强大的影响力。人民公社和农业集体化时期，新型家庭伦理"以政治中心主义取代了传统文化的道德中心主义，用政治权力控制了社会生活的所有领域，伦理精神受制于政治精神。"家庭不是按血缘伦理关系组织，而是按政治关系‘排列组合’”①。但是也有研究认为“集体化非但未能削弱传统乡村家庭伦理，相反，在某种意义上有着强化父系家庭作用的潜在趋势”。“年轻人特别是女性的婚姻自主权仍没有摆脱传统父家长权威束缚以及家庭经济逻辑的限制，家庭利益超越男女双方爱情成为婚姻方面首要考虑的因素。”②有学者认为关于农民家庭生活本身的各种形态及变化，无论吃穿住行、关系网络或是生死爱欲，国家的影响只是一个模糊的背景，难以从中捕捉到国家正面的身影。③ 由此可见，国家主义主导下的乡村家庭伦理的改造完善，更多地涉及方向性、原则性问题，而在日常的生活常态中，传统的婚姻家庭生活模式并没有明显的改变。

（二）改革开放后乡村婚姻伦理的变化

改革开放对乡村婚姻伦理的影响是全面而深刻的，从个体到家庭，从物质到精神，从一元到多元，从依赖到独立，它一方面加速封建伦理观念的解体，另一方面又以新的价值观念影响、左右人们的行为选择，使乡村婚姻呈现复杂的面貌。

1. 婚姻价值多元

传统社会里婚姻存在的价值与意义在于合两姓之好，上以事宗庙，下以继后世。家族的延续和发展优先于个人的幸福和发展，无论对男性还是对女性都是如此。个体的所有需要和追求都要有利于家族的利益和名誉，否则就会被认为悖逆伦理、无视尊长。而党的十一届三中全会后，随着 1980 年《中华人民共和国婚姻法》的修改，爱情在婚姻中的地位进一步巩固，婚姻中的个体性价值越来越被重视，爱情、情感需求、物质需求、个体的发展幸福等在不同程度上成为人们缔结婚姻的动机和需要。乡村社会人们对婚姻的追求呈现多样化的发展态势。婚姻价值的多元丰富了婚姻的内涵，提高了人们对婚姻的期望，但同时也增加了婚姻破裂的风险。

---

① 李桂梅．冲突与融合——中国传统家庭伦理的现代转向及现代价值［M］．长沙：中南大学出版社，2002：92.

② 张婷婷．新国家与旧家庭：集体化时期中国乡村家庭的改造［J］．华东理工大学学报（社会科学版），2014（3）：39-44，51.

③ 应星．农户、集体与国家——国家与农民关系的六十年变迁［M］．北京：中国社会科学出版社，2014：2.

2. 婚姻规范松动

诗人木心在《从前慢》中写道:从前的日色变得慢,车,马,邮件都慢,一生只够爱一个人。新中国成立之前乡村是个封闭社会,人员流动极慢,发展变化极少,缔结婚约也就意味寻到终身归宿,除非半路仳离,否则不会发生婚姻的意外变动。1950 年 5 月《中华人民共和国婚姻法》颁布实施之后,自由、平等的婚姻家庭制度代替了封建专制、包办的婚姻制度,人们在婚姻中的自由、自主权利得到了一定程度的保障。1978 年党的十一届三中全会后,改革开放打破乡村的封闭状态,乡村与城市的人员流通变得异常频繁,大规模的人员流动为异性交往和人们的婚姻选择提供了更多机会和条件。传统社会里夫妻守望相助、恩爱相加、和睦团结、忠诚互信的主客观环境都已经发生了变化。人们的婚姻价值追求、婚姻关系处理和婚姻维持的主客观要求都已经发生了新的变革,这些均增加了人们持守婚姻伦理规范的难度,而多元的婚姻价值追求则导致婚姻规范界限模糊,离婚、婚前性关系已经不再是困扰人们的道德问题。

3. 婚姻功能变化

婚姻是人们为了满足一定社会、家庭和个人特定需要而结合的形式。传统社会婚姻主要具有生育、经济、帮扶和教育等功能。这些功能体现了个体应该履行的社会责任,是以"他者"的眼光对婚姻个体的要求。而在改革开放后,婚姻对于个人的意义已经发生变化,婚姻的情感功能越来越重要,过去的凑合式婚姻已经难以维持婚姻家庭的正常功能,婚姻逐渐从"经济共同体"向"情感共同体"转变,"责任共同体"的协作意识降低,家庭的完整不再是婚姻维系的唯一考量,个体对生命的体验和幸福追求的权重增加。虽然乡村婚姻中家庭完整仍然是价值的第一选择,但是婚姻中个体意识和需求的增强迫使处于婚姻中的人们进行行为调整,否则他们就有可能面临家庭破裂的危险。

婚姻的这些变化,一方面显示乡村社会和人们面对外部世界变化所作的适应和调整,另一方面也说明乡村婚姻现代化是一个必然的选择,处于流动状态中的乡村社会已经不可能回到从前。

二、乡村婚姻三部曲中的伦理困境

有人说,在城市爱情是奢侈的,因为它稀少;在乡村婚姻是奢侈的,因为它贵。虽然这种说法有待商榷，但也揭示了乡村婚姻面临个体诉求和生存困境的价值偏好。从缔结、维系到离弃，乡村婚姻的每个阶段都充斥着这种令人压抑的价值算计和伦理旁落。

（一）乡村婚姻缔结的伦理困境

传统乡村社会，结婚既是个人的终身大事，又是家族的重大事件。《礼记》大同社会的一个重要标志就是“男有分，女有归”。敬天法祖的文化传承赋予结婚以宗教性的特点，它是子孙对祖先之神圣义务，“无后”不能让祖先神灵享受后世子孙绵绵不绝的香火祭祀，是对祖先的不孝行为，所以，结婚是个人和家族必须完成的大事。不仅社会舆论监督，国家也会对结婚进行一定程度的干预。《周礼・地官司徒》记载：“媒氏掌万民之判。凡男女自成名以上，皆书年月日名焉。令男三十而娶，女二十而嫁。凡娶判妻入子者，皆书之。中春之月，令会男女。于是时也，奔者不禁。若无故而不用令者，罚之。司男女之无夫家者而会之。凡嫁子娶妻，入币纯帛，无过五两。”①司媒掌管男女婚配，如果有不遵守嫁娶的命令，就要受罚。同时还组织单身男女相会，政府不仅为适龄男女青年牵线搭桥，失去配偶的也会给予撮合。《管子》记载：“凡国都皆有掌媒，丈夫无妻曰鳏，妇人无夫曰寡，取鳏寡而合和之，予田宅而家室之，三年然后事之。此之谓合独。”②后来的历代统治者在男女婚配上都有要求，唐太宗贞观元年(627年)“诏民男二十、女十五以上无夫家者，州县以礼聘娶；贫不能自行者，乡里富人及亲戚资送之；鳏夫六十、寡妇五十、妇人有子若守节者勿强”③。如果到了婚龄而不结婚，则会受到惩罚。除此之外对婚姻的聘礼也有所规定，甚至有些家族明确要求在娶妇、选婿时不能仅注重资财、名望、地位。当前社会，婚姻具有更多个体性的色彩，国家没有明文规定要求人们必须结婚，也没有设置专门机构对人进行婚配。结婚主要依靠个人和家庭的努力。在婚配资源不均衡的情况下，为了获得婚配资格，部分乡村出现了一些令人担忧的现象。

1. 过分重视物质因素

婚姻需要物质基础，重视物质保障无可厚非。但是近些年来，为了保障小

---

① 杨天宇. 周礼译注[M]. 上海：上海古籍出版社，2016：271-272.

② (唐)房玄龄注，(明)刘绩补注，刘晓艺校点. 管子[M]. 上海：上海古籍出版社，2015：366.

③ (宋)欧阳修，宋祁. 新唐书：第一册[M]. 北京：中华书局，1975：27.

家庭有更好的物质基础，在婚姻缔结的时候，高价彩礼成为结婚标配。全国不少乡村都曝光过天价彩礼现象，从贫困落后的西部乡村到东部沿海的富裕乡村，都看到过天价彩礼的影子。"万紫千红一片绿""一动不动"，这是当前中东部一些乡村彩礼的行情。随着城镇化的发展，逐渐兴起城里买房的趋势，部分县城房价水涨船高，大大增加了乡村男青年结婚的负担。虽然各地具体的数额不同，但是在经济相对落后的乡村，"结一门亲，穷一户人"的现象还是比比皆是。在笔者所在的家乡，当前男孩结婚娶妻到家至少要100万元，对于仅靠打工收入的乡村家庭来说，是相当大的一笔负担，所以就出现过头胎生出男孩，第二胎又生出男孩，结果孩子母亲就提出离婚，孩子丢给爷爷奶奶抚养的事例。天价彩礼对乡村家庭的影响，从伦理方面看，主要有以下方面：

第一，动摇了婚姻的情感基础。1950年《中华人民共和国婚姻法》确定婚姻自由原则。乡村青年自由恋爱结婚被接受，但父母仍在不同程度上影响子女婚姻。据20世纪80年代雷洁琼主持的婚姻家庭调查显示，在较为发达的上海郊区乡村和相对落后的湖北潢川地区，"本人作主，征得父母同意"的半自主婚和"父母作主，征得本人同意"半包办婚姻占主导地位。① 这样的婚姻缔结模式是传统与现代相结合的产物。毕竟，乡村社会婚姻缔结是两个家庭的事情，婚前婚后生活中的任何风吹草动都会影响两个家庭的声誉。所以，两个人因为自由恋爱结婚还是非常少，绝大多数婚姻都是经过上述缔结方式而成的。虽然这种婚姻缔结模式缺乏现代婚姻的浪漫，但却是乡村普遍接受的方式。对广大乡村青年而言，"过日子"仍是乡村婚姻生活的主题。生儿育女，为父母养老送终，这些都是个人必须完成的人生使命，男女爱情与其相比，则太过于轻飘，所以只要男女双方符合过"好日子"的要求，感情就可以慢慢培养。虽然乡村婚姻缺乏现代爱情的基础，但是男女双方及其家庭在相互接触的过程中，会因为彼此之间相互尊重、情义相加而产生永结同好的愿望。但是天价彩礼的出现导致相互尊重、重义轻利被遮蔽，物化了彼此之间的关系，为情感的进一步深化带来了障碍。

第二，加重了父子责任的失衡。传统社会父母帮助儿子成家立业是他们

---

① 雷洁琼主编. 改革以来中国农村婚姻家庭的新变化：转型期中国农村婚姻家庭的变迁[M]. 北京：北京大学出版社，1994：185.

最重要的责任，父母年老的时候，儿子赡养父母，保障父母颐养天年，通过这样的相互回馈形成了较为平衡的父子责任模式。但是随着工业化和城镇化的发展，这种平衡状态被打破。进入新世纪，随着乡村女孩数量减少，存在“一家有女百家求”的现象，不少乡村地区的彩礼价格步步攀高，从一些流行的顺口溜可见高价彩礼带来的沉重负担，如“儿子娶妻爹作难，倾家荡产全抖完，拉下饥荒能咋办？拼命干活把债还”。“父母围着工地转，提起儿媳心发颤，辛苦一年两三万，只够人家买耳环。”如果这样的婚姻能够持续长久，高价彩礼换来的婚姻也算值当。但是高价彩礼并不能保障婚姻的稳定，不少父母“婚后仍然把心悬，起早贪黑把活干；洗衣做饭带孩子，少了一样受埋怨”。父母对儿子成家立业的渴望，让不少乡村父母倾尽毕生积蓄和精力去换取儿子的新家庭。他们自身则过着非常节俭的生活。

第三，凸显部分乡村家庭人格培育的短板。随着我国工业化水平的提升和城镇化的开展，对人的现代化的素质要求越来越高。不管是城市还是乡村，如果人们不能接受现代化的思想观念，形成不了现代独立自主的人格，没有积极主动地适应意识，局限于“小富即安”的经济思维，迟早要被社会淘汰。当前部分乡村家庭能够激励孩子认真读书，掌握自己的命运，但是还有不少家长所受的教育水平低，对孩子教育的重要性认识不够，也无法达到现代父母的教育素质。他们注重从劳作中谋生活，却忽视孩子各方面素质能力的提升和良好习惯的培养，结果导致孩子进入社会之后，在社会竞争中缺乏优势。这样培养出来的孩子，婚前没有能力独立成家，婚后也没有足够的知识和能力让自己的后代过上较好的生活，始终依靠父母的帮衬，加重了父母的生活负担。同时这样的孩子成为父母后，他们为下一代提供家庭教育的能力存在明显的不足，缺乏保障婚后生活自足的能力和独立自主的人格品质，难以言传身教，引导孩子去追求更美好的生活。

2. 性别失衡

据《中国统计年鉴 2022》年的统计数据，0—24 岁的男女性别比例严重失调，其中 5—19 岁的男女性别比例高达 116. 17 左右，20—24 的男女比例达到 113. 2。[①] 20—24 岁正是当前乡村青年男女婚配的黄金期，从当前婚配情况

① 国家统计局. 中国统计年鉴 2022［M］. 北京：中国统计出版社，2022：37.

看，女孩少是当前中国绝大多数乡村婚配面临的普遍问题。随着“00后”进入婚恋时期，一段时期的男女比例失衡将会加剧，乡村男青年婚配将会面临更加严峻的情况，男女婚配性别比例不平衡，将不会在短期内消失，这必将导致大量失婚群体的产生，对个体家庭产生不良影响。

第一，个体和家庭的意义迷失。结婚生子是终身大事，是传承几千年的人生终极价值。无论是个人还是家庭都将之视为人生必须要完成的使命，传统文化强调传宗接代，现实的社会生活和舆论依然看重血脉的传承。在很多乡村人的观念中，结婚是人生的必然选择。安康市乡村未遭受婚姻挤压的大龄男性80%以上都认为男女应该结婚，而遭受过婚姻挤压的乡村大龄男性对此的观点认同达到90%以上。① 乡村社会中如果谁家的儿子娶不上媳妇，谁在村中就没有底气，愧疚、自责和遗憾将会伴随父母与孩子余生。

第二，家庭发展风险增大。乡村大龄未婚青年没能走进婚姻，既有个人层面，又有家庭和社会层面多层次因素的影响。个人层面包括身体状况、择偶观念、能力、性格等方面，家庭层面包括家庭经济条件、社会地位等，社会层面包括所处的村庄条件以及区域婚姻支付尺度等。从现实看，乡村大龄青年未婚的个人因素有能力低、没有技术、内向不会说话、品德个性社会评价不好、身体条件差等，家庭因素包括家庭贫困、多子家庭、家庭劳动力缺乏、父母等有疾患、家庭社会评价不好，社会因素包括所处村庄偏远、自然资源和社会资源差、区域婚姻支付要求高。总的来看，乡村未婚大龄青年无论是个人发展还是家庭发展都面临较大的风险，体现为家庭内部功能缺失而难以满足家庭成员在生理、心理、发展和自我实现等方面的需求。未婚状态会导致他们个人自我认知、自我激励、社会评价等处于相对负面的阶段，其个人发展和应承担的家庭责任势必会受到影响。

3. 闪婚隐忧

近些年来，乡村青年外出打工，只有在过年的时候，他们才会回来，这时期也是乡村青年最好的相亲期和结婚期。这些在城市打工的乡村青年，不可避免地会受一些城市婚恋观念的影响，憧憬美丽的爱情，但是回到乡村又要低到

① 张群林，伊莎贝尔·阿塔尼. 婚姻挤压下农村大龄男性的婚姻观念与婚姻策略[J]. 人口与发展，2019(4)：106-116，93.

尘埃，面临一次又一次相亲的审视，他们的人格尊严经受着严峻考验。从当前的相亲情况看，一些外在的东西成为相亲的必需条件，比如淮北地方的乡村，男方必须有车子和房子，否则媒人不会到男方家提亲，经济基础差的男青年连相亲的机会都没有。有了相亲的物质基础，个人的外在条件和内在条件又要面临考查，比如身高的问题，男性身高为 1.7 米以下，相亲的机会也会大打折扣，很多女孩听到男孩身高 1.7 米以下，与男孩见面的机会都不给。即使见过面，男孩的形象和待人接物又是另一考验，如不爱说话、拘谨、见面不知道与人寒暄的男孩通常相亲成功的机会也不多。不过，如果男孩家里经济条件好，对女孩态度诚恳，就可以在经济上弥补，男孩外在形象差一点也没关系。如果双方都同意，男方向女方定下 6 万元—8 万元礼金，双方见面后，去县城为女孩买些衣服，如果双方意愿比较统一，婚礼就会在较短的时间内举行。整个过程从相亲见面到结婚 20 天左右可以搞定。目前这种闪婚成为不少乡村的普遍现象。也有学者预测，在最近几十年的时间，闪婚、闪离在各地乡村都将呈现上升态势。① 从当前的现实情况看，闪婚注重婚姻的形式，忽略婚姻缔结的情感基础的维护和彼此之间是否情意相投的慎重，可能为婚姻的幸福美满带来不稳定因素。

爱情是具有独立人格的两个人相互爱慕、欣赏而形成的深刻心理和情感联系。而乡村青年在相亲中，双方或许会产生好感，但距离爱情还有一定的距离。在这方面，乡村青年的婚恋生活依然没有摆脱传统社会“过日子”的生活状态。陈辉指出：“过日子的本质就是家庭生活的实现和再生产。”②其中包括两个方面的内容：第一要有家，即有自己的家庭，有在世的意义和责任；第二有家业。在北方的不少乡村还会经常听到对某个人这样的评价“不过日子”，所谓的“不过日子”就是好吃懒做，有赌博酗酒等恶习，不懂持家之道。男主外，女主内，夫妻共同维护好家庭的和谐、稳定和发展，这就是过日子的体现。传统社会依靠强大的舆论力量，两个人搭伴过日子，即使婚前没有感情基础，但是还有伦理责任在，也可以顺顺当当过一辈子。而“闪婚”首先明确的是两

① 王会，欧阳静．“闪婚闪离”：打工经济背景下的农村婚姻变革——基于多省农村调研的讨论[J]．中国青年研究，2012(1)：56-61.

② 陈辉．“过日子”与农民的生活逻辑——基于陕西关中 Z 村的考察[J]．民俗研究，2011(4)：260-270.

个人的物质关系和法律关系，最终能不能形成相互协作、相互帮助、和睦友爱的夫妻和家庭伦理关系，还有待彼此的适应和磨合。

（二）乡村婚姻维系的现实困境

现在乡村中结婚难，维持婚姻也难，保障高质量的婚姻更难。归因有三。

一是理想与现实的矛盾。改革开放打开了乡村的大门，人员和信息的流动越来越频繁，乡村和城镇的空间差异越来越小，而信息技术的发展为各种思想观念的传播带来无差异的平台，城乡之间的思想观念界限也在逐渐消失。这反映在婚姻中就是乡村男女青年对婚姻的期望越来越趋向独立、自主、自由美好，但是乡村青年的素质能力以及他们所从事的养家糊口的工作，难以支撑他们对婚姻的美好期望。沉重的生活压力，相互攀比中带来的心情失落和挫败感，夫妻之间日渐稀少的沟通和交流，夫妻双方在婚姻协作模式、生活追求上存在的价值冲突，两个人应对生活的不同思维方式，夫妻双方劳作闲暇时的线上线下社会交往，任何一个都可以挫败乡村的婚姻和家庭。乡村青年大多受教育水平较低，对婚姻价值等较为深刻的问题，思考较少或不太全面，大多是道听途说或者受周围环境影响，没有形成独立的价值观念，这使得他们在婚后的行为选择中容易受周围环境条件和不良思想观念影响，而做出一些出格行为。

二是新旧婚姻观念的冲突。传统社会里，婚姻被加上层层“保险”，家族、舆论、社会环境对离婚不宽容，又倡导从一而终的婚姻观念，所以婚姻具有长久的稳定性，不需要花费太多的精力和时间经营，双方没有婚姻经营的意识和能力，照样可以保持婚姻的稳定。而建立在爱情基础上的婚姻，感情高于伦理，个人对婚姻的追求和在婚姻生活中的感受成了婚姻成败的关键因素，这意味着需要花费更多的时间和精力维系爱情婚姻，需要两个人持续不断地成长。社会环境的急剧变化，人们接触的群体也在不断变化，婚姻在不同阶段的需求也不一样，如果夫妻不能紧随环境条件的变化调整和完善自己，婚姻就可能“搁浅”。霭理士曾指出，婚姻就是一种造诣的历程，一个需要不断努力的历程。在愉悦浪漫的恋爱和婚姻之后，是较为艰难地两个人相互融合成长的过程，是让婚姻家庭冲破各种障碍不断获得新生的过程。当前不少乡村青年对婚姻还没有形成正确的认知，在婚姻中还没有形成正确的关系处理意识。这使得乡村青年在维系婚姻时，一方面因为缺乏婚姻经营意识，导致夫妻感情难以在生活的磨砺中更加坚固，容易受社会不良风气影响，出现婚姻失范。另一方面，家庭责任感淡化，注重个人需求满足，忽视应承担的婚姻家庭责任。

三是婚姻维系的内外支持不足。国内外的研究已经证实，社会支持与婚姻满意度呈正相关。良好的社会支持可以有效缓解婚姻中产生的矛盾和冲突。但是随着乡村社会流动性的加强、社会交往减少以及自我意识的增强，乡村婚姻的社会支持亟待重新确立。婚姻领域的社会支持主要来源于三个方面：配偶、家庭成员、亲属和邻里在内的姻缘、血缘和地缘关系；因个人生活轨迹变化产生的朋友和同事关系；政府部门、社会组织和社会制度。夫妻关系和谐，互爱互助，是主要的社会支持关系，而其他的社会支持处于次要地位。当夫妻关系出现危机时，其他的社会支持则在很大程度上影响夫妻关系的改善。现在的乡村一旦夫妻产生影响婚姻持续的危机，就很难获得正向的社会支持。第一，从血缘和邻里关系看。传统社会认为，嫁出去的女儿、泼出去的水，如果女儿在夫家受到不公正的待遇回到娘家，娘家父母和兄弟会千方百计地劝和平息夫妻或者婆媳之间的矛盾，夫家如果理亏，也会主动找台阶缓和双方矛盾，彼此之间都存在妥协的可能。而当前乡村，虽然婚姻仍然事关两个家庭，但是一旦发生矛盾，各家都非常在意自家人所受的委屈而指责对方，很少为对方家庭着想。并且，当前婚姻能否和好，关键还在于夫妻双方，即使父母、兄弟姐妹也不能最终决定，所以能得到的帮助实际上微乎其微。从邻里关系看，邻里关系的密切交往大大减少，随着人们对个人私密性的重视，彼此串门聊天几乎成了过去式。“家丑不可外扬”的观念一方面阻止求助人，向外人诉说婚姻中的矛盾，另一方面，邻里也不便打听别人夫妻之间的事。即使是同一家族内部，谁家夫妻出现问题，如果没有宣扬出来，其他家族成员就当作没听说，不知道。所以，来自这一方面的社会支持，很难发挥正向的影响。第二，从朋友和同事关系看。当前乡村婚姻模式中，绝大多数仍是“从夫居”模式，对于广大已婚女性来说，她们的社会资源主要还是通过男性社会资源建立起来的，女性即使能建立起自己的社会资源，但同男性家属之间还是有千丝万缕联系，这就决定乡村女性在这一方面的社会资源不足。即使有朋友和同事关系，他们也大多充当安慰者的角色，很难深入进行调解。第三，从政府、社会组织和制度政策看。夫妻之间的矛盾除非是严重家庭暴力会引起村委、警察或者妇联组织注意，一般情况下还是多限于家庭内部解决，矛盾双方大多不会主动寻求公共部门和社会组织的协调帮助。

（三）乡村婚姻离异的责任困境

现代社会人人都有追求自由和幸福的权利，这是法律赋予个人的正当权利，其他人和社会组织不得干涉。婚姻自由不仅受法律的保护，也受道德的制约。如果离婚可以让自身和孩子有一个更加和谐健康的生活环境，离婚自然是无可厚非。但是当个人的自由和幸福与孩子的健康发展存在一定冲突，如何选择却是一个艰难的伦理问题。离婚自由可以解除夫妻之间法定的伦理责任和义务，但是离婚后如何处理好孩子的问题，履行抚育孩子的职责，许多离异夫妻却并未真正思考过。从乡村传统习惯来看，夫妻离婚后，如果是一个孩子，通常就留在夫家；如果一男一女，女方就会带走一个。而从已有的一些调查来看，在一些乡村离婚案例中，孩子绝大部分归于男方。对此，有学者认为，离婚权利的行使固然是女性行使婚姻自主权的体现，但也存在曲解之处，即“妇女以离婚为表征的婚姻主导权并没有相应的义务体系与之相匹配，妇女丧失了‘过日子’的耐心，对物质与情感的追求压倒了妇女原有的家庭责任伦理”[①]。据对湘西苗族青年婚姻变迁的调查显示，流动背景下越是用高额彩礼支出换取的婚姻，越容易受外界不良因素影响。女性离婚占主导地位，并且大多数女方不要求孩子的抚养权，离婚后女方摆脱孩子的抚养责任，孩子由爷爷奶奶抚养。[②] 本来离婚权利的设置是为了保障夫妻在婚姻家庭中的合法权益，可在现实中权利的行使导致家庭伦理责任的离场。2015 年国内多家新闻媒体曾曝光湖南邵阳的一个“无妈乡”。该乡因为 100 多个妇女“抛夫弃子”使得 131 个孩子没有妈妈。到 2015 年 8 月《南风窗》记者去调查时，除了一些失母儿童被带走领养，黄荆乡仍有“失母儿童”123 人，其中母亲离家出走的 53 人，

---

① 李永萍，杜鹏．婚变：农村妇女婚姻主导权与家庭转型——关中 J 村离婚调查[J]．中国青年研究，2016(5)：86-92．

② 石金群．流动背景下少数民族青年婚姻变迁——以湘西苗族为例[J]．中国青年研究，2019(1)：70-77．

父母离异的51人，母亲死亡的10人，父母双亡的2人，父故母改嫁的7人。[①] 对于此现象，人们普遍把根源归结为贫穷，穷是罪魁祸首，母爱的本能被贫困击溃、被经济大潮淹没。当一些女性连自身的生存命运都不能把握的时候，面对令人绝望的现实困境，可能只有一走了之才是她们最好的选择。自身可以免于现实的绝望，但对幼年的孩子来说很不公平。在“务工潮”的影响之下，离异家庭的妈妈离开已不属于自己的村庄，爸爸会继续外出打工赚钱，孩子留给爷爷奶奶，他们能长成什么样全在于自己。离异家庭的这种亲子伦理关系对孩子的影响是终生的。他们很难从家庭中获得将来自信面对社会的认知、能力、情感、态度和习惯。

当前社会解除婚姻相对容易，但是解除之后如何履行作为父母的责任，许多乡村父母并没有在行动上做好准备。尤其男女双方再婚之后，对子女的关爱可能更会少一点。在这种情况下，离婚自由或多或少是以对孩子的伤害为代价的。婚姻伦理与亲子伦理如何协调，则需要父母和社会协同解决。

三、提升乡村婚姻伦理的实践构想

男女平等、一夫一妻、婚姻自由是新中国成立以来我国婚姻家庭领域倡导并着力保障的原则。经过70多年的发展，这些原则在乡村家庭领域得到了高度的认同，人们对婚姻问题的基本原则已经形成共识。但是从更微观的领域来看，比如在权利与义务、物质与精神、情感与理性等方面，乡村婚姻还面临来自个体、家庭和社会的诸多挑战，这些都使得乡村婚姻缺乏足够的理性、温情和力量面对家庭发展、子女教育和老人赡养等问题。社会的急剧变化，社会生产方式的变革，家庭结构和功能的变迁，个体的内在素质和行为要求的提高，这一切都从不同方面对婚姻的缔结、维系和解除产生冲击和影响。要保障乡村婚姻伦理得以践行彰显，需要做好以下工作。

（一）弘扬传统优秀婚姻伦理文化

注重婚礼的伦理内涵。婚礼在传统中国具有极其重要的价值和意义。它

① 韦星.“无妈乡”的女人们为什么逃离[J].南风窗，2015(18)：58-61.

不仅是中国礼仪文化的重要组成部分，还蕴含传统倡导的伦理价值诉求，关乎人生、家庭和国家的繁荣和发展，轻慢不得。《礼记》要求要“敬慎重正”，因为“敬慎重正”才会“亲之”而成男女之别，夫妇之义，父子有亲，君臣有正。“昏礼者，礼之本也”①。婚礼是天地法则在人事上的体现，天地合则万物兴，男女合则家族兴。所以“夫昏礼，万世之始也”②。由此可见，婚礼的重要性在于通过仪式传达出婚姻的要求和本质，男女双方及其家族都应遵守婚姻蕴含的礼义要求。当前乡村的婚礼虽然依然延续传统婚礼中的一些仪式和风俗，但是婚礼中蕴含的人伦规则和要求却逐渐淡化，婚礼的味道变淡了，物质追求超越人伦之情，为婚姻带来潜在风险。注重婚礼的内涵就是营造具有时代特色的婚礼氛围，在婚礼的形式和内容上进行创造性转化和创新性发展，形成既具传统和现代特色、又蕴含优秀婚姻伦理精神的婚礼样态。在形式和内容上，它一方面切合现代人的思想观念和行为方式，另一方面又要彰显现代婚礼蕴含的价值诉求和期望。在婚礼的仪式表达中，它强调夫妻一体、对婚姻家庭的责任、承诺以及夫妻相互理解支持、和谐互助的道德风尚。当前乡村部分地方的婚礼又有向传统回归的动向，需要借此机会对婚礼内容进行新的诠释，形成新的婚俗文化，消解婚礼中对物质的过分关注。

传承优秀的家庭嫁娶观。传统社会个体虽然没有选择婚配的权利，由父母决定嫁娶对象的选择，但是其中也有合理的成分。由于婚姻是合两姓之好，好的婚姻会让双方家族融洽和睦，相互帮扶，而不好的婚姻则会让家族蒙羞。所以古人在娶妻或嫁女的过程中，除了考虑门当户对，还会考虑对方家族声誉以及所选之人的行为品质。这在众多名人家训中都有强调。宋代袁采在家训中告诫子孙在择妇择婿时要考虑自己子女如何，要注意彼此容貌品行上相称，否则父母就要为儿女不和睦的婚姻家庭承担审察失职的责任。明代许云邨教育子孙议定婚姻的时候要考察女婿、媳妇童年时候的性行，从他们的家法中观察其人品，从其父母、兄弟的性格预测其个性；不与那些受过刑的、有残疾的、乱党逆党、势要富豪、世代有恶疾的家族议婚。清代廉臣于成龙在《治家规范》中告诫子孙，结亲要门当户对，不要高攀，认真慎重选取女婿儿媳，不要轻易结

---

① 杨天宇. 礼记译注：下[M]. 上海：上海古籍出版社，2004：817.
② 杨天宇. 礼记译注：上[M]. 上海：上海古籍出版社，2004：322.

亲，至于聘礼嫁妆，根据实际情况给予，不可超出家庭支付能力，伤了家庭元气。《朱子家训》劝告嫁女择佳婿，勿索重聘；娶妇求淑女，勿计重奁。王夫之在《传家十四戒》中告诫子孙“勿嫁女受财”“勿与胥吏为婚姻”。清代蒋伊要求嫁娶时不能图慕眼前势利，女婿要考察其品行，媳妇要看其父母的品德肚量，议定之后，不能因为贫贱患难悔婚。可见，传统社会知书懂礼的家庭都比较注重考察婿妇的品行及其家族家法，不注重对方财富多少，是否是富贵人家。其中虽然有不合理成分，但是重人品不重财的取向却是当前乡村青年缔结婚姻时需要大力借鉴的。

重视婚姻伦理规范和责任教育。传统社会非常重视夫妻之间的伦理职责和规范教育。夫妻恩爱相加、互爱互助是一个家庭兴旺繁荣的好气象，也是家人福气的展现。为了保障子女成家之后能够家庭和睦，许多家族从小就开始对子孙进行婚姻规范和责任教育。主要内容如下：第一，夫妇相处要符合礼节规范。夫主妻从，二者都要具有相应的品行。丈夫要贤明有德，重情重义，友善对待家人和朋友，妻子要明德达理，遵守礼节规范，否则夫妻之间就难以形成亲密的合作关系。夫妻之间情义相加，恩爱相因，才会琴瑟和鸣，白头到老，若动辄打骂呵斥，就会败坏夫妻情义，导致夫妻之间恩断义绝，各归东西。因此夫妇产生口角和矛盾的时候，夫妻双方都要有所节制，避免厉声呵斥辱骂，暴力攻击，以维护夫妻之间的恩义。丈夫作为家里的主人，不能偏听偏信妻子之言，而导致兄弟妯娌失和。妻子不能言语挑拨家人之间的关系，离间父子之义、兄弟之情。第二，夫妇之间要相互敬重。夫妻之间举案齐眉、相敬如宾是夫妻敬重恩爱的典范，也是众多家训中倡导的美德。明代姚舜牧在《药言》中告诫子孙不能背弃自己的结发妻子，即使是妻子已亡，考虑她与自己曾经共同患难，不能享受现在的荣华富贵，要更加照顾亡妻留下的孩子，不能因为再娶而厚此薄彼。明代被称为“义门郑氏”的家训中要求娶妇要以延续家族香火、孝顺父母为重。凡是有妻子的，不能设立侧室，败坏上下之分，违者要受到责罚。过了40岁无子，可以设立一个侧室，但是要明确其与正室的区别，要注意保持妻子在家中的身份地位，不得随意改变，遵守妻妾之则。清代蒋伊告诫子孙要敬重妻子，要注重妻子品德，追求夫妻白头偕老，这是家族吉祥的体现，尤其对于结发妻子更应如此。第三，夫妻责任明确。丈夫为人子要尽孝，传承家庭香火，谋取生存之业，教育子孙，同时还需要帮助妻子尽快熟悉家庭规范。义门郑氏要求诸妇初来，半年内要熟悉家规大致要求，半年内不熟悉，要责罚其丈夫。妻子要操持好家务，孝敬公婆。传统社会对夫妻伦理规范高度重视，虽然有些内容已经不适合当前的夫妻规范要求，但是对夫妻伦责的明确要求，对保障婚姻各种功能的正常发挥，解决当前乡村婚姻伦理中出现的问题，仍然具有借鉴意义。

（二）提高乡村青年的婚姻伦理能力

伦理是客观的普遍规则，能力则是主体关照、认识把握客体的程度或效果。伦理能力意味着主观和客观、主体和客体结合的程度，是实践主体认知、认同和践行伦理规则之能力。传统社会将人视为伦域之中的人，任何人都不能脱离伦域的规则，所以践行伦理规则和规范是人必须具备的能力，也是获得社会认可的基本手段。但随着社会变迁以及对传统文化的激进批判，伦域规则不再是人们判定社会关系的主导规则，原子式的个体成为人们行为的基本考量，“现代人似乎已然忘却作为‘伦理普遍物’之内在本质，伦理能力几乎丧失殆尽”①。传统社会里，婚姻作为连接过去和未来的伦理实体，其重要性自然不言而喻，人们对待婚姻的态度和观念是敬慎重正。而在当前乡村社会，一方面婚姻的神圣性几乎荡然无存，对祖先的缅怀敬重仅具有形式意义，另一方面婚姻的个体性增强，它是两性基于爱的结合，或者基于“男大当婚，女大当嫁”的社会和生理需要的结合，人们对伦理规则持守的观念、态度和能力都有很大的变化，在这种情况下，巩固乡村青年的婚姻伦理能力的必要性大大增强。

1. 提高婚姻伦理认知能力

婚姻的本质是伦理关系，中外学者对此都有相近的观点言论。在中国经典文集里，婚姻存在的价值和意义就体现于伦理之中，男女两性的结合是天道运行的人间体现，男女都逃脱不了这项伦理之责，都需要在这种伦理中完成命定的责任。在西方，黑格尔是典型代表。黑格尔认为伦理是单一物和普遍物的统一，是超越于个体的任意性而形成统一性的实体。黑格尔赋予婚姻以伦

① 卞桂平. 略论“伦理能力”：意涵、问题与培育[J]. 河南师范大学学报（哲学社会科学版），2016(1)：109-114.

理本质，让夫妻双方的个体性服从于婚姻伦理实体的普遍性，从普遍性中确证夫妻恩爱信任的关系以及个体存在的伦理统一性。简单地说，不管是父母安排抑或相互爱慕缔结的婚姻，只要自己自愿与之缔结婚姻关系，就负有婚姻的伦理义务，就需要意识到自己组建家庭的使命，以爱获得家庭成员之间的恩爱、信任。黑格尔通过这种方式扫除婚姻中的个体性因素，将婚姻变成伦理的客观要求，“婚姻是具有法的意义的伦理性的爱，这样就可以消除爱中一切倏忽即逝的、反复无常的和赤裸裸主观的因素”①。在这里，黑格尔利用伦理的统一性和法的普遍性，为婚姻加上了双重保险。虽然可以离婚，但不能听凭任性决定，而需要通过伦理性的权威教堂或法院，并且他强调立法中尽量使离婚变得难以实现，以反对任性离婚。对于基于爱而缔结的婚姻，黑格尔认为，夫妇之间的爱不是维护婚姻关系的客观决定，而是在于责任。这种责任是通过孩子身上凝聚的父母之爱体现出来的，因为爱孩子，所以父母恩爱，相互信任，这样夫妻之间的爱就是伦理性的爱。这种爱就不是任性的，它能保障夫妻行为上的伦理特性，婚姻因此获得了精神的力量。马克思汲取了黑格尔思想中的积极部分，他认为进入婚姻的人都应当服从婚姻的伦理本质，并指出：“婚姻不能听从结婚者的任性，相反，结婚者的任性应该服从婚姻。谁任意地使婚姻破裂，那他就是声称，任性、非法行为就是婚姻法”②。而立法者也应当以保护婚姻伦理关系的生命视为自己的义务。这些强调婚姻伦理本质的思想观念，对当前一部分视结婚、离婚为个人权利，随意对待结婚离婚的人们来说，具有重要的启发意义。结婚和离婚是权利，但也附有相应的义务责任，两者不可偏废。

婚姻的本质属性决定进入婚姻的人们，必须遵守相关的道德规范。相互忠诚、相亲相爱、互相扶持、相互理解是婚姻本身具有的道德要求，也是进入婚姻就应当具备的伦理认识。选择缔结婚姻意味两个没有任何血缘亲情的异性个体要同心结体，共同面对今后人生的风风雨雨，相互扶持，不离不弃，这是对爱的承诺，也是对生命的承诺，更是对家庭幸福和睦的承诺。而在乡村社会中，有人认为婚姻就是夫妻搭伙过日子，合得来就过，合不来就散伙；有人认为

---

① ［德］黑格尔．法哲学原理［M］．范扬，张企泰，译．北京：商务印书馆，1961：177．

② 马克思恩格斯全集：第1卷［M］．北京：人民出版社，1995：347．

婚姻是基于爱的结合，不爱了分开也是正常。也有人认为子女的婚姻是否幸福是他们自己的事，自己管不了，也决定不了。这些片面的观念不仅影响了人们对婚姻应该具有的敬重态度，也影响年轻一代对婚姻的正常认知。要引导乡村青年端正对婚姻应具有的敬重态度，履行对伴侣、孩子和家庭幸福的承诺。一旦选择婚姻之后，个人有责任义务正确解决婚姻产生的问题，而不能以个人的无知、任性或者无边界的自由践踏婚姻的伦理要求。

2. 培养婚姻伦理判断和选择能力

婚姻作为伦理实体，意味着进入婚姻的人需要明确哪些言行对维护健康的婚姻关系具有杀伤力，明善恶荣辱，辨是非黑白，自觉抵制不良婚恋观念。乡村青年需要在这些方面加强培养。第一，形成正确的婚姻家庭价值观。价值是所有关系的灵魂，它关涉所有关系形成稳定的意义所在，婚姻家庭具有什么样的价值，在现代人的头脑中实际上千差万别。在乡村，婚姻家庭的价值既受传统思想观念的影响，又受市场化、城镇化和信息化的影响，现实的条件决定人们在嫁娶时，不得不考虑多方面的因素。因而人们对婚姻家庭的价值诉求呈现多元化的倾向。当前乡村社会婚姻家庭价值取向上存在不良倾向：一是重物质、轻个人。有人认为，现在结婚就是与钱结婚，如果没有钱，没有车子，没有房子，结婚是不可能的，此番认知确实在一定程度上体现了乡村婚姻缔结时的不正常现象。个子矮，不爱说话，家庭负担重，经济条件不好等都是乡村结婚条件的硬伤。一些乡村青年即使相对优秀，但因为有这些“硬伤”，也可能成为婚姻“困难户”。二是重结果，轻过程。在乡村，帮助儿子成家是父辈此生最重要的目标追求，儿子没有结婚会受乡村社会舆论的指指点点。所以为了保证子辈能够结婚，父辈们会竭尽全力助子辈获取婚配的资格。一旦选定目标之后，就会尽快迎娶回家，免得夜长梦多。如果暂时不生孩子，年轻小夫妻一起打工还可以更快积累小家庭的财富。这样的思想观念让一些乡村青年相亲满意之后选择尽快结婚，没有更多时间相互了解、培养感情，导致婚后可能会出现无法调和的矛盾。婚姻是终身大事，需要慎重，不能为了贪图一时的便利，而忽略应有的环节。除此之外，还要树立现代婚姻规范意识。俗话说，没有规矩，不成方圆，婚姻有自身的道德和法律规范要求，尤其是夫妻之间的道德和法律规范是维护婚姻长久稳定的基本行为要求。遵守婚姻规范，是对婚姻和伴侣的最起码的尊重。2021 年 1 月起开始实施的《中华人民共和国民法典》是我国婚姻家庭领域最基本的规范，它对婚姻家庭中人与人之间的伦理道德关系、责任义务以及建设什么样的家庭做出了明确的规定。当代乡村青年需要认识现代婚姻家庭的行为规范及其重要性，树立规范意识，自觉抵制不良思想观念对婚姻的侵蚀。第二，增强自主婚恋决策能力。婚恋决策能力是当事人根据自身的条件、对未来伴侣和家庭的生活要求以及自身发展方向而做出的理性选择能力。而在乡村社会中，尤其是一些集中相亲的群体中，模样、身高、善不善于与人沟通、从事何种职业是最直观的印象，一旦双方确定关系，就会打听彼此家庭情况，如果家庭风评较好，又无太多负担，也没有家族遗传病，基本上婚事就可以确定下来。在这样的一套程序中，不管是被选的还是选择的，双方实际上都很难有自主的要求，也不清楚双方在婚姻观念上能否合拍。增强自主婚恋决策能力意味进入婚恋期的年轻人能够明白自身需要什么样的伴侣，在相亲考察的时候能够多从发展的视角选择更适合自身的，而不是注重外在的形象、家庭背景等因素。第三，培养善于学习和借鉴的能力。婚姻是一场修行，走进婚姻的人不可能再一劳永逸地享受传统婚姻带来的安全感。如何维护自己的婚姻健康，需要夫妻双方在生活中共同学习、借鉴、体悟和成长。乡村青年大多知识文化水平不高，自我完善和成长具有一定的困难，很难会因对方的期望而改变。一旦有些不良习惯为对方不满，这种不满就会因为生活积累而逐渐加剧。乡村青年需要在生活中借助于移动媒体，学习维持幸福婚姻家庭关系的知识和技巧，总结经验，不断提升处理婚姻家庭关系的能力，更好维护婚姻家庭和谐美满。

3. 增强婚姻伦理践行的持守能力

乡村婚姻伦理中出现的问题，既与乡村青年自身发展的素质能力以及乡村家庭经济状况有关，又与人的价值追求、处理婚姻关系的能力和技巧有关。要提高婚姻伦理践行能力，必须从以下方面着手：

第一，进一步落实乡村青年教育就业的政策制度，奠定持守的经济基础。经济基础是婚姻关系和谐必要的保障，没有相对丰裕、稳定的经济收入作保障，夫妻很容易因为经济问题产生裂痕。绝大多数乡村青年存在不同程度的竞争劣势，他们底子薄，基础欠缺，生存发展的环境有待改善，在激烈的升学就业竞争中存在明显不足。而有了擅长的专业技能，乡村青年不仅具备事业的基础，他们的家庭更稳定，他们的婚姻关系也更牢固。为了保障乡村初高中未升学学生、退役军人、返乡农民工等接受中等职业教育，2019 年 1 月印发的《国家职业教育改革实施方案》指出，要积极招收初高中未升学学生、退役军人、退役运动员、下岗职工、返乡农民工等接受中等职业教育，这为底子比较薄的乡村青少年架起了发展之桥。2022 年 5 月 1 日开始实施的《中华人民共和国职业教育法》则对选择职业教育的青少年提供了更多的发展平台。在职业教育越来越受重视的现在，需要社会大力宣传职业教育的重要性、可行性，激励一些孩子选择职业教育，提高职业教育学生的社会保障，纠正家长上中专学校、技师学院“没用”“很差”的观念，鼓励和引导部分青少年选择进入中等职业学校学习，获得一技之能，再图发展，为他们今后的婚恋提供发展保障。

第二，加强乡村家庭的角色教育，强化持守的角色认同。家庭中父母和孩子是浑然不可分割的整体，缺失任何一个方面，都是家庭幸福难以弥补的缺憾。父母是家庭幸福的创造者、保障者和主导者，孩子是家庭幸福的见证者、参与者和推动者。家庭中所有成员均需要有和衷共济的决心和毅力，通过自己辛勤的劳动，为家庭幸福添砖加瓦。家庭是美德培育的土壤，良好的家庭德育环境和观念奠定孩子一生的品德基础。父母是孩子的第一任老师，父母对自身角色的正确认知对孩子今后在婚姻家庭中的角色扮演具有决定性的影响。如果父母能正确对待婚姻中的夫妻角色、亲子角色，在生活中夫妻恩爱、相互理解和支持，互相激励成长，能理性对待夫妻双方的矛盾分歧，则会为孩子树立起良好的行为模范，在亲子关系当中也是如此。所以父母要杜绝一切粗鲁、任性、冲动的行为，为孩子树立起有担当有作为的形象。

第三，增强婚姻经营的意识和能力，激发持守的精神力量。伦理关系实质上也是一种情感关系，没有情感，伦理规则就变成了枯燥乏味的文字规范，婚姻伦理更是如此。夫妻之间，经常的情感互动和交流会加强彼此之间的道德责任。传统乡村婚姻伦理以天作之合、夫妻恩报的因果联系作为夫妻情感维系的依托，不断强化婚姻存在的合情合理，从而达到婚姻维系的目的。现代婚姻对人的尊严、价值以及个体需求越来越重视，在婚姻中如果没有形成这方面的意识和相应处理夫妻纠纷的能力，就会让婚姻搁浅。婚姻经营意识和能力是增强夫妻感情的必然选择，也是现代进入婚姻的人们必须具备的素质。乡村青年需要增强这方面的意识和能力，通过夫妻之间感情的升华，提升婚姻伦理关系，增强婚姻的稳定性。

（三）重视乡村婚姻伦理的外部支持

婚姻伦理是人们依据婚姻的价值意义而对婚姻规则的理性设计，体现了一定社会人们对婚姻关系的期待和基本要求，要保障婚姻伦理能够得到有效地践行，既需要来自血缘和姻缘关系的家庭支持，又需要来自社会的支持。

家庭支持是婚姻伦理维系和关系改善的动力和保障。所谓的家庭支持是指父母、兄弟姐妹之间的支持，这种支持包括理性、情感、物质、能力等方面的支持。古人云：宁拆十座庙，不毁一桩婚。对待别人婚姻中的矛盾和纠纷，协调者或者旁观者通常站在劝和的立场，劝导夫妻双方平息怒气、化解愤恨。这种观点在婚姻自由的社会里同样十分重要，因为它可以充当夫妻矛盾的减压阀。

第一，双方父母的理性支持。传统社会里，父母是子女婚姻家庭稳定的主宰者，父母会顾忌家族颜面和荣誉而要求子女维持家庭的完整。而在当前的乡村社会中，这个“稳定阀”的作用逐渐失灵。婚姻自由意识的觉醒使得不少乡村父母除了为子女结婚提供物质保障和承担带孙责任外，其他事情概莫能助。他们通常认为假如自己选了儿媳（女婿），结果自己儿子（女儿）不中意，婚后两个人的矛盾势必会让家庭永无宁日，所以很多父母尊重孩子的选择，不会干涉。而在结婚之后，父母更没有能力干涉他们的婚姻生活，双方离不离婚，父母无权作主，所以消极地对待事态的发展。有些父母比较强势，容不得自己的孩子在婚姻家庭中受到半点委屈，一旦发生矛盾，不仅不消除矛盾，还煽风点火，本来夫妻之间只是小矛盾，却演变成家庭不可调和的矛盾，导致婚姻破裂。家庭支持则需要双方的家庭能够客观理性地对待小夫妻家庭中的矛盾冲突，支持鼓励自家的孩子承担起该承担的责任，不逃避，不埋怨，共同协商解决小家庭矛盾。

第二，双方兄弟姐妹及亲友的互帮互助。传统文化中认为兄弟姐妹之间分形连气，一损俱损，一荣俱荣，手足之间互帮互助，乃是情义使然。当前乡村社会，双方兄弟姐妹之间的互帮互助有助于缓和夫妻矛盾冲突，克服一些经济、人力的困难。课题组在调查中也发现，如果出现经济困难，60%的人们会向亲友寻求帮助。这些说明乡村婚姻关系的稳固需要打造一个较为稳定的亲友关系圈，这个关系圈可以在一定程度上缓解婚姻中的矛盾冲突以及婚姻伦理失调带来的道德风险。

第三，社区支持是婚姻健康稳定的重要力量。社会支持主要体现为三个方面：一是社区规范支持。在乡村主要体现为村风民俗、村规民约、道德氛围等的积极影响。每个乡村都有其长久积淀的村风民风，夫妻之间是否和睦，如何看待离婚，夫妻如何处理彼此之间的矛盾冲突，实际上在村民中会形成集体的道德无意识，即使没有明显表露出来，也会影响人们处理这些问题的行为导向。良好的村风民俗、村规民约会为村民的行为设立无形的规范，引导村民合理解决婚姻问题。二是教育引导支持。各村打造本村的教育平台，通过线上线下方式引导村民正确处理婚姻家庭问题，防患于未然，营造村庄尊老爱幼、夫妻和睦、互爱互敬、相助相长的文化氛围。三是组织协调支持。现实生活中，村庄道德氛围的淡化，与村庄关系原子化、功利化的变化有关。乡村社会风气变坏，非常关键的一个因素就是村民对乡村中发生的一些重大的婚姻家庭问题漠然处之，官方和民方都没有跟进介入，这导致村民中“事不关己，高高挂起”的风气蔓延，“没人管”会打击村民持守道德的积极性。建立多样化的村民社会组织，及时解决村民婚姻家庭出现的新问题，对婚姻家庭的巩固具有积极作用。

第二节
乡村孝道转变及其应对

乡村曾是传统孝道践行的最坚固堡垒，其封闭、社会流动极少的特点，以及重伦守礼的家族氛围，为有序伦理规则的践行提供了天然的保障，而移忠作孝的政治架构更是将孝推向了美德的制高点。“天下无不是的父母”，说明父母在伦常上的优势，子孙应当做到“有顺无违”。在这样的社会环境和家庭氛围影响之下，即使父母的要求已经违背正常的人情义理，孝道仍然会被不折不扣地遵守，但是新中国成立后，随着乡村制度和社会文化生态的改变，乡村孝道的践行出现了新变化。

一、改革开放前乡村孝道状况

（一）传统社会孝道的要求

“孝”自尧舜以来就是人伦规则之一。《尚书·尧典》记载，尧要求舜“慎徽五典”。五典即父义、母慈、兄友、弟恭、子孝。春秋时期更是把“孝”视为“仁之本”“德之本”。《吕氏春秋·孝行》指出：“夫执一术而百善至，百邪去，天下从者，其惟孝也！”①可见孝在诸种美德中的重要性。孝道是践行孝的原则和要求，主要内容包括：第一，养亲和敬亲。传统社会赡养父母、敬重父母是孝道不同层次的体现，最低层次是赡养父母，中间层次是不给父母带来耻辱，最高层次是敬重父母。第二，顺亲和谏亲。孝顺父母和劝谏父母也是孝道的重要内容，两者之间并不存在冲突关系，《大戴礼记》指出，父母言行，符合道则顺从，不符合道就要进行劝谏，但劝谏的时候要注意态度和言辞，委婉和顺。第三，葬亲和祭亲。父母去世后，要举行隆重丧礼，为父母守丧，逢节日、祭日要祭祀父母和祖先。第四，传宗接代。传宗接代是孝道的核心，不孝有三，无后为大，断了祖先祭祀的香火，就会让父母蒙羞。第五，荣亲显亲。光宗耀祖是让父母倍感荣耀的事情。汉代以后随着孝道不断地被政治化，孝道逐步在家庭和社会生活中成为主宰一切的伦理规范，并最终导致孝道不再是父子亲情的坦然展现，而变成维护政治权威性的道德教条，由此导致的愚忠愚孝给国家和个人带来了消极影响。吴虞认为其流毒诚不减于洪水猛兽。虽然孝道在新文化运动中受到猛烈批判，但在封建专制统治下的乡村，孝道依然是维护封建家族利益的主要规则。

（二）新中国成立30年孝道状况

新中国成立后，一系列政策制度的颁布实施，改变了传统孝道中的关系准

① （汉）高诱注，（清）毕沅校，徐小蛮标点．吕氏春秋[M]．上海：上海古籍出版社，2014：269.

则和父子之间的权利义务关系。

关系准则从尊卑主宰向平等转变。其一，传统孝道强调长尊幼卑，尊卑等级分明。而这样的关系准则在1954年《中华人民共和国宪法》颁布之后，就失去了合法性。《中华人民共和国宪法》规定中华人民共和国公民在法律上一律平等。父母和子女在法律上权利平等，不存在尊卑关系。其二，孝道对婚姻的主宰关系被打破。新中国建立以后，为了建设一个新国家，废除封建专制和私有制度对人身关系的束缚，国家和政府颁布实施了一系列的政策和制度扫清封建遗毒。封建家庭制度首当其冲。1950年《中华人民共和国婚姻法》颁布实施，第一条就是废除包办强迫、男尊女卑、漠视子女利益的封建主义婚姻制度。《中华人民共和国婚姻法》的颁布实施，破除了传统社会孝主宰婚姻关系的规则，为那些在婚姻家庭中长期遭受长辈和家庭暴力伤害的男女提供了法制保障。《婚姻法》激励了一些青年男女和遭受专制婚姻之害的人们敢于向家族权威挑战，为了自身的合法权益而进行抗争。据数据显示，“到1955年，据全国27个省、市的统计，结婚合乎婚姻法的已占95%”①。

责任义务由无限向有限转变。传统孝道强调子女对父母具有无条件的责任和义务，当父母和子女权益发生冲突的时候，只能选择牺牲子女权益。新中国成立后，一方面，由于国家施行土地改革，将田地均分到农户，家族的土地被剥夺，家族组织被摧毁，家族权威被削弱，个人对家族的义务和责任丧失了组织的依托；另一方面，农业集体化的开展打碎了家族组织的固定形式以及家族传承的固有惯习，将个人从家庭生活中解放出来，集体生活成为个人的主要生活方式，这使得孝道不再可能成为人们的主要生活准则，父母不能再以“孝顺”的名义，将子女禁锢于家庭之中，或者做一些违反子女合法权益的事情，子女对父母的要求不再是无条件地顺承或者服从。但是赡养父母仍然是人们履行的主要义务之一。曹锦清等认为：“在六七十年代，儿媳们顾此（抚养）而失彼（赡养）的事也常有发生，但在集体化时期，直系家庭和直系联合家庭仍占主导地位，抚养者和赡养者处于同一家庭，同一生活单位，在同灶同桌吃饭，赡养问题不突出，且集体生产组织本身会对拒绝赡养者形成压力。”②

① 巫昌祯．巩固和发展我国社会主义婚姻家庭制度[J]．北京政法学院学报，1979(1)：48-53.

② 曹锦清，张乐天，陈中亚．当代浙北乡村的社会文化变迁[M]．上海：上海人民出版社，2019：328.

家长权力开始向子代转移。家长权力是传统孝道践行的重要保障。封建家长在家庭中具有无限的权力，主宰家庭及其成员的社会关系和生活的方方面面。封建家长的这种无限权力在新中国成立之后，一方面受到新中国法律制度的制约，另一方面，农村集体化的发展，不但拓展了人们的生产经营活动，而且对经营活动提出了更高的要求。面对一些突如其来的变化，有些家长难以有效应对。在这种情况下，他们提前转移家长权力。对此，张乐天认为："在生产队中，当家人不仅需要处理家庭事务，更需要与生产队打交道，在这方面，劳动力强、在生产队中地位高的人显然优越于老年男子，家庭权力的提前转让有利于保持或者提高家庭在生产队中的位置。"①随着劳动分配制度的确立，子代的生产劳动和经济能力越来越高，依靠传统权威确立的家长权力势必会旁落而转向子代。

子代权利意识增加。赡养孝顺父母是子代必须完成的责任和义务。历史上流传的"二十四孝"中子代对个体权益和需求的隐忍更是获得极高的美誉，这种对孝道的极致推崇成为历代孝道教育的重点。不过，这种孝道在新文化运动中受到猛烈批判，被称为"愚孝"。为了孝敬父母戕害自身的生命健康和无视个体正当权益，不再被认为是一种真正孝的行为，尤其在恋爱婚姻方面更是如此。新中国成立之后，随着婚姻法和宪法的颁布，婚姻自主和自由权得到保障。虽然农村青年依然离不了媒妁之言，但是仍具有一定程度的自主和自由权利。而在财产权方面，年轻人的权利意识更是明显。

新中国成立30年间，经济、政治和文化的发展推动父子伦理关系准则发生了转变，父子之间的权利义务关系准则的转变和权力的转移，已经动摇了封建家长的权威，孝道践行上也有了变化。从现有的资料看，新中国成立后10年乡村中赡养纠纷有上升趋势，比如安康地区1957年受理的赡养纠纷就比1956年上升76%，主要表现为赡养人对被赡养人不愿赡养，分家别居，或者将老年人赶出去甚至虐待。② 而集体化时期，儿子成亲需要所有家庭成员的共同努力甚至借外债才可以完成，父母尽力让所有儿子都结婚后再分家，但早结婚的儿子留在大家庭内要承担弟弟的婚姻费用，越早结婚的儿子承担越多。在

① 张乐天．告别理想：人民公社制度研究[M]．上海：上海人民出版社，2016：285.

② 石正凯，等．当前农村家庭纠纷案件的情况和处理意见[J]．法学，1958(5)：50-52.

这种情况下，小家庭和大家庭的利益冲突越来越多，往往会伴随较为持久和激烈的争吵。要分家会引起大小家庭之间的冲突，分家过程中的利益分配也会导致父子关系冲突。除此之外，在多子家庭里还存在让其中一个儿子入赘现象，曹锦清指出，"在六七十年代，那些无力为自己儿子娶妻而不得不让他们去做'上门女婿'的家长，不仅受到儿子的怨恨，且受到村民的鄙视"①。从这里可以看出，敬亲顺亲已经出现了动摇。子女对父母态度的变化自然会引起老人赡养问题。巫昌祯在《巩固和发展我国社会主义婚姻家庭制度》一文中指出，婚姻法颁布近30年需要进一步丰富和完善，应该增加"保护老人"的原则。她认为"四人帮"期间，大搞"批孔""六亲不认"等极左的东西。"在家庭关系上，资产阶级利己主义思想有所滋长。嫌弃老人、不赡养老人甚至虐待老人就是突出的表现。"②

由此可见，新中国各项政策和制度的颁布已经动摇传统乡村孝道践行的社会和思想基础，父代和子代家庭之间的利益冲突已经影响孝道的践行。

二、改革开放后乡村孝道的现状及变化

改革开放对乡村产生了深远影响，它深刻动摇了乡村社会的经济、政治和文化根基，是"千年未有之变局"。植根于封建经济、政治和文化上的孝道，也出现了明显的变化。有学者用孝道衰落、孝道衰微、孝道沦丧等表示这类现象。当然从孝道的某一个方面或者某一个地区来看，乡村孝道践行确实存在诸多问题。但根据课题组成员近10年来对不同乡村进行的调查来看，乡村孝道整体践行良好。

（一）赡养父母仍是乡村孝道的主流

从课题组近10年间对东、中、西部乡村的调查访谈来看，赡养和照顾父母仍是乡村绝大多数人的主要孝道行为。比如在经济较为发达的苏南地区，老

① 曹锦清，张乐天，陈中亚．当代浙北乡村的社会文化变迁［M］．上海：上海人民出版社，2019：292．

② 巫昌祯．巩固和发展我国社会主义婚姻家庭制度［J］．北京政法学院学报，1979（1）：48-53．

人自身有积蓄,不需要子女养老。2008 年对江苏华宏村村民的调查中就有村民认为:“我们这里风气比较好,那种子女不管老人的情况几乎是没有的。就是有的人家,只有一个女儿,如果嫁到外面去了,可能就有点问题。”2012 年河南漯河市舞阳县扁担赵村的一位受访者表示:“我公公偏瘫六年去世了,婆婆也在公公偏瘫那几年得了个脑出血。因为婆婆还有四个女儿,家里这些开支也是大家一起凑凑,公公生病时是各家拿个几千块钱给老人看病。这些都是做儿女的事情,自己自愿的,富裕点的家庭就多出点,家里差点的想拿钱也拿不出。婆婆有病时,姊妹五个,一家三千的出的。就算女儿出嫁了也是要管父母的,在我们这不管的少。两个老人平常跟我们过,生活上基本是我们照顾。看病的话有些是可以报销的,去年好像是报的 70%,今年可以报 80%了。我因为家里事情多,所以不能出去打工挣钱了。虽然她还有四个女儿,但我们不能让她到女儿家去住啊,我们照顾是应该的,养儿防老嘛。”2012 年贵州凯里朗利村的村民认为:“我觉得我们村最大的特点是勤劳、节俭。父母和子女的关系非常融洽,虽然管得也很严,但子女通常都非常孝顺。”湖南郴州、江西抚州、湖北黄冈和无锡华宏等村村民对本村赡养老人状况评价较高。

纵观所有被访家庭,在代际关系上,村民大多更关心和爱护子孙,而轻视和忽略老人,还有部分村民视老人为包袱,兄弟姊妹之间相互推诿,不愿尽赡养义务,认为老人只要不受冻挨饿就行,未能进一步关心老人的情感需求。其他研究也有类似观点,刘芳在鲁西南的 G 村调查中也发现,子女们与父母共处的时间越来越少,对父母的关怀和照料越来越少,青年人在思想上赞成孝敬父母但在实际生活中却少有体现或没有做到,慑于舆论,村里很少有公开不赡养父母的,但是存在“表现特别好的也没有几个”“也就那样吧”“面对父母的无私奉献,子女们少有亏欠、愧疚和报恩的心理”①现象。子孙承欢膝下,安享晚年的老年生活图景,对经济较为落后地区的乡村老人来说,算是较为奢侈的事了。这些老人一声叹息里夹杂较多的无奈、隐忍与落寞。

(二)乡村孝道践行的变化

课题组在调查中发现,乡村孝道践行存在以下变化。

---

① 刘芳. 社会转型期的孝道与乡村秩序:以鲁西南的 G 村为例[M]. 上海:上海社会科学院出版社,2021:65.

一是多元认知带来的尽孝行为差异。传统孝道不仅在社会和家庭中占据极其重要的地位，还具有统一的孝道礼节规范和行为，上至天子，下至黎庶，均要按照此等标准进行尽孝，这就保障孝道无论在哪一个地方均可以得到一致的遵守。而当前乡村人们在孝道观上呈现多元化倾向。根据课题组的调查，在“尽孝要做到哪些”的选项中(七选三)，选项占比最多的是“经常探望和关心”“必要时提供物质和生活照料”“让父母有安身之处”“不打骂父母”。其中，“经常探望和关心”“必要时提供物质和生活照料”“让父母有安身之处”三个选项略占优势，但不突出。而在家族势力影响较大的地方，比如甘肃和江西乡村，“让父母有面子”的选项比“自立自强”略占优势。从这些可以看出，目前乡村人们在乡村孝道践行方面实际上存在多样化的认知，这种认知在复杂的社会环境下，就会催生出多样化的对待老人的态度。比如在访谈中，来自东北的务工人员就不太认同苏南地区的老人那么大年龄竟然还那么勤劳地赚钱，他们认为老人年龄大了，就不要再辛苦地劳作。

二是理性权衡导致的责任严重反转。传统社会子代的责任重心在父母，行为的准则是孝道，向上负责是王道。而在新的社会背景下，孝道不再是主宰行为的主要准则，尽孝也不再是生活的主要内容。以传宗接代为基本诉求的本体性价值追求也不再是人生价值意义的终极所在，而代之以子代的成家立业。子代能成家立业是乡村父母此生最重要且不变的追求，并且这成为乡村人们价值评价的主要标准。而在中国广大的乡村，孩子的教育和结婚费用几乎需要父母费尽全部身心力量，耗尽一生的积蓄。有些人认为，老年人已经习惯了过苦日子，现在有吃有喝就已经不错，更好的生活承担不起，而小辈的成家立业需要大量财富积累才可以完成，重要而紧迫，要尽可能为子代成家立业积累更多的财富。所以当前不少乡村家庭不可能也没有太多的心思把更多的时间、精力和金钱用在孝敬老人身上。这样的理性权衡是乡村社会尤其是经济欠发达的乡村出现“爱老不足，爱下有余”现象的主要原因之一。只要乡村经济发展缺乏造血功能，乡村青年发展缺乏稳定的政策和平台，乡村未婚女孩资源相对不足，这种困境将不会得到有效缓解。

三是权责模糊导致的漠视老人权益。传统社会父子同居共财，父母培育儿子成人，操持其成家立业，父母年老、劳动不便时，子孙承担起赡养照顾老人的责任，同居共财为父子之间义务的相互履行提供了经济保障，这种“反哺”式的养老模式使得养儿防老成为人们心中根深蒂固的观念。但随着社会制度和观念变革，同居共财已经失去基础，不过，养育子女、扶助他们成家立业仍然是乡村父母生命的价值和意义所在。即使花费前半生的积蓄的同时还要背负沉重债务帮助子代成家立业，他们也心甘情愿节衣缩食，劳心费力为子代成家积累起应有的财富。当代社会，父子别居异财本应产生他们之间清晰的权利义务关系以及平等的相处方式，但是囿于观念影响，父辈依然不得不承担起对子代的额外责任。当前中西部广大乡村地区的父母不仅要养育子女成人，为他们承担结婚成家费用，还要承担抚养孙代的责任，甚至有乡村老人要承担孙子结婚的费用。老人为子代和孙代的无止境付出，实际上是一个无底洞，习惯于老人付出的子代和孙代只要有一些需要不能被满足，就会埋怨老人。实际上乡村老人即使在物质上经常补贴子代，在精神上也得不到应有的尊重和满足，他们通常被认为是已经与时代脱节的人。

四是老人健康压力带来的护理不周。古人云，久病床前无孝子。虽然这句话过于现实，但也透露出照顾久病老人并非易事。乡村社会的老人，只要身体健康无大碍，可以进行生产劳动，子女尽孝主要是精神上的抚慰与关心，不会带来较大的压力。但是当老人身体健康出了问题，缺乏一定的自理能力时，就会让子女面临经济压力以及照料压力，尤其这种压力在孙代面临入学和结婚时，显得更沉重。在这样的境况下，照顾护理老人一方面经济上力不从心，另一方面在饮食护理和精神抚慰方面存在严重不足。有调查认为“建房、养子、教育、结婚等一类高消费作为重担压在普通农民身上时，作为市场社会中的弱者，他们亦有可能迫不得已地将之转嫁给更弱者，如他们业已失能且无法创造经济利益的年迈父母”①。失能老人不得不承担子代家庭压力转移的后果。他们因为行动不便，生活无法自理，缺乏与人的沟通交流，孤独面对单调沉闷的生活，生活质量难以得到较好保障，所以居家护理可能会加重老人失能程度，导致健康恶化。据笔者对所在村庄老年人的护理观察，老年人失能或者半失能时最好的护理来自老伴，且多是妻子护理丈夫，即

① 刘燕舞. 农村老人的养老之痛——一名社会学博士后的乡村调查手记[J]. 南风窗，2012(24)：62-65.

使存在种种不足，但是两人之间的默契足以克服一些不便。而一旦老伴去世，无论是男性还是女性，子女的护理很少能够做到持久延续。所以从保护老年人权益的角度，对失能老年人的护理问题，需要社会更多的支持和帮助，而不仅仅是依靠家庭。

三、当代乡村孝道建构的维度

孝道在我国的历史发展中经历了起起落落，其中既有社会环境因素的影响，又与孝道本身存在的问题有关。随着社会发展变革，乡村社会孝道也面临左支右绌的困境，不但影响乡村家庭的和谐稳定，而且阻碍乡村人才的培育和发展。构建当代孝道培育践行的社会环境和制度体系具有极其重要的现实意义。

（一）价值维度

传统社会，孝是诸德之本，孝道是治理国家的至德要道，可以实现“以顺天下，民用和睦，上下无怨”的治世图景。所以孝治天下、孝治九族，孝德立身，国家、社会、家族以及个人均将孝视为立身处世、建功立业、治理天下的大道而加以培育和践行。正如《孝经》里所指出的：“夫孝，天之经也，地之义也，民之行也。”[①]若无孝，则三才不成，五行僭序，失去孝则失去秩序和规范。从历代统治者对孝道的推崇来看，孝不仅是对待先祖、父母的行为要求，也是国家人才培育和选拔的重要标准。当前社会，孝德虽然不是人才评判的首要品德，但是孝是德行的起点，它对人才素质的培养仍然发挥基础性的作用，忽略孝德则会对家庭、社会和国家产生不良影响。所以构建新时代的孝道，首先需要明确当前践行孝道需要培养什么样的品质和人格，或者国家和社会通过孝道践行培养什么样的人，由此确定孝在国家和社会生活中的重要价值和意义。

在传统伦理文化中孝居于根本地位，孝是德行的起点。从已有的文献看，对父母尽孝，不但在于物质上供养父母，而且在于个人要具有良好的言行品质。《孝经》指出事亲时需要居于上位而不骄傲，居于下位而不兴风作乱，在同

---

① 汪受宽，金良年．孝经·大学·中庸译注[M]．上海：上海古籍出版社，2012：39.

类中不忿争。否则，即使每天用三牲奉养父母，也是不孝。孔子在《论语》中也指出："今之孝者，是谓能养。至于犬马，皆能有养；不敬，何以别乎？"①所以在传统的孝道中，遵守人情义理是非常重要的要求，这种遵守不仅体现在奉养父母中，而且体现在为人处世的整个过程中。有了孝德，才可能培养出其他优秀品德，正是基于这样的思考，传统家庭教育主要进行以孝道为核心的伦理道德教育，有了孝德保障，即使是一介草民，也可以承担起家族发展延续的重任。所以历代家训明确地要求子孙具有什么样的品德，或者要禁止什么样的行为，子孙对祖宗的规训要身体力行，否则就可能是不肖子而贻羞祖宗。在当前人们的认知中，孝主要是对父母应尽的一些责任，比如逢年过节时的问候和关心，父母身体抱恙时的嘘寒问暖和尽心照顾。这种把孝视为责任的观点，虽然承继了孝的核心要求，但是却忽视了孝的精髓。村民虽然认为孝顺很重要，但只是把孝视为按照规定应当对父母采取的行为，而忽略孝德在个人成长发展中的积极作用。这致使孝道促进个体自我完善的主体性力量没有被激发，个体德性的持守也缺乏强有力的支撑。

对于一个家庭来说，明确培养一个什么样的孩子至关重要。传统家庭教育注重以德为本，对孩子从小就有严格规范的要求，保障他们的言行不偏离社会正轨，不沾染社会恶习。从教育的角度看，按照孝道要求培养孩子，不管父母是否有文化，绝大多数时候都可以保障孩子具有良好的行为品质。孝德是德行之本，它是尊祖敬亲的行为体现，更是培养孩子学会饮水思源、感恩图报、报效国家和人民的根本。当前不少乡村父母因为教育观念错误，忽视孝德的培养，窄化孝道的要求，重视孩子智育培养，把更多的教育责任推到了教师身上，父母教育观念的偏差加剧了家庭德育的缺失。家庭是人类学习爱以及学习人际关系最初也是最重要的学校。孩子在家庭中感受父母的骨肉亲情以及彼此之间亲密关系带来的情感和心理满足，由此逐渐生成责任和担当意识，在家长、学校和社会的共同培育下形成较为健全的人格。孩子在家庭中形成的善良情感、责任意识会成为他们成长的动力和护佑，一旦父母和孩子之间不能形成相互友爱的亲子关系，势必对孩子健康发展带来不良影响。

---

① 张燕婴译注．论语[M]．北京：中华书局，2006：15.

子曰:“夫孝,德之本也,教之所由生也。”[①]孝是家庭教育产生的根源,也是家庭教育的首要目的。所以构建乡村孝道,要大力宣扬孝德在当前乡村家庭教育中的重要价值和意义,以孝德构筑起人们的德行基础,培养乡村年轻一代遵礼守法、忠诚仁毅、积极进取的良好行为品质,让孝德成为年轻一代走出乡村、改变命运的重要力量,让乡村家庭教育重新焕发生机活力。

(二)德行维度

孝道不仅是孝敬父母应遵守的法则,也是修身立业、社会治理等方面的准则,“大则法天因地,祀帝享祖,道洽万国之心,泽周四海之内。……小则就利因时,谨身节用,施政闺门之内,流恩徒役之下。乃使室家理治,长幼顺序,居上不骄,为下不乱,臣子尽其忠敬,仆妾竭其欢心。其所施者,牢笼宇宙之器也。其所述者,阐扬性命之谈也”[②]。可见,孝是人道第一法则,既囊括一个人的过去、现在和未来,又遍及人所有的活动领域和人际交往,不同的方面、不同的身份具有不同的要求。当代乡村要践行孝道,需要具备以下几种德行。

第一,心存敬重。孝道首先是通过祭祀对先祖表达敬重和缅怀的,也就是“慎终追远”。曾子曰:“慎终,追远,民德归厚矣!”[③]祭祀不是最终的目的,而是通过这种仪式,表达对先人功绩和品行的追忆和传承。所以,敬天法祖是孝道必不可少的内容。正是因为对祖先的敬重,对祖宗的效法,才能保障家族血脉绵绵不绝,中华文化源远流长。虽然这种做法在某些特殊的时期会阻碍人们创新的步伐,但是知道自己的来处,知道自己是谁,才能保障人们有更大的底气走向未来。而没有敬畏,没有尊重,就可能败坏先祖留下的优良家风和门风。当前不少乡村家庭因为没有对先祖家风的传承和敬畏,没有对长辈的敬重,导致一些孩子言行缺乏有效约束,从而影响他们的成长进步。这种现象在一些留守家庭更为突出。众多研究显示,父母不在,爷爷奶奶对孙辈的教育管理几乎等同于放养,这其中既有爷爷奶奶不会管、不敢管,又有爷爷奶奶不忍管,以致孩子生活学习长期处于失范状态。孩子的成长环境堪忧。只有在家

---

① 汪受宽,金良年.孝经·大学·中庸译注[M].上海:上海古籍出版社,2012:24.
② 汪受宽,金良年.孝经·大学·中庸译注[M].上海:上海古籍出版社,2012:85.
③ 张燕婴译注.论语[M].北京:中华书局,2006:6.

庭中树立起尊老敬老的风气，形成传承优良美德的家风，保障家庭长幼有序，行为有则，孩子才能健康成长。

对死去的先祖祭祀表达敬重和感恩，是孝道的基本要求，对活着的人也要敬重感恩，这是孝的最高层次。正如孟子所说："孝子之至，莫大乎尊亲。"①敬重父母就要做到言行有节、举止有度，处处考虑不良言行可能给父母带来的伤害和耻辱，让他们感到心情愉悦、心宽性和。这需要对父母怀有深深的敬爱之心，有了敬爱之心，才能和善对待父母，面色愉悦，言语柔顺。子女对待父母不仅有伦理责任也要有伦理情感，而这才是孝敬父母的最高境界。古人把子女看成是父精母血铸就而来，爱护自己与敬重父母实质上是一样的，这是义的体现。否则，即使是养了父母口体，但是不尊重父母，对父母恶言厉色，这种孝也是不可取的。《盐铁论》指出："善养者不必刍豢也，善供服者不必锦绣也。以己之所有尽事其亲，孝之至也。""上孝养志，其次养色，其次养体。"②可见，只要关心敬重父母，避免让不良情绪影响他们晚年的平和心境，即使每日粗茶淡饭也是对父母尽孝的好方式。当前乡村社会老人在经济上大都有一定的保障，60岁以上老年人有一定补贴，平时在家养一些家畜，种植一点粮食作物，至少可以保障他们不会遭受经济困乏之苦。与经济上的满足相比，乡村老人更缺的是子女的关心和尊重，他们的精神需求满足被压抑忽视。与外在的物质奉养相比，乡村老人更看重的是子女的关心、尊重，他们希望得到更多的亲情抚慰以及对他们劳动的肯定。

所以，敬重父母就是用怀有仁义的情感对待他们，尽可能地减少父母身体和心理上的劳忧，让他们能够安享晚年的幸福生活，即使经济条件不好，也能够用亲情为父母筑起爱的堡垒，让他们坦然面对晚年的生活。

第二，修身立业。孝不但要求子辈对父母先祖展现出敬重的行为态度，而且要求子辈自身要做到修身立业，不能玷污先祖名声和门风，而这才是孝所真正祈求的，也是孝能达到的最高境界。修身，首先从爱惜生命和身体开始。"身体发肤，受之父母，不敢毁伤，孝之始也。立身行道，扬名于后世，以显父

① 杨伯峻编著．孟子译注[M]．北京：中华书局，1960：215．

② （汉）桓宽撰，王利器校注．盐铁论校注：增订本[M]．天津：天津古籍出版社，1983：309．

母，孝之终也。”[①]孝应从爱护个体生命开始。如何对待自己的身体和生命，虽然古代社会要求较为严苛，但是从当前的现实看，仍具有合理之处。其次，自觉抵制恶习。孝敬父母是人一生的使命，这种孝不但体现于父母在世时孝敬奉养，在他们去世时能够葬之以礼，祭之以礼，而且还要求不让父母生前身后蒙受羞耻。《礼记》有言：“不辱其身，不羞其亲，可谓孝矣。”[②]不辱其身，不羞其亲需要有良好的道德品质，它是个人承担家庭责任的基础，没有品质作为保障，自己都难以立足社会，更谈不上孝敬父母、耀祖光宗。父母去世后，能够小心自己的言行，不给父母留下坏名声，这是孝的最终要求。哪些行为不利于孝养父母，会让父母蒙受耻辱？孟子认为：“世俗所谓不孝者五，惰其四支，不顾父母之养，一不孝也；博奕好饮酒，不顾父母之养，二不孝也；好货财，私妻子，不顾父母之养，三不孝也；从耳目之欲，以为父母戮，四不孝也；好勇斗很，以危父母，五不孝也。”[③]对应这五种情况的行为是懒惰、好赌酗酒、重钱财、纵欲好享乐、好逞勇斗气。即使在今天看来，这五种行为也属于恶习，为人子女者当尽力抵制远离。最后，要立业。立业不仅关乎个人的生存，还关乎家族的发展和对父母的孝养问题。立业是个人和家庭成员获得正常生活的基本保障，没有立业，孝敬父母就是空谈。古代所说的业从个人取得成就看主要包括德业、学业、功业等，从社会分工看为士、农、工、商等。个人立业即注重个人品质修养，一方面表现为个人自我完善、成长，有能力在农耕、读书、为官、经商等方面独当一面，将祖宗家业传承光大下去；另一方面表现为在农耕、读书、为官、经商时能够谨守规则，有益于社会和他人。

（三）关系维度

父慈子孝是传统父子之间的理想关系。父母尽心养育子女，子女回馈父母的养育之情，父子之间形成了正向的反馈恩养模式。但是随着封建思想的僵化，这种恩养模式越来越失衡，子女对父母的回报已经变成单向的义务关系，父母对子女的主宰已经超越正常的限度，甚至戕害子女的人格生命。所以

---

① 汪受宽，金良年．孝经·大学·中庸译注[M]．上海：上海古籍出版社，2012：24.
② 杨天宇．礼记译注：下[M]．上海：上海古籍出版社，2004：624.
③ 杨伯峻编著．孟子译注[M]．北京：中华书局，1960：200.

新文化运动对父子伦理关系进行猛烈批判。鲁迅先生在《我们现在怎样做父亲》一文中批判了传统父子伦理关系那种责望报偿的心理和要求，将孩子的全部视为长者的私产，可以无限制地加以规范约束。这种责望报偿的要求，鲁迅先生认为“不但败坏了父子间的道德，而且也大反于做父母的实际的真情，播下乖剌的种子”①。所以他倡导“父母对于子女，应该健全的产生，尽力的教育，完全的解放”②。而在百年之后，子对父的无限义务关系转向父对子的无限义务关系。父子伦理再次出现了失衡，需要重新塑造健全的父子伦理关系。

父母要做好孝亲榜样。《说文解字》释“父”：“矩也。家长率教者。从又举杖。”由“父”的字源可以看出，父亲代表的是一种规范和约束，意味着父亲要承担起教育子女、为子女立范的责任。在践行孝道问题上，父母要为子女树立起好榜样。你想要子女怎样孝敬你，那你就怎样去孝敬自己的父母，并且要教育子女也要这样做。从孝德的角度看，父母要从三个方面做好孩子的榜样。一是对待父母的态度，要做到敬顺和缓。父母年龄大、观念保守、动作迟缓，有些时候考虑不周，在这种情况下如何化解亲子之间的分歧和矛盾，是理性地解决还是毫无顾忌地大吵大闹，需要慎重抉择。严威俨恪不是事亲之道，当然讥谩轻忽更不是对待父母的方式。要学会理性地、巧妙地处理与父母的分歧和矛盾。二是修身，不能养成让父母担心的不良习惯。父母对儿女的担心一直都存在，包括事业、健康、婚姻家庭等。子女要有为父母解忧的观念，克制自己的言行，让父母年老无忧。三是立业，让家庭发展有更多的保障。只有立业才能保障赡养父母和子女发展都有物质基础。并且因为自身具有立业的经验，也能为子女未来发展提供科学合理的指导。从当前乡村的现实情况看，如果父母做到了这些，子女则大都比较孝顺。

良好沟通。良好的沟通是加强父母和孩子亲密关系的重要途径，也是健全父母和孩子关系的重要组成部分。在乡村仍有不少父母忽略和孩子的亲密沟通，造成亲子关系冷淡且不容乐观。原因有以下几点：一是父母育儿观念落后。乡村中不少父母所受教育水平较低，对社会人生大事缺乏充分认识，导致他们在育儿方面依旧延续传统方式，注重孩子生存需要的满足，忽略精神上的

① 鲁迅．鲁迅全集：第一卷[M]．北京：光明日报出版社，2015：49.
② 鲁迅．鲁迅全集：第一卷[M]．北京：光明日报出版社，2015：51.

满足和视野上的开拓，忙于谋生，忽略孩子健康发展的需要。二是时空上的隔离。乡村家庭的流动和离散造成一些孩子和父母长期分离，缺乏必要的陪伴，父母很难更多地参与到孩子生活中，也没有更多时间和精力关注孩子的心理需求，导致孩子和父母之间树起了无形障碍，父母难以抵达孩子的内心，孩子难以理解父母的难处。三是低质量的陪伴。乡村家庭文化娱乐活动较为单调，父母与孩子之间的交流互动大多呈现被动式、观望式。父母带着孩子积极主动地学习探索的情况较少，通常孩子有孩子的娱乐活动，家长有家长的娱乐活动，两者之间很少交融。所以有时候即使家长陪伴孩子，陪伴的质量也大多注重物质的满足，忽略孩子的精神养育，为孩子的个性健康成长埋下隐患。乡村父母要学会与孩子沟通，引导孩子表达自己的感情和欲望，激发他们自信、向上向善的力量，注重生活教育，培养他们适应社会的能力。只有形成良好的沟通关系，才能保障孝道得到更好地践行。良好沟通的标准就是实现共情。共情是能够理解、感受和分享他人的情绪和情感的能力，也是父子亲密关系中非常重要的组成部分。乡村家庭父母和孩子之间缺乏共情能力，不但父母和孩子之间的爱难以正确地表达，而且造成父母和孩子之间难以有效地协作，影响家庭功能正常发挥。比如父母在外打工赚钱，有些孩子既体会不到父母在外的辛苦，又不会在行为中对父母有积极反应。俗话说，穷人的孩子早当家。之所以能够早当家就在于这些孩子和父母之间存在共情能力，有共同的感受、共同的认识、共同的行动，能和父母一起努力奋斗，做好自己该做的事，帮助父母解决家庭困难。这样的家庭才是有希望的。当前不少农村父母因为觉得对孩子有亏欠而不对孩子作要求，过度保护，无原则宠爱，导致孩子存在极强的依赖心理，被动对待生活和学习，缺乏积极主动的生活态度和坚韧不屈的生命意志，难以展现蓬勃向上的生机活力。父母和孩子之间具有良好的共情关系，才能心相通、志相同、行相顺，家庭的发展才能汇聚更大的力量，父母和孩子之间才能形成共同的情感和道德力量。

共同学习。学习是当今社会立足的根本，缺乏学习或者不会学习几乎很难在社会上立足。2013 年，习近平总书记在中央党校建校 80 周年庆祝大会暨 2013 年春季学期开学典礼上强调："好学才能上进。中国共产党人依靠学习走到今天，也必然要依靠学习走向未来。我们的干部要上进，我们的党要上进，我们的国家要上进，我们的民族要上进，就必须大兴学习之风，坚持学习、学习、再学习，坚持实践、实践、再实践。”①学习也是乡村振兴的必然要求，更是乡村年轻一代自信走向未来的必然选择。但是当前乡村社会以及家庭的学习氛围、学习态度、学习观念依然存在种种问题，中国乡村社会不少父母几乎不读书，教育孩子跟着经验和社会潮流来，盲目跟风，自身没有较为成熟理性的教育理念，抓不住教育孩子的根本，导致家庭教育事倍功半。父母只有善于学习，才能在生活实践中不断地借鉴和提升，并更好地引导和帮助孩子。总之，父母双方只有共同学习才能保障孩子未来有一个更好的事业基础，才能为孝道践行提供更好保障。

（四）环境维度

传统社会非常重视环境对个人品质的影响。古人云：蓬生麻中，不扶而直；白沙在涅，与之俱黑。只有根据时代的需要，培育有利于新时代孝道践行的内外环境，营造尊老敬老、爱老助老的社会氛围，孝道重构才具有坚实的个体和社会基础。

提升为人父母的孝道认知。环境是个体生命活动的总和，个体生命活动的范围、形式、内容和习惯构成环境的要素。个体对孝道的认知既影响孝道的践行，又影响孝道环境的创建和培育。从当前乡村人们对孝道的认知看，孝道不足主要表现为以下几个方面：第一，将孝道简化为子女对父母的责任。孝道是天之经，地之义，人之行，对人具有根本性的意义，是人立身处世的根基，贯穿于人的整个生命实践活动之中。正是因为其具有如此重要的意义，孝道备受历代统治者所推崇。但由于近代以来对封建孝道糟粕的激进批判，孝道的部分精华也被剥除了。现如今孝敬父母的观念没有太多改变，但是孝道对个体生命活动的主导性和提升性作用已经大大降低。孝道变成一种责任和行为，而这种责任和行为在现实面前演化成古代社会所说的“能养”程度，甚至还达不到这个层次，远远满足不了当前社会人们对亲情关系的美好渴望。第二，忽视尽孝能力的培养。传统社会里，由于父母具有较高的权威，且父子同居共财，子女对父母较为恭顺，能随时嘘寒问暖，加之生活要求相对简单，并不太强

① 习近平．习近平谈治国理政［M］．北京：外文出版社，2014：407.

调子女的尽孝能力。而现代社会里，父子多分居异财，并且子代家庭面临教育、住房、婚嫁等诸多压力，如果子女没有立身的本领和技能，就很容易处于社会底层，面对这样的情况，即使他们想要尽孝，有时候也无能为力。所以对于父母而言，一定要具有长远的眼光，及早谋划孩子未来的发展前途，尽可能为他们的发展提供合理的帮助和指导，避免他们走弯路。第三，重视物质满足，忽视情感培育。父母和孩子之间具有天然的割舍不断的亲情关系，父母自然会为孩子倾尽一切，满足他们成长中的各种需要，但是如果父母只注重孩子物质上的需求，不注意关注孩子的心理情感需求，只按照自己的方式对待子女，同样当父母年老需要帮助之后，孩子在尽孝的时候就可能会出现一些偏差。近些年出现的一些对"原生家庭""吸血鬼"似的父母的控诉，就已经表明，如果父母对孩子教养不当，即使有伦理亲情存在，也不能保证孩子会孝顺。

总之，对于当前的乡村父母而言，要让孩子践行孝道，他们需要认真反思周围和社会生活中不孝产生的根源，帮助孩子形成正确的孝道观：既要让孩子具有感恩之心，又要为他们的发展提供物质和精神上的双重保障，鼓励他们走自立自强之路，从品行和能力方面帮助孩子践行孝道。

完善乡村学校的教育引导。义务教育是所有学龄期孩子都需要接受的教育，对于普及正确的孝道观显得非常必要。但是乡村学校的孝道教育还存在不足之处，需要加强以下几个方面的工作。一是保障孝道精髓进课堂。笔者从 2018 年版的人教版一到九年级的语文和政治（道德与法治）教材中发现，没有关于孝道的主题和文章。涉及父子之间关系的主题和文章主要是父母和孩子之间的爱以及孩子对父母的感恩，注重情感培养。但还需要进一步引导学生将这种情感转化为意志和行动，把对父母的爱变为自己成人成才的内在动力。二是加强实践活动的针对性。在义务教育阶段，学校也会根据节日开展感恩父母等教育活动，比如母亲节、父亲节以及妇女节等，但是内容较为狭窄，主要为感恩父母的一些小活动，不具有常态性。而乡村孩子接触生产劳动较多，平时在家能帮助父母、爷爷奶奶做一些力所能及的家务劳动。义务教育课堂上需要引导孩子，在生活和学习中怎样做才能更好地表达对父母的爱，对乡村孩子尤其是留守儿童来说，学校更需要加强这方面的教育引导。留守儿童与父母之间的情感因为空间阻隔存在一定的障碍，学校要教育引导孩子正确表达对父母的爱，理性表达对父母的要求，以增强亲子之间的情感联系。建立孩子与家长之间的深刻情感链接，其意义重大。三是提升师生对孝道的认知。笔者从近些年来对乡村青少年和在校大学生孝道观的调查中发现，在孝道表现和内容上，要么以传统孝道养亲敬亲、抑己顺亲、随伺奉养等为标准，要么以帮助父母做家务、记住父母生日、照顾父母等为表现，这些固然是践行孝道的体现，但是并不能准确展现孝道的精髓。在封建社会里，孝道有符合其政治需求和经济发展的客观准则，而到了现代社会，乡村孝道则有了更高要求。它一方面要求践行孝道需要一定的能力，另一方面又要求具有较强的情感素养，能及时关注老年人的精神需求。乡村老人终生依靠土地生存生活，他们不想过多地麻烦子女，不求太多的物质享受，只求家庭和睦、子孝孙贤，只要晚辈尊重老人，体谅他们为家庭做出的贡献，多嘘寒问暖，满足他们的精神需求，老人就已经非常满足了。另外，他们也要求子女及晚辈们能够独立自主，事业有一定成就，生活稳定有保障，这样老人就具有了安享晚年的物质和心理保障。

营造孝道传家的社会氛围。“孝道传家久，诗书继世长”这句耳熟能详的对联，揭示了一个又一个青史留名的家族子孙有为、繁荣昌盛的秘诀。“百善孝为先”，“少年不学孝，无以入人道”。这说明我们的祖宗对孝的认识非常深刻，能够洞察孝德具有的积极价值和意义。所以传统社会一些具有较高文化学识的读书人，在齐家治家过程中，让子孙自小养成孝等良好的品质。从当前乡村社会看，孝道传家的观念变得淡薄，即使强调孝道也仅止于对父母的一些孝顺行为，而忽略孝道的更深更广的含义。营造孝道传家的社会氛围需要做好以下几个方面：

一是倡导孝道传家的家风。每个家庭都有自己的文化和精神特质，好的家风和精神特质需要代代传承，这是保障家族不断地走向兴盛的秘诀。孝道传家不但是对家庭的责任传承，对优良品质的传承，而且是对家族荣誉的传承。只有敬重先祖先辈创造的家庭文化，持守家族代代传承的优良家风，家族的后代子孙才能发扬光大家族声誉，绵延世泽。在当前的乡村家庭中，需要大力倡导孝道传家，弘扬尊老爱老、敬老助老的好家风。虽然乡村老人的思想观念与时代有一定的差距，但是他们身上凝聚着中华民族代代相传的吃苦耐劳、坚韧顽强、淡泊名利、友善和气的品质。他们的生命本身就是值得珍藏的精神财富。虽然岁月的沧桑摧残了他们外在的形貌,但是他们对家庭、子女无尽的爱和责任却始终没有减退。乡村家庭需要这种爱护生命、尊重生命的风气,让老年人也能在晚年的岁月同样感受生命的可贵,为子孙后代留下宝贵的精神财富。有了这样的家风,子孙后代才有更大的底气和力量走向未来,奋发有为,家庭成员才能齐心协力,共谋发展。

二是培育敬老助老的村风。村风是一个村庄长期以来形成的整体精神氛围,它包括思想观念、思维方式、行为习惯和价值追求。虽然村风影响范围小,但是由于村民大多世代同居,朝夕相处,知根知底,村里舆论氛围对村民还是具有较强的约束和规范作用。在村中培育敬老崇德的村风,引导村民形成正确的道德评价认知,有利于村民文明素质的提升。培育敬老助老的村风,需要正确把握当前乡村老人的正当需求。绝大多数乡村老人对物质要求并不高,当前的社会保障以及他们的劳动能力,可以让他们过上衣食无忧的生活。他们需要的是来自家庭和社会的肯定、关注和尊重。村民委员会需要提供一些组织平台,为乡村老人发光发热保驾护航。除此之外,还需要发扬爱老助老的村风民俗,倡导村民之间、邻里之间形成友爱互助的好风气,让老人生活得安稳、平静。

三是营造社会敬老爱老氛围。为了保障老年人的合法权益,我国的众多法律都设置了保护老年人权益的条款。《中华人民共和国宪法》《中华人民共和国民法典》《中华人民共和国老年人权益保障法》《中华人民共和国刑法》等从不同方面保障老年人的合法权益。但是法律制度要融入人们的生活,并成为人们生活工作的重要标准和规范,还需要充分发挥道德的作用,尽可能为老人提供更多的资源平台,营造更友善的设施、制度环境。一要谴责网络媒体中丑化老人、歧视老人、虐待老人的现象和行为,挖掘老人生命中的光和热,引导人们正确认识和评价衰老的意义,为老人创造宽松的社会环境,便于他们发光发热,为社会做出更多贡献。二要完善针对老人的各种社会保障体系和制度。随着中国老龄化进程的进一步加剧,老人数量在不断增加,如何保障不同层次的老人在信息化的时代更好地生活,需要在公共设施和公共管理制度上更加友善地对待老人,为他们提供便捷的服务和设施,同时加强管理和监督,保障这些资源可以被老人充分使用。三要激励老人改变观念,勇于超越。老人的人生经验丰富，历经风雨，到了晚年可以活得更加通透自由，如果他们能够改变以前的养老观念，勇于超越，活出自我，对自身和子孙都是莫大的财富。社会应该给这样的老人群体更多的关注和激励，重新塑造人们关于衰老的观念。

第三节
乡村家庭道德教育的局限及超越

自古以来，我国就是一个非常重视家庭教育的国家，身修、家齐、国治是社会治理者的基本思路。而身修、家齐和国治实现的重要手段就是家庭道德教育，良好的道德品质对个人成长、家庭兴旺以及国家的繁荣昌盛具有根本性的意义。传统社会家庭道德教育的主要载体是族规家训，它是家族对子孙后代提出的要求和规范。随着封建制度的解体和消失、家族势力的衰落，家庭道德教育逐渐发生了新变化。

一、乡村家庭道德教育的历史演变

家庭道德教育在中国具有悠久而深厚的文化渊源。三皇五帝时期已经有了家庭道德教育的萌芽并初步形成了“天人感应”的胎教理念。先秦时期通过儒家的汇集和阐述，家庭礼教、德教在修身治国中的地位和作用越来越重要。《礼记》有言，治国必先齐其家，“其家不可教而能教人者，无之”“一家仁，一国兴仁；一家让，一国兴让”“其为父子、兄弟足法，而后民法之也”①。家庭道德教育是齐家的必然之义，也是每一个家族必有的使命之一，即使最后实现不了治国的目的，也是家族兴盛、免于破败的重要保障。因而，教育后世子孙秉持祖宗规训，延续香火祭祀传承，成为中国传统文化的独特风景，并最终成就了中国丰富的家教和家训文化。

中国传统家庭教育主要以传播农牧耕作技术、手工业生产知识、与农业有关的天文历法知识和家庭伦理道德教育为主，其中家庭伦理道德教育是

① 杨天宇．礼记译注：下[M]．上海：上海古籍出版社，2004：806．

核心，因而这方面的教育资料也最丰富、最全面。据史料记载，上古时期已经有了家庭教育的记载。刘向在《列女传·母仪传》中列举了从尧舜时期贤圣有智、聪达仁慧的女性，他们要么辅佐夫君、要么教子有方，美誉流传天下。后稷（弃）之母姜嫄性情清净专一，善于种植庄稼，等到弃年长的时候，就教他种植桑麻，弃聪明仁义，能很好领受母亲的教诲，最终功成名就。姜嫄也成了古代贤母之一。古人重视家教其实从孕育之时已经开始，他们认为，“人生而肖万物者，皆其母感于物，故形音肖之”①。文王之母太任妊娠时“目不视恶色，耳不听淫声，口不出敖言”，所以文王“生而明圣”。《礼记·内则》较为全面地简述为人子、为人妻、为人妇的言行举止之道以及对男童、女童不同的教育要求，确立了传统家庭美德教育的基本遵循。

到了秦汉时候，尤其是汉代“罢黜百家，独尊儒术”，确立了“三纲五常”为核心的儒家伦理思想体系。“孝”成为儒家伦理思想的核心，《孝经》将“孝”的规范要求进一步政治化，家庭伦理道德教育的重要性和迫切性进一步增强，这一时期出现了对后代家教有深远影响的著作和文章，比如《孝经》、《女诫》（班昭）、《女训》（蔡邕）等，一些较为有名的文人官宦也留下了教育子侄的文献资料，比如东方朔、马援、郑玄、杨震等。魏晋南北朝时期是我国家庭教育蓬勃发展的时期。由于社会动荡不安，为了弥补官学的不足，家庭教育兴盛起来。这一时期出现了被称为家训之祖的经典《颜氏家训》。自此，家训、家诫、族规和家风等成为家庭美德教育的主要载体。家训内容主要包括耕读传家、修身齐家、治学为官、日常言行规范等方面。宋明时期，言行礼节规范更趋严格。朱熹在《童蒙须知》中指出：“夫童蒙之学，始于衣服冠履，次及语言步趋，次及洒扫涓洁，次及读书写文字，及有杂细事宜，皆所当知。”②衣服鞋袜，要收拾爱护，洁净整齐；为人子弟要低声下气，言语详缓，不可喧哗，浮言戏笑；常洒扫居处，拂拭几案，保持洁净；读书要身体端正，做到心到、眼到、口到，写字要端正分明；还要注意平时衣食住行等的行为规范。能够做到这五点，朱熹认为不失为“谨愿之士”。朱熹对童蒙时期提出的要求有合理积极之处，但是随着封建体

---

① （西汉）刘向编撰，张涛译注．列女传译注［M］．济南：山东大学出版社，1990：14．

② 朱杰人，严佐之，刘永翔主编．朱子全书：第13册［M］．上海：上海古籍出版社，合肥：安徽教育出版社，2002：371．

制日益僵化，家庭道德教育也显出僵化的趋势，并滋生出背离人性的力量。

二、当代乡村家庭道德教育的局限

传统社会几乎各个家族都有族规家训，甚至为了传承优秀品德，子孙的字派辈分都蕴含修身齐家、治国安民、福寿安康、兴旺发达等意义，如周氏家族对子孙就有“荣丰成云德，伏魁志齐国，福禄永昌显，富贵世兴泽”的期望，可见，字派实质上是祖宗对后辈子孙德行、功业上的要求，并且希望这些德行和功业能够代代传承下去。新中国成立后随着乡村宗族势力的衰落，乡村家庭道德教育进入低迷期。改革开放以来，随着人们对现代化进程的反思，传统家训家教中的精华部分重新得到人们的认可，传承好家训、培育好家风成为当前乡村家庭文明建设的重要内容。但是，与时代的要求相比，当代乡村家庭道德教育还存在种种不足。

（一）家庭德育观念落后

一个家庭有什么样的德育观念和方法与一定社会的生产方式、政治体制和文化环境具有密切的关系。当前乡村家庭在生产方式、人际关系、价值追求、行为习惯等方面与传统家庭相比有了显著的变化，这要求人们的家庭德育观念也要与时俱进，但是当前乡村家庭德育观念却存在滞后性。

一是教育目的与时代要求有差距。不少乡村父母在把孩子培养成为“什么样的人”的问题上，缺乏理论认知和引导。他们不了解时代的深刻变化，不知道自己的家庭应如何做出积极应对，更不能对孩子做出合乎社会趋势的引导。当前乡村父母在教育孩子方面最集中的两个问题是如何让孩子孝顺和读书。有研究认为“农民对子女进行教育，归根到底是为了一个目的，那就是‘养老送终’”①。笔者所在的课题组在七省份的七个村庄调查也显示，在“孝敬父母”和“自立自强”的对比中，人们更关注前者。而在读书方面，很多乡村父母认为读书靠天赋，有些孩子善于读书，有些孩子不善于读书，而一旦自己的孩子在读书上不具备优势，他们对孩子的教育基本上陷入无能为力的状态。

① 陈为. 农民家庭美德教育研究[M]. 成都：四川大学出版社，2006：35.

二是忽略孩子现代优秀品质的培养。品质是孩子德行的表现。优秀品质的评价标准与社会生产方式有关。在依靠体力劳动的社会中,勤劳节俭就是最优秀的品质,即使是名门望族也非常重视这方面的品质培养。而在依靠脑力、依靠科技发展的时代,勤劳节俭虽然也很重要,但它还需要与专注、创新、积极主动结合起来,才能更好地促进人的发展。目前乡村父母在孩子的品质培育上,较注重孝顺、勤劳节俭、忍耐、与人为善以及对家庭的责任,而忽略专注、创新、执着、学习等能力的培养。本课题组的七省份调查也显示:村民在对孩子进行哪些品德教育方面存在认知差异。在"您认为农村小孩的家庭教育应重视哪些方面的内容"问题中,"思想品德教育,懂道理,孝敬父母"无一例外均是首选,超过32%,而对"学习习惯培养,爱学习"选择则有了差异,其中最为明显的是无锡华宏村外来人口问卷数据仅为5.2%。这种差异说明,乡村家庭对孩子的未来发展及其要求并没有清晰的认知。让孩子好好读书,培养孩子良好学习习惯的观念较为淡薄。对心理情感教育、安全教育和良好行为习惯培养的重视,远远落后于对孝敬父母的重视。可见,还有很多乡村父母没有意识到,孩子健全地发展才能为孝敬奠定良好的基础。

三是教育方法简单粗暴。现代社会父母和孩子之间的教育关系已经不是纯粹的教育和被教育之间的关系,而是彼此期待、共同成长的关系。但是不少乡村父母本身知识文化水平较低,他们很难做到与孩子共同成长,更多延续传统家长命令式、训诫式的教育方法。大体来看,当前乡村父母育儿的方法主要存在以下问题:一是粗暴式的打骂方法。这种教育方法虽然已经较少,但还是存在。二是满足型教育方法,尽可能顺着孩子的意愿来,只要孩子喜欢,对孩子的需求较少拒绝,缺点是缺少底线。三是放任型教育方法。父母只关注孩子吃好穿暖,与孩子交流和沟通少,孩子主要是由爷爷奶奶、外公外婆照顾。四是情绪型教育方法。在孩子教育问题上缺乏耐心,父母遇到问题容易冲动,不能理性处理。乡村家庭教育中存在的这些问题,不仅严重阻碍了部分孩子的成长,甚至还给他们带来难以弥补的伤害,父母需要认真对待。

(二)父母角色认知偏差

如何为父做母并不是一个简单的问题。苏霍姆林斯基指出:"有一种包罗万象的、最复杂和最高尚的工作，对所有人来说都是一样的，而同时在每个家庭中又各自是独特的、不会重样的工作，那就是对人的养育和造就。”[①]而要造就好人，父母在家庭中就要言传身教，成为孩子各方面的榜样，帮助孩子培养为父做母的崇高责任感，这是父母的天职所在。苏霍姆林斯基的这种观点与我们传统家庭道德教育思想有相似之处。传统社会对父道、母道都有要求。《周易》指出“家人有严君焉，父母之谓也”[②]。父母都具有严格教训子女的责任。在《说文解字》里，父亲本身就是一种规范的象征，母亲则是孕育孩子成长。如果想要培养德智兼备的儿子，教子宜自胎教始，从妊娠期母亲就要注意自己的言行，禁绝可能对胎儿产生不良影响的环境因素。《女孝经》要求孕妇寝不侧，坐不边，立不跛，不食邪味，不履左道，割不正不食，席不正不坐，目不视恶色，耳不听靡声，口不出傲言，手不执邪器，夜则诵经书，朝则讲礼乐。对孕期女性言行心态的强调，显示了传统家庭教育的智慧。当前不少乡村父母非常重视孩子的教育，并且也努力让孩子拥有更好的生活条件，但做法存在偏颇之处。比如很多父母宁愿出外打工，勤劳节俭，积累几十万元甚至百万元为孩子娶亲，也不愿留在乡村陪孩子好好读书，为他们的发展奠定更坚实的基础；宁愿背井离乡获得更多一点的物质财富，也不愿过一段苦日子，陪在孩子身边鼓励他们走出乡村去经历更精彩的世界。在他们的观念中，只要孩子成家立业了，就可以算是万事圆满，很少考虑到子孙的长远发展。而据乡村家庭伦理课题组调查显示，有近一半的乡村家庭父母学历水平较低，他们无法为孩子的未来发展进行合理地谋划，对社会发展趋势和规律把握不清，他们的辛苦努力在保障子孙发展方面的作用有限。这种情况势必会影响父母职责的发挥以及实际产生的效用。

（三）家风传承培育力度不足

家风影响和塑造家庭及其成员的精神风貌。如家风是家庭宝贵的精神财富，传承培育好家风是家庭道德教育的主要内容。新中国建立后，乡村家风培育陷入低潮，原来注重家风培育的宗族组织和家族势力瓦解，宗族（家族）的权

---

① ［苏］瓦·阿·苏霍姆林斯基．家长教育学［M］．杜志英，等译．北京：中国妇女出版社，1982：8.

② （商）姬昌著，宋祚胤注译．周易［M］．长沙：岳麓书社，2000：180.

威被削弱，加之集体化的发展，婚姻家庭的革命性增强，家庭的教育功能削弱，乡村家风培育几乎陷于停滞状态。改革开放后，家庭联产承包责任制的实行，使得家庭生产功能得以恢复，但是由于家庭结构的变化，核心家庭越来越占据主流地位，年轻父母大多没有关注家风培育问题，虽然他们也会对孩子进行言传身教，但也仅局限于传统美德教育的范围，存在很大局限性。进入 21 世纪以后，越来越多的人们认识到，父母的眼界、行为习惯和价值选择对子女未来的影响越来越大，因而越来越重视家风培育。目前乡村家庭的家风培育面临一些难题。首先，家风传承意识淡薄。良好的家风是一个家族兴旺发达的重要保障，是对所有后世子孙品行上的基本要求。从当前的一些乡村家庭看，没有营造良好家风的意识，疏于对子孙行为的规范，父母不明确要培养子女什么行为品格，老辈人疏于教育孙辈，要么无力教育，要么溺爱。家风传承意识的淡薄使得亲子教育和隔代教育出现偏差。其次，家风培育的规范力量减弱。传统社会好家风的培育具有强大的家族势力作为后盾，在家族内部具有较为严格的惩戒措施，后世子孙必须严格遵守族规祖训，否则就会受到较为严厉的惩罚，甚至不需要借助外部舆论力量。而当前乡村家庭甚至家族宗族内部几乎丧失了这种权威性的约束规范力量。在个人意识和权利意识增强的乡村社会，缺乏有效的约束规范力量，容易滋生一些不良现象。最后，家风培育的协同性不足。家风培育不仅是家庭的事情，也是学校、政府和社会的事情。目前乡村家庭面临各种实际的困难，如家庭的离散、知识能力的差距、家庭生存发展压力较大等，这些势必会影响家风培育。此外，处于不同发展区域的乡村家庭，家风培育也不一样。一些资源较为优厚、发展较好的乡村，家风培育的氛围较为浓厚，但是那些发展较为落后的乡村，家风培育工作开展得就不尽如人意。如何做好家庭和学校、不同发展区域家风培育的协同工作，需要政府统筹规划。

（四）社会主义核心价值观教育基础薄弱

核心价值观教育是家庭德育的前提和基础，也是德育的灵魂。社会主义核心价值观指引乡村家庭德育的目标和方向，为乡村家庭道德教育提供了根本的价值遵循。没有社会主义核心价值观，乡村家庭德育将会变成一锅大杂烩。当前不少地方都将社会主义核心价值观的宣传和教育活动纳入乡村振兴规划的内容，采取多种形式和活动对村民进行价值观教育活动。但是从现实看，乡村社会主义核心价值观教育活动还存在“最后一公里”梗阻现象，即社会主义核心价值观还没有成为乡村家庭生产和生活的主导价值追求和价值原则。

乡村父母的核心价值观认知欠缺。核心价值观不仅是国家和民族的魂魄，也是家庭兴旺发达的动力和保障。没有核心价值观的统帅和指引，家庭的分歧和矛盾很难得到正确的处理。尤其乡村家庭的分歧更加明显，父辈和子辈在生产方式、行为习惯、人际关系、价值追求等方面有明显不同，虽然有时候是以双方互相妥协和忍让而保持和谐，但是一旦涉及重大利益冲突或者矛盾激化就可能发生一些极端事件。社会主义核心价值观为家庭发展、家庭关系处理、家庭教育、家庭精神追求提供了重要的价值标准，它保障家庭成员具备当前社会要求的行为品质和精神理性。相反，没有核心价值观的浸润，家庭对社会发展的要求缺乏应有的关注，在家庭教育方面难以做到未雨绸缪，势必会导致家庭新生代的发展受到诸多限制。

我国提出社会主义核心价值观，既有重塑主流价值世界的战略思考，又有推动个体构建新的精神世界的期望和要求。社会主义核心价值观承担的这种政治使命决定其对人民群众的影响力有待提高。有研究显示，农民在理解、内化和践行社会主义核心价值观方面存在不均衡。相比之下，对社会主义核心价值观各项指标内容的认同度高，践行度低；对个人层面的认同度高，对国家和社会层面的认同度低；在具体内容上，对民主、自由、平等、公正等的理解和践行存在瓶颈制约；农民群体因为年龄、受教育水平、收入等因素影响，也存在差异。[①] 在实际的生活中，村民对社会主义核心价值观有期盼和诉求，希望能够在现实的政策和制度上得到落实。

乡村家庭核心价值观培育践行机制有待完善。社会主义核心价值观的宣传教育活动是一种倡导式活动。各级宣传教育部门按照要求采用多种载体开展宣传和教育。在家庭载体中主要通过开展树立好家风、家训活动，最美家庭、幸福家庭、最美媳妇、最美婆婆等评比活动宣传。这些活动要求对乡村家

① 吴春梅，张贻龙. 核心价值观的理解、内化与践行——湖北农民社会主义核心价值观认同的实证分析[J]. 当代中国价值观研究，2016(1)：120-128.

庭和培育践行社会主义核心价值观具有积极的影响，但是社会主义核心价值观如何真正地渗透到村民的日常生活之中，成为广大乡村家庭及其成员自觉的精神价值追求和行为准则，如何促进乡村家庭积极主动培育和践行社会主义核心价值观，还没形成较为完善的机制。

乡村家庭核心价值观培育和践行活动有待深入。一方面，一些乡村基层组织和干部在思想上重视不够，没有将社会主义核心价值观的宣传教育活动当作事关乡村振兴的重要大事来抓，着重于完成任务要求，缺乏常态化、日常化的手段和机制；另一方面，由于专业知识不足，在培育和践行社会主义核心价值观的实践活动中，缺乏将之有效融入民众日常生活的眼光和手段，导致核心价值观宣传教育活动走向形式主义。要做到"内化于心，外化于行"，达到日用的目的，还需要进一步深入开展宣传教育活动，确保制度和政策的贯彻落实，让乡村民众真切感受到社会主义核心价值观在生活中发挥的主导作用，这样才能让民众真正信服、信仰社会主义核心价值观。

三、乡村家庭道德教育建设重点

家庭道德教育是社会道德教育的重要组成部分，其教育的内容和要求与一定社会的经济、政治和文化有直接关系。当前乡村社会已经发生了千年未有之变局，乡村家庭道德教育也要随着时代的不断变化而有新的时代内容和要求。

（一）提升乡村家庭的教育素养

教育素养是个体在教育方面展现出来的知识积累、能力技巧、价值追求和德行品质的综合。在家庭中，父母的教育素养体现为教育孩子方面所具有的知识积累、能力技巧、态度追求和行为品质。父母的教育素养直接影响孩子未来成长的方向。父母教育素养高，会利用适当的时机和方法尽早开展孩子的家庭教育，抓住童蒙养正的时机，培育孩子良好的行为品格，否则就可能贻误先机，错过了教育的最好阶段。苏霍姆林斯基曾说过，为父做母的智慧，这是社会主义国家极其宝贵的财富。他认为，不是每个人都会成为科学家、工程师等，但是几乎每个人都要为人夫，为人妻，为父或为母。社会教育是从良好的家庭开始的，家庭教育就像植物的根苗，根苗茁壮才能枝繁叶茂、开花结果。所以，“我们的社会——无论是家长，还是将要建立家庭的青年，都需要有一本家长教育学，需要有一本关于家庭、婚姻的道德修养以及如何教育孩子的书。家长教育学应当成为每个公民手边必备的书”①。乡村家庭大多是沿袭传统的教育习惯，无法适应社会发展变化对家庭教育提出的新要求，所以提升乡村家庭的教育素养很有必要。一是培养热爱劳动、勤于读书的家风。中国自古就重视耕读传家。但是由于受现实各种因素的影响，“读书无用论”在某些相对落后的乡村依然具有一定的影响。笔者回乡村老家时也曾被调侃读了那么多年书，一个月工资还不如小学毕业干焊接的亲戚赚得多。在这样的环境中父母不重视孩子的学习，也不会关注孩子良好行为习惯的培养，孩子也认为自己不是读书的料，读不读书没关系。如果这样的思想观念不改变，那么农村孩子要想通过读书改变命运就会很艰难。培养热爱劳动、勤于读书的家风，有利于在家庭中形成共识，引导家庭成员充分认识劳动和读书的重要性。二是培养乡村家庭的道德教育自觉。家庭道德教育自觉是人们对家庭道德教育及其重要性、目的、使命、方式方法、效果等的认识、反思、觉悟和践行等方面的行动。它反映一个家庭对育人工作的重视程度，直接影响家庭育人的效果。从近些年的情况看，乡村家庭教育自觉的能力和水平亟待提高。家庭教育涉及很多方面，但最重要的是品德教育，是如何做人的教育。家庭道德教育对孩子的道德品质形成和发展有着奠基作用，良好的家庭训诫可以培养孩子终生受用的优秀品质。如果家庭不能很好地履行教育职责，社会和学校就需要付出昂贵的代价对孩子的品行缺陷加以补救。在家庭道德教育中，父母和长辈的言传身教是关键。三是设立乡村家庭教育服务机构。当前的乡村家庭道德教育已经不是简单的道德说教，在道德教育中还需要运用一些教育知识、理论、技能和方法，需要有一定的专业知识和能力。2016年中国妇联联合教育部、中央文明办等部门共同印发《关于指导推进家庭教育的五年规划（2016—2020年）》，该规划指出要引导广大家庭以德治家、以学兴家、文明立家、忠厚传家。

---

① ［苏］瓦·阿·苏霍姆林斯基. 家长教育学［M］. 杜志英，等译. 北京：中国妇女出版社，1982：前言2.

2022年全国妇联等11个部门印发《关于指导推进家庭教育的五年规划(2021—2025年)》,把构建覆盖城乡的家庭教育指导服务体系、健全学校家庭社会协同育人机制,促进儿童健康成长确立为今后一个时期家庭教育的根本目标。设立家庭教育服务机构可以帮助乡村父母尽早解决教育中面临的一些问题,消除家庭教育不当带来的隐患。

(二)继承传统优秀家庭道德教育思想

积善之家,必有余庆;积不善之家,必有余殃。这句格言虽然没有经过科学上的验证,但是《周易》却通过阴阳动静的变化,揭示事物渐进发展而最终导致的必然结果,具有深刻的辩证法思想和道德智慧。这句格言奠定了家庭积极向善的基调,成为家庭道德教育的基本遵循。历代家训都围绕忠孝仁义等从不同方面对后世子孙提出了要求,形成了丰富的家庭道德教育资源,这些资源对现在的乡村家庭道德教育依然具有重要的现实意义和价值。

1. 教育理念

传统中国是一个伦理为本的社会,这决定伦理道德规范在社会生活中居于主导地位,是人们行为的主要准则。美德是教育的主要目的。在众多的家训中都可以看到对子孙后代美德培育的要求。石碏进谏卫庄公指出:"爱子,教之以义方,弗纳于邪。骄、奢、淫、逸,所自邪也。"[①]古人一直强调爱子有道,否则就是在害孩子。陆九韶认为,"人之爱子,但当教之以孝悌忠信。所读须先六经论孟,通晓大义。明父子君臣夫妇昆弟朋友之节,知正心修身齐家治国平天下之道"[②],还认为:"夫事有本末,知愚贤不肖者本,贫富贵贱者末也。得其本,则末随,趋其末,则本末俱废,此理之必然也。"[③]这种以德为本、以德为先的教育思想,对家族的繁荣昌盛和国家发展曾经起过重要的推动作用,但是当德为本、为先演变为以德作为评判一切的标准时,就会走向对立面。乡村家庭道德教育需要正确对待德在个人发展中的作用,既要看到德的积极作用,又要注意德的时代性要求,不断适应社会发展需要而做出积极应对。

---

① 杨伯峻编著. 春秋左传注:修订本[M]. 北京:中华书局,1990:31-32.
② (清)陈宏谋辑. 五种遗规[M]. 北京:线装书局,2015:166.
③ (清)陈宏谋辑. 五种遗规[M]. 北京:线装书局,2015:167.

2. 德育内容

传统社会里，家庭道德教育是一个人接受的最主要的教育，大到经邦济世，小到吃喝拉撒，它几乎囊括个人从出生到死亡的所有历程，涉及个人生活的方方面面。从修身立德、齐家治家到立业守德，家庭道德教育万变不离其宗。

修身立德教育。修身立德是做人的根本，齐家、治国都从修身做起，所以古代人们非常重视对子孙的修身立德教育，从小就对他们的言行举止进行严格规范，以培养他们良好的生活行为习惯和德性品质。朱熹在《童蒙须知》中对儿童的言行举止提出了五条要求，一是冠巾、衣服、鞋袜都要收拾爱护，保持清洁整齐。衣服要穿端正，注意走路、吃饭时不要被沾染污渍。脱下的衣服要整齐叠放，破绽要及时补缀。二是言语行为上要注意口气和行为态度，为子弟不能高声喧哄和浮言戏笑，做晚辈的语言和神态都要舒缓。三是所居房间要洒扫涓洁。要洒扫所居之处，几案整洁，笔墨纸砚要严肃整齐，用过的东西要及时归位，父兄长上的文字纸札有散乱的，要加以整齐。窗壁几案文字间，不可画字。四是读书写字几案要清洁整齐，书要放端正，身要端正，读得响亮，做到心到、眼到、口到。写字要一笔一书，严正分明，不可潦草。五是杂细事宜，主要体现为饮食起居坐以及人际交往等方面的要求，比如要早起宴眠，吃东西要细嚼缓咽，不能出声，饮酒不可至醉，上厕所要洗手，众坐要敛身，不可广占坐席等。朱熹认为："凡此五篇，若能遵守不违，自不失为谨愿之士，必又能读圣贤之书，恢大此心，进德修业，入于大贤君子之域，无不可者。"①羊祜告诫子孙："言则忠信，行则笃敬。……若言行无信，身受大谤，自入刑论，岂复惜汝，耻及祖考！"②欧阳修强调要不断学习，他指出人性会因为境遇的转变而变化，不学习就是放弃君子追求而甘愿进入平庸之流。姚舜牧告诫子孙谨守孝道，一旦立住孝道，培养尽孝具有的各种德性，就可以成为一个大孝子，成为道德上的完人。明代庞尚鹏勉励子孙务本业，真知力行"孝友勤俭"四个字。古人对立德的重视，折射了他们的教育智慧。在财物相对匮乏的封建社会，只有具

① 朱杰人，严佐之，刘永翔主编．朱子全书：第13册[M]．上海：上海古籍出版社，合肥：安徽教育出版社，2002：376．

② (清)严可均编．全上古三代秦汉三国六朝文·全晋文[M]．北京：中华书局，1958：1696．

备良好的德性品质才能保障家庭克服天灾人祸上的不良侵扰，确保持续生存下去。当前乡村家庭也需要结合新时代的德性要求，培养孩子良好的德性品质。

齐家治家教育。家在传统儒家文化中是一个非常重要的修身节点，也是社会巩固发展的基础和关键环节。孟子指出："天下之本在国，国之本在家，家之本在身。"①不管是国还是家或身，其中都蕴含丰富的道德意蕴。积善之家，必有余庆；积不善之家，必有余殃。一家仁，一国兴仁；一家让，一国兴让。由此可见，无论是民间还是国家层面，对以伦理道德齐家治家重要性的认识高度一致。齐家治家的目标在于实现"父子笃，兄弟睦，夫妇和"的家庭氛围。如何做到齐家治家，在众多的家规家训中都对子孙提出了训诫和要求。陈宏谋指出："正伦理，笃恩义，辨上下，严内外，居家之要道也。"②司马光的《温公家范》则对家长、卑幼、子妇、子弟、主仆、内外等言行举止的礼节规范做出了明确要求，以整齐门内。他要求家长要谨守礼法，量入为出，禁止奢华，稍存盈余，以备不虞。袁采则认为，自古人伦不齐，父子不能皆贤，兄弟不能皆令，夫妻品质不能相配，对于这种情况不能苛责向善，而应宽怀处之。除了宽怀之外，还需要用道理说服，用真诚感化，促使行为转变，最忌讳用愤恨激烈的言辞加以评判。通过伦理礼仪保障家族成员和睦团结，这是齐家的基本原则。治家主要强调经济上的经营管理，包括要求子孙耕读务本，重视农业生产经营活动，处理好租佃关系，按照时令节气进行生产耕作，经营管理好田间作物，培育种植讲求种植经验和方法，子孙要知稼穑之苦，珍惜粮食，勤俭节约，重视土地的价值，守好祖上积累的家业，发扬光大。由此可见，古代齐家治家既注重家庭内部的和睦团结，齐心协力，又能根据当时的情况抓住积累家业的根本，对于今天齐家治家仍具有借鉴意义。

立业守德教育。古代社会立业意味个人在社会中具有立足的基础和保障，能够凭借自身的头脑和身手满足自身和家庭成员的生存和发展需要。《袁氏世范》指出："人之有子，须使有业。贫贱而有业，则不至于饥寒；富贵而有

---

①　杨伯峻编著. 孟子译注[M]. 北京：中华书局，1960：167.

②　（清）陈宏谋辑，北京师联教育科学研究所编. 社会教育思想与《五种遗规》选读：下[M]. 北京：中国环境科学出版社，2006：211.

业，则不至于为非。”[①]传统所说的“业”主要体现为士、农、工、商。士劳心以求食，农、工、商劳力以求食。立业要做到精专。曾国藩认为，个人穷困通达与否，都是由上天决定的，个人得失是由他人决定的，而业上是否精专，则是由自己决定的。业上精专才能保障个人具有好的生存发展机会。

关于“士”的教育。士是传统社会知识分子的代表，也是社会治理的主体，他们是社会话语权的主导者，也是社会精神家园的护卫者。古人教育子孙走向“士”之途，主要着重以下三点：首先，重立志守恒。杨继盛在临终遗嘱中教育两个儿子要立志，没有志向，心无定向，便会无所作为。曾国藩通过自己的人生经验总结，告诫兄弟子孙：“盖士人读书，第一要有志，第二要有识，第三要有恒。有志，则断不甘为下流；有识，则知学问无尽，不敢以一得自足。……有恒，则断无不成之事。”[②]曾国藩对志和恒的重视，曾氏家族始终铭记在心，这为保障曾氏家族在历次社会波折中依然人才辈出提供了动力和保障。左宗棠教育子侄要立志做好人，向孔孟看齐，苦心读书，承担社会大任。同时他还教导子孙，温良固然可爱，但是要成就丈夫事业，还要做到刚强，也就是要有顽强的意志，即“任人所不能任，为人所不能为，忍人所不能忍。志向一定，并力赴之，无少夹杂，无稍游移，必有所就”[③]。其次，重为学读书。为学读书是耕读传家家风的主题，家学渊源是对一个家族治学读书上的褒奖，古代名望家族始终如一地强调读书的重要性以及如何读书。南宋叶梦得告诫子孙，早起需要读三五卷书，保障心思用在正途上，然后才可以做其他事。如果凌晨起来便做一些俗尘杂事，或者闲坐发呆，一天又一天，与书卷疏远，不再思考学问，这样即使没变成一个庸俗之人，也是一个只知道穿衣和吃饭的蠢呆子弟。南宋赵鼎在《家训笔录》中要求闺门之内，要把孝友作为首要事务加以重视，平日教子孙读书为学。陆游要求子孙无论如何都要读书，即使在贫困之时，也不能不读。读书为学，一是可以明理进德，讲求诚正修齐之道，体悟伦理日用的真谛。二是为了报国安民。许云邨告诫子孙：“士幼而绩学业，以尧舜君民为志。壮而入仕，固当不论崇卑，一以廉恕忠勤，报国安民。为职持此，黜谪何愧。如或贪酷

① 袁采．袁氏世范[M]．北京：商务印书馆，2017：18-19．

② 曾国藩．曾国藩家书[M]．北京：北京燕山出版社，2010：9．

③ （清）左宗棠撰，林鸣凤，等整理．左宗棠全集：十三 家书·诗文[M]．长沙：岳麓书社，1987：5．

阿纵，负国辱家，贵显只重罪愆。合宗告祠削谱，勿齿于族。”①三是变化气质。苏轼“腹有诗书气自华”更是劝导人们读书的佳话。庞尚鹏指出，以古人为鉴，莫先于读书。读书可以改变人的气质，如轻浮则矫之以严重，褊急则矫之以宽宏，暴戾则矫之以和厚，迂迟则矫之以敏迅。随其性之所偏，而约之使归于正。曾国藩告诫诸弟唯读书才可变化气质。再次，重官德教育。学而优则仕，自科举取士以来，做官是绝大部分知识分子的首选目标。所以对于读书人家来说，官德训诫成为家训重要组成部分。它主要包括以下内容：一是廉洁守法。作为官员，贪赃枉法、是非不分、草菅人命、拉帮结派，不仅违背知识分子讲求气节清白的人格操守，还会让家族遭受灭门之祸，所以门风严谨清白的家族都会明令子孙为官要保持气节，不能为名利丧失尊严节操。包拯告诫后世子孙有犯赃滥者，不得放归本家；亡殁之后，不得葬于大茔之中。不从吾志，非吾子孙。并且他要求儿子将他的诫言刻于石壁。明代《郑氏规范》明示：“子孙出仕，有以赃墨闻者，生则于谱图上削去其名，死则不许入祠堂。”②二是勤政爱民。为生民立命、爱民如子是知识分子精神追求的重要组成部分。俗话说：当官不为民做主，不如回家卖红薯。官员最重要的就是教化百姓、兴修水利、赈灾免祸，维持政通人和的社会风气，协调百姓矛盾纠纷。若懒政怠政，则使纲纪废弛，地方恶势力蔓延，民不聊生，社会危害极大。明代《郑氏规范》指出：“子孙倘有出仕者，当早夜切切，以报国为务，抚恤下民，实如慈母之保赤子，有申理者，哀矜恳恻，务得其情，毋行苟虚。”③三是忠君报国。报国是传统知识分子的最高追求，也是最高荣誉。选荐人才、立言谏事、平定天下、保家卫国是知识分子品德和能力的见证，为君分忧，义不容辞。杨继盛教育儿子：“若是做官，必须正直忠厚，赤心随分报国。固不可效吾之狂愚，亦不可因吾为忠受祸，遂改心易行，懈了为善之志，惹人‘父贤子不肖’之笑。”④

关于“农”的教育。传统社会是农耕社会，农业是满足生存需要的行业，也是家族维持生存的最长久之道。所以历朝历代一直采取重农抑商政策，将农业视为国家之本。这种观点自然也体现在家训之中。《药言》认为第一等本是

---

① 徐少锦，等主编. 中国历代家训大全：上[M]. 北京：中国广播电视出版社，1993：223.
② 徐少锦，等主编. 中国历代家训大全：上[M]. 北京：中国广播电视出版社，1993：239.
③ 徐少锦，等主编. 中国历代家训大全：上[M]. 北京：中国广播电视出版社，1993：238.
④ 徐少锦，等主编. 中国历代家训大全：上[M]. 北京：中国广播电视出版社，1993：507.

务农，所以要求子孙不能“服役于衙门”“奔利于江湖”，但务耕读本业。张英认为，“人思取财于人，不若取财于天地”①。靠着田产放债取息不是长久之计。土地薄植薄收，厚培厚报，只要勤劳，就会有收入。不劳心计，不受人忌嫉。没有东西能和土地媲美，所以要守住田产。田产不怕水火，不怕盗贼，不需要人守护，只要进行劳作就可以保障衣食无忧。要悯农。他要求子弟要知晓田家耕种收获之苦。陆游在《示子孙》告诫子孙“吾家世守农桑业，一挂朝衣即力耕”，不能丢弃家族代代相传的耕读家风。历代家族重农崇本的教育突出反映人们对子孙职业选择优先性的期望和要求，这其中既有家族延续的底线，又有家族声誉的维护，两者都符合封建家族的需要。

关于“商”的教育。商人重利轻别离，精于谋利，不事生产，容易引起社会的逐利风气，从商在传统社会被认为是末等行业，社会对它评价消极，所以在家训中多可以看到禁止子孙从商谋利的训诫。历代统治者均重农抑商，注重名誉的家族对子孙进行商业活动都会进行一定的限制甚至禁止。姚舜牧要求子孙“但就实地生理，切莫奔利于江湖”②。而那些从事商业经营活动的家族，为了获得一定的社会声誉，也会对子孙的行为和经商活动进行规范，尤其那些深受礼义教化的家族，即使经商也依然持守仁义、诚信等道德信条，生财有道是其基本的训诫。例如，晚清著名商人胡雪岩就为庆余堂定下了“戒欺”的店训，“真不二价”则对药品质量提出了更高要求。晋商乔家则有“货真价实”的商训，除了在产品质量和数量上作出要求外，一些经商家族还承担社会公益和国家救济的责任。

3. 教育原则

身教与言教相统一。传统家教思想认为，身为长上，如果不能起到身先示范的作用，就无法教育子弟以及后人，崇德守礼，立身修德。所以教子需要以身率先。作为父母不仅在言行上做出表率，还要时时进行检省，不要子孙重蹈覆辙。汉代马援以自己一贯好恶告诫子孙，在背后议论人的短长，妄谈是非正法，这是他深恶痛绝的，宁死不希望听到子孙有这样的行为。袁了凡总结自身存在的“宜无子者”的情况：一是好洁，直心直行，没有积功累行积福，轻言妄

① 吴敏霞，杨居让，侯蔼奇注译. 治家格言[M]. 西安：三秦出版社，1998：225.

② 吴敏霞，杨居让，侯蔼奇注译. 治家格言[M]. 西安：三秦出版社，1998：85.

谈，不能容人，或以才智盖人，没有意识到“地之秽者多生物，水之清者常无鱼”的道理。二是善怒，违背和气能育万物的规则。三是不能舍己救人，违背爱为生生之本的智慧。四是多言。五是铄精。六是爱熬夜，不知葆元毓神。所以他要求子孙：“汝今既知非，将向来不发科第，及不生子之相，尽情改刷；务要积德，务要包荒，务要和爱，务要惜精神。”①

注重童蒙养正。童蒙养正被视为成就圣功大业的基础。蒙在《易经》中被视为事物的幼稚状态，童蒙是指婴幼时期的孩子。古人一直认为婴幼时期的孩子虽然不能言语，没有多少记忆，但是他们特别容易受外在环境的影响，所以《颜氏家训》要求，从婴孩时就要对其行为进行引导和规范，要他们知道察言观色，明白人的喜怒，明确行为举止的界限，这样逐渐就会习得礼仪，形成习惯。否则，孩子从小没有规矩，形成骄慢任性的个性，即使父母鞭挞至死也改变不了他们的习性，父母管得越严，孩子的叛逆或逆反心越炽，等到成人之后只有败德辱家。司马光也在家训中要求，孩子刚出生，为其寻找乳母的时候，要选择温顺恭谨的良家妇人。在孩子能吃食物的时候，父母教他用右手拿食具，孩子能说话的时候，教他知道自己的名字，学会问候应答，孩子再大一点，就要让他知道尊敬尊长，对不敬尊长的言行，要严格规训。宋代家颐认为，对孩子自小要律之以威，绳之以礼，这样孩子长大之后才能言行有度、孝顺恭谨。袁采要求在孩子小时候就要对他严格要求，长大之后不能减少对他的爱；不仅男孩如此，女孩也要从小养成良好的行为习惯，沉静少言，衣着朴素，勤于织补烹饪，操持家务。

重视好家风传承。好家风是一个家族长辈立足家族长远的发展，要求家庭成员形成的精神气质、行为方式和价值追求等的总和。曾国藩告诫儿子要持守寒素家风，不可贪恋奢华，不可惯习懒惰，读书、写字不可间断，早晨要早起，莫坠高曾祖考以来相传之家风。左宗棠认为一国有一国的习气，一乡有一乡的习气，一家有一家的习气，其中有可法者，有足戒者，家庭成员必须有“心识其是非，而去其疵以成其醇”的意识和能力。家风中和顺为贵。他指出，“严急烦细者，肃杀之气，非长养气也”②，要求子孙加以警惕。

① （明）袁了凡撰，胡国浩导读注译．了凡四训[M]．长沙：岳麓书社，2019：14．
② （清）左宗棠撰，林鸣凤，等整理．左宗棠全集：十三 家书·诗文[M]．长沙：岳麓书社，1987：5．

因材施教。传统社会每个家族立足的祖业有所不同，子孙中每个人品性也有所差异，所以进行教育的时候，除了对他们进行基本的伦理品德教育外，还会根据现实的教育对象和场景的不同而有所差异。仕宦家庭就比较注重子孙在为学为官时的志向、态度和规则要求，而务农为本的家庭就注重农耕方法和生活准则教育。除了家族不同，每个人的习性、气质也不一样，在教育的过程中会根据具体情况教育子孙长善救失。左宗棠在儿子岁试高中时告诫他，你的才质属于中等，参加岁试就高中，我原以为是你学业大有长进的结果，刚刚看了呈上来的岁试草稿，也不过如此，并且字句间有些不恰当的地方……你应该多加反省，断断不可骄傲自满，让我担忧。总之，很多家训是家庭长者在长期的读书治学和做官经历中总结出来的经验智慧的结晶，他们很善于将历史和现实结合起来，对家庭中的幼者和晚辈进行教育教导，实现教化的目的，这使得家庭教育呈现鲜明的个性色彩。

4. 教育载体

传统家庭道德教育具有丰富的教育载体，穿衣吃饭、行走坐卧、房间建筑布局和装饰、生活用具等，无不展示着传统伦理道德的规范和要求，营造了浓厚的伦理道德生活氛围。除了这些常见的生活和实物外，家庭道德教育中还有一个非常重要的载体——家书。在传统社会"家书抵万金"不单是一句诗文，也不仅是凸显家人的思念和牵挂，更重要的是家书中蕴含的人生智慧、治家格言以及对子孙后代的谆谆教导，其中体现的殷殷期盼让家书成为联系家庭成员之间的情感纽带，也成为家族凝魂聚魄的基石。尤其对于离家在外的家长而言，教育子弟难以企及，家书就成为传情达意、总结人生社会经验的最好手段。家书不同于家训家规的严苛，而是以一种温和的方式，引导子弟认识社会发展的趋势，学会为人处世的基本规范。家书教育的特殊性以及优势对于当前乡村家庭道德教育来说仍然具有重要的现实意义。

传统家庭道德教育在历史中曾经起过非常重要的作用，它保障中华民族优秀文化基因在家族中代代传承。虽然时代变化，有些道德内容和观念已经不适应现代社会，但是作为传承数千年的智慧结晶，其中必然也有其合理的成分，对待这样一份沉甸甸的文化遗产，需要慎重对待，更要认真汲取精华，让传统家庭教育的精髓代代延续。

（三）重视乡村家庭培育和践行社会主义核心价值观

社会主义核心价值观培育和践行重在家庭。家庭是文明的细胞，是决定人的个性品质形成的首要基础。人们在家庭中习得的行为规范和个性品质，是扮演社会角色、承担社会责任的重要保障。要在全社会倡导和践行社会主义核心价值观，家庭领域的培育和践行是最基础的工作。在家庭中倡导和践行社会主义核心价值观，培养子孙后代具有正确的价值追求，形成规则意识，并在家庭生活中引导子孙后代养成符合现代社会的行为品质，对于个人、家庭和社会意义都有重要价值。

1. 提高乡村民众对核心价值观重要性的认知

社会主义核心价值观是凝聚乡村社会的最大价值共识。乡村民众素质参差不齐，思想和价值观念分歧明显，彼此之间也会产生矛盾。社会主义核心价值观为民众解决分歧和矛盾提供了价值标准。乡村家庭认同并践行社会主义核心价值观，意味着核心价值观真正成为当前社会人们普遍的价值共识和价值追求，这样乡村家庭才能在精神价值层面完成转变。

核心价值观是形成优良家风的核心。家风的好坏直接影响一个家庭的兴旺发达。历史经验一再证明，只有形成优良家风的家族才能世世代代人才辈出，家道昌盛，否则就会家道败落。社会主义核心价值观是好家风的灵魂，只有社会主义核心价值观在家庭中扎根，家庭才会具有现代的精神风貌，家庭成员之间才能和睦相处、共同进步。

核心价值观是个体的行为标准和价值追求。虽然社会主义核心价值观从三个层面提出了价值要求，但是从践行和追求的角度看，三者之间并无整体和个人之分，相互之间紧密联系，相辅相成，最终都要归结于个体的价值追求。随着中国现代化进程的推进，社会主义核心价值观越来越呈现出对人们的重要性，只有将之深植于人们的精神家园，转化为个体的内在品质，才能发挥它推动经济社会发展、推动个体人格完善的重要作用。

2. 明确家庭践行核心价值观的要求

社会主义核心价值观具有整体性，它是个人、社会和国家协同一体的价值目标，并且每个价值目标之间并非孤立，而是密切联系、不可分割的。从当前乡村社会践行核心价值观的情况看，各地主要以活动化、评比化为主，内容主要围绕“好媳妇”“好婆婆”“文明卫生家庭”等方面开展，出现了偏重一些内容而忽略另一些内容的现象。所以乡村家庭在培育和践行社会主义核心价值观时，内容上应做出相应的调整和改善，加强对社会主义核心价值观内容的整体把握。如在“富强、民主、文明、和谐”方面，鼓励家庭以此为目标，发展经济，形成良好家风。尤其在富强方面，乡村家庭不仅需要富，也要重视强，还要借鉴传统家训经验，教育子孙成为自立自强之人。在“自由、平等、公正、法治”方面，鼓励形成平等、独立、相互尊重的家庭人际关系，这要求乡村父母着力于孩子独立和公平正义意识的培养，教导孩子具有独立人格，努力为自己的未来奋斗，并给予他们帮助指导。“爱国、敬业、诚信、友善”是个人品质的要求，乡村家庭要着重于孩子立业守德教育，促使孩子形成敬业专注、诚信友善的行为品质，做一个有利于家庭、国家和社会的人。

习近平总书记指出，培育和践行社会主义核心价值观要在落实、落小、落细上下功夫。乡村家庭要营造践行核心价值观的氛围，需要做到以下几个方面：

第一，父母要具有价值规则意识。只有父母具有价值规则意识，才会对孩子的行为做出明确的规范要求。父母或长辈以身作则，身体力行，在生产生活中，一方面，为孩子树立守规则的典范，严格管控自己的不良生活和行为习惯，避免影响孩子；另一方面，从生产生活的各种经验中引导孩子追求美好的道德品质，鼓励他们自立自强、努力奋斗。

第二，利用核心价值观化解家庭分歧纠纷。乡村家庭实际上有自己的矛盾解决机制，父子之间、夫妻之间、婆媳之间的矛盾产生之后，有时候通过传统道德调节机制，分歧纠纷会被化解。但是传统的化解调节注重息事宁人，过多强调义务，它要求其中一方做出更大妥协去成全另一方，具有一定的弊端，有时矛盾并未得到根本解决，长时期单向的妥协会让积累的矛盾尖锐化。核心价值观更注重伦理关系的相互性，更强调协同性和协作性，所以用核心价值观去协调家庭关系，更有利于自由、平等、民主、独立的家庭关系的形成，对家庭的健康发展更有意义。

第三，利用核心价值观铸就优秀品质。每一个社会的核心价值观都是一种人格的体现,社会主义核心价值观要求人们具有理性、独立、自由的人格,具有协作、专注、诚信的优秀品质。乡村家庭要更好地适应社会,不仅要强调谋生的能力,也要注重培育家庭成员应具备的优秀品质。优秀的精神品质是乡村孩子通过努力改变命运的人格基础,乡村父母要用社会主义核心价值观构筑起孩子优秀品质的根基,为他们未来的健康成长保驾护航。

3. 丰富完善家庭践行核心价值观的途径

当前乡村家庭培育和践行社会主义核心价值观,主要体现于主题活动、宣传和各种评比之中,形式多样,气氛也比较活跃,但是核心价值观要成为村民日用而不觉的价值追求,培育和践行活动还需要进一步深化。这需要乡村家庭能够真真切切地将这些活动变成日常生活的重要组成部分。

一是用好家书。家书在我国传统家庭道德教育中发挥着重要作用。家书与家训家诫不同之处在于后者体现一种规则的严肃性,而家书多是人们在生活中总结出来的经验智慧,具有生活化特点,便于人们理解和接受。家书不仅展示了亲情的浓厚,实际上也体现了父母的勤劳。曾国藩一生在外居官为多,在家也忙于政务,但是他一直没有停止利用家书对兄弟子侄进行教诲,在日复一日的反复告诫和引导中,为兄弟子侄树立起良好的行为规范。当前不少乡村父母离家在外,虽然有电话视频,有殷勤叮嘱,但是很多父母和孩子之间缺乏共同交流的话题,亲子之间没有形成真正的情感和信息沟通,这就导致父母与孩子的隔阂越来越大。而家书取材范围很广,可以谈工作、谈生活、谈兴趣爱好、谈理想、谈学习等等,父母可以利用这样的方式将生活的不同面貌展示给孩子,引导他们树立正确的思想观、道德观、价值观,消除父母与孩子之间的隔阂,深化彼此情感上的共通、共情。所以即使在信息化高度发达的今天,家书仍然具有较强的价值意义。

二是努力营造向上向善的家庭氛围。家庭氛围是一个家庭精神风貌的整体展现,是家庭及其成员在思想认知、思维方式、道德要求、价值追求和行为习性等方面的综合反映。好的家庭氛围就像一个美德孵化器,无形中将美德的种子播于家庭成员的心田,并孕育它长大。向上向善是现代中国家庭需要营造的氛围。向上意味着家庭及其成员具有积极乐观的态度和开放的胸怀,能够着眼于时代的发展需要,努力追求自我和家庭的发展完善;向善意味着家庭及其成员与人为善，关注他人和社会，不做损人利己的事，身体力行，向他人和社会传播正能量。乡村家庭营造向上向善的家庭氛围，向孩子传达积极进取的人生态度和坚韧不拔的意志力量，追求美好的生活价值，用善指引生活航向，既可以激发孩子的斗志，又可以引导他们正确处理利益冲突和纠纷，有利于孩子的健康成长。

三是帮助孩子承担家庭应有的责任。孩子是家庭中的一员，虽然他们没有成年，不具备谋生的能力，但是他们对家庭幸福的影响至关重要，他们的所作所为都是家庭幸福的晴雨表。乡村家庭要树立孩子与父母一起建立幸福家庭的协作意识，让孩子认识到，他们发挥的作用与父母在家庭中的作用一样，主动让孩子参与到家庭事务的议定谋划之中，让他们看到自己所作所为对家庭发展的影响，培养他们的家庭责任意识。父母通过让孩子参与家庭发展和家庭幸福的奋斗之中，引导孩子培养理性、独立、自主、平等等方面的意识。这样核心价值观才能在家庭中深入地扎根。

第五章 中国当代乡村家庭伦理建设的路径

中国当代乡村家庭伦理建设，应注重宏观与微观的结合、环境与主体的互动，既要加强乡村家庭伦理的制度化建设，形成行之有效的制度保障，又要整合家庭教育、学校教育与社会教育等资源，扬弃乡贤文化，培育当代乡村家庭伦理践行的文化生态，还要建设乡村自治组织，提升当代乡村家庭伦理建设的主体自觉。

第一节 当代乡村家庭伦理的制度化建设

伦理的制度化是指把相对抽象的伦理要求、道德命令具体化为社会成员所必须遵循的一系列可操作的行为规范。它是为倡导特定的伦理价值观念和道德准则所制定的鼓励与惩罚的规则，本质上是一种保障和促进道德建设的制度机制。由于社会主义乡村家庭伦理难以在乡民中自发产生，需要从外面"灌输"进去，而且乡民们践行社会主义家庭伦理的自觉性也存在显著差异，因此，建设中国当代乡村家庭伦理，需要强有力的制度提供保障。乡村家庭伦理的制度化建设，需要从重构乡规民约、完善乡村养老机制、强化乡村家庭伦理建设的法治保障等多个层面来进行。

一、乡规民约的重构

（一）乡规民约的特征和作用

建构中国当代乡村家庭伦理，离不开乡规民约。需要在厘清家庭伦理与乡规民约的关系基础上，通过加强乡规民约的建设来约束家庭成员的行为，从而保障家庭伦理建设的顺利进行。

乡规民约作为一项约束百姓行为且具有约定俗成意义的规定与约定，由乡村群众集体制定，是村民进行自我约束、自我管理，并自觉自愿履行的民间公约。它具有集体性、道德性、教育性、发展性以及与法治对立统一性等特征。首先，它具有集体性特征。乡规民约的社会整合力不是来源于村级基层组织的权威，更不是来源于村党支部书记或村民委员会主任等具体个人，而是源自村民的整体利益，是一种内生的公共权力，它的制定主体与约束对象都是全体村民，是由乡村百姓集体制定并自觉共同遵守，仅仅适用于本乡村空间内的文明公约和居民守则，无法运用于本乡村之外的空间。其次，它的主要内容多是道德教化性的，是对优秀传统伦理思想的承续发展和集中体现。它对乡村百姓的行为进行道德约束，在不同的社会历史时期承担着不同的道德功能。例如在贵州省贵定县石板乡腊利寨现存 1919 年的寨规碑中，书写有“贫穷患难亲友相救”“勿以恶凌善，勿以富吞穷”“耕者让畔，行者让路”等要求，而这些都是伦理道德教化的内容。再次，它的具体约束功能或者说惩罚功能主要是通过教育途径来实现的。它通过教育来感化百姓，让百姓理解、认同与遵守乡规民约。通过考察历史实践，我们可以明确的是，乡规民约始于春秋战国，渊源于周礼的读法之典。“读法”的基本思想就是要用礼、乐、法、风俗、道德等内容教化百姓，使百姓对自身行为进行自我节制，遵礼向善，以达到实现社会稳定有序的目的。当有村民违反乡规民约的行为时，村规民约的执行者一般会选择教育的方式去让他们认识到自己的错误，从而改过自新。又次，乡规民约具有发展性特征。乡规民约在中国有着悠久的历史，其形式与内容是随着时代而不断发展的。中华人民共和国建立后，生产资料公有制奠定了社会主义道德体系形成的基础，新型乡规民约在渐次的农村改革和建设中发挥着重要功能，乡规民约的内容和形式得到了进一步的发展。最后，乡规民约与法律法规具有对立统一性。从总体上看，乡规民约都是在宪法规定的基本框架下制定的，大部分内容是符合宪法精神的，与法律法规共同服务于社会主义精神文明的建设实践，两者的内容、目标等方面具有统一性。然而，乡规民约与法律法规的制定主体、约束对象、约束力、约束内容等方面不同，这就使得乡规民约在内容、表现形式、执行效力等方面不同于法律法规。在调查中我们发现，在某些乡村地区乡规民约中仍存在歧视妇女、侵害妇女权益等规定，突出表现在女性的土地权利、参政权利、人身权利等方面。这些规定与国家法律法规相矛盾，不利于法律法规的执行。

根据宪法要求而制定的当代乡规民约，具有约束个体行为、维持正常秩序、营造乡村和谐环境和巩固国家统治等作用，对乡村家庭伦理建设而言，是一项强有力的制度保障。首先，它具有约束个体行为的作用。乡规民约以个体正当行为养成为基础和前提，将忠孝友爱、禁止恶行等作为内容规定，通过内在自律和外在机制推动乡民遵守共同的行为规范，使乡民养成符合该地区主流价值观念的行为模式，培养利群意识；并依据已经内化的社会公德要求去同化其他乡民也参与道德契约之中，化解各行为主体之间的矛盾，促进乡村地区形成良好风气，实现社会和谐发展。其次，它具有维持乡村正常秩序和营造乡村团结氛围的作用。在约束个体行为的基础之上，乡规民约还通过政治、经济、社会、生态等面面俱到的规定，以及明确的赏罚机制，约束着整体村民的行为，有效调节了整体意义上的乡村矛盾，维持了乡村正常的生活与生产秩序，推动了乡村各项事业的发展，进而巩固了信任根基，带动着乡村社会良性运行。最后，它具有稳固国家统治基础的作用。婚姻家庭法规是由国家颁布并强制实施的一种法律规范，但婚姻家庭法规的强制性力量往往会因为法律制定出台的相对滞后性而难以在其治理对象领域发挥“立竿见影”的作用，这也就使得婚姻家庭法规无法及时有效解决乡村家庭婚姻生活中的各种矛盾。在这样的情况下，乡规民约作为民众的契约性规定就可以作为国家法规的有效补充，在乡村婚姻家庭生活规范与调解中发挥积极作用。它通过约束个人与整体的行为，及时有效地化解纠纷，解决乡村婚姻家庭生活中出现的诸多矛盾，平衡乡村家庭婚姻生活中的多种关系，维持乡村的正常秩序，从而为国家的长治久安奠定良好基石。

（二）乡规民约与当代乡村家庭伦理建设的辩证关系

乡规民约与当代乡村家庭伦理建设关联紧密。一方面，两者目的具有一致性。乡规民约的存在意义与建设目的是希望通过对乡村百姓的言行举止进行相应的约束，从而最终实现提高个人/群体道德修养与维护整体秩序和集体利益等目的。而建构中国当代乡村家庭伦理，其目的则在于通过对家庭成员的言行举止进行约束，从而提高家庭成员的伦理道德素养，最终实现和睦家庭的建设。两者都致力于提高村民的道德修养以及维护家庭和乡村整体利益。另一方面，两者的内容具有一致性，可以相互促进。当代的乡规民约是在继承传统而又根据现代要求而发展起来的，它与中国传统的道德文化息息相关。其内容主要包含对个人道德修养的要求、对家庭关系的约束、对乡村整体事务的管理等多个层面。一般而言，乡规民约会有以下这些规定：个人应该讲文明，懂礼貌，热爱祖国，拥护共产党的领导，要尊敬老人，爱护晚辈，要诚实与善良等；家庭成员应该相互尊重、理解与爱护，夫妻以和为贵，维护稳定的婚姻关系，不随意离婚，共同营造和睦的家庭氛围；乡村实务中，应以乡村集体利益为中心，肩负起维护与建设乡村的责任与义务，禁止损害整体的乡村利益。而这些内容与当代乡村家庭伦理多有重合，在一定程度上是家庭伦理的具体化、现实化，有利于当代乡村家庭伦理的建设。在乡规民约的约束下，乡村百姓个人与整体的道德水平提高，有利于解决夫妻、婆媳等家庭成员之间的矛盾，维护乡村共同体的利益，维持良好的乡村秩序，营造和谐的乡村环境，有利于乡村家庭伦理道德的建设。相反，如果没有乡规民约的道德约束，在国家婚姻家庭法规失灵的“灰色地带”，村民的家庭婚姻生活行为可能会背离社会道德的要求，影响整个乡村的风气，从而不利于乡村家庭伦理建设。同理可证，建构中国当代乡村家庭伦理，有利于促进个体的成长与家庭的和谐，使广大村民形成良好的道德品质，使村民们更加自觉地遵守乡规民约，从而促进乡规民约建设的顺利推进。总而言之，建构中国当代乡村家庭伦理离不开整体的乡村环境建设，而乡村环境优化又离不开乡规民约的建设与完善。两者具有目标的一致性、内容的相关性。乡规民约为中国当代乡村家庭伦理建设提供强有力的制度支持，是乡村家庭伦理建设的有效手段。乡规民约是建立在村民主体性基础上、由村民共同制定的具有乡村契约性质的具体明确的行为规范。它在乡村认同度高，容易被村民理解和接受，而且约束力较强，实施效果比较好。

今天我们仍然要发挥乡规民约对乡村家庭伦理建设的作用。但由于乡规民约来源于传统的道德文化，有些内容已经无法适应现代生活，阻碍了当代家庭伦理的发展。因而建设当代乡规民约，必须适应时代的新要求，加入当代文明的新理念。目前应该着力将社会主义核心价值观的内容融入其中，强化乡规民约的社会主义道德价值导向，发挥乡规民约的社会主义道德教化功能。具体而言，既要继承传统乡规民约合理的内容，维护公序良俗，又要扬弃传统乡规民约的糟粕，如对其存在的男尊女卑、歧视女性等不合理内容，引导村民加以修订。据有关调查显示：有些村的乡规民约中，侵害妇女土地权益的条款有“出嫁女婚后户口未迁出者，不论时间长短一律不给粮款”“出嫁女不管户口是否迁出，不再享有集体土地的使用权和生产经营权，不能再享受征用土地的安置补助费；离婚女性不管是否改嫁，户口是否迁出，田土一律调整”。更荒唐的是还有乡规民约规定“外出未婚打工女要想领到土地转让补偿金，要先到医院做‘贞洁鉴定’，不是处女不分地”①。这些歧视性条款与社会主义家庭道德背道而驰，必须予以清除。2009 年中央党校妇女研究中心性别平等政策倡导课题组推动河南登封市的 3 个村、舞阳县的 5 个村修改乡规民约，将侵害女性权益的条款剔除，把“公共事务与集体资源分配中男女平等”写入乡规民约。在乡规民约的“村庄秩序维护”篇中明确规定：“婚出男女因离婚或丧偶，户口迁回本村者，可享受村民待遇（所带子女以有效法律文书为准）。”②这一规定解决了由于传统的从夫居造成的婚出婚入、离婚丧偶的妇女丧失土地和相关村民待遇的问题。

要发挥乡规民约在当代乡村家庭伦理建设中的积极作用，从路径上而言，要通过开展优秀乡规民约和祖训家规的专题书展、经典诵读、迎新春送春联书法笔会等活动，宣传与弘扬有利于促进当代乡村家庭和睦的乡规民约。广泛开展“好媳妇”“好婆婆”等文明评选活动，建立村级乡规民约讲习堂，适时开展家庭道德宣讲、孝亲敬老、关爱留守儿童等各类志愿服务活动，达到提高群众道德素质的目的。建立乡规民约评议会制度，改善乡规民约评议会成员的推选程序及其当选后的工作内容与方式，赋予其相当的权利和义务，使评议会成员能在促进乡村家庭和睦方面发挥更大的作用。大力开展寻找“最美家庭”活

① 刘筱红，赵德兴，卓惠萍. 改革开放以来中国农村妇女角色与地位变迁研究：基于新制度主义视角的观察[M]. 北京：中国社会科学出版社，2012：464.

② 刘筱红，赵德兴，卓惠萍. 改革开放以来中国农村妇女角色与地位变迁研究：基于新制度主义视角的观察[M]. 北京：中国社会科学出版社，2012：466-467.

动，宣传一批尊老爱幼、男女平等、科学教子、夫妻和睦、勤俭持家、邻里互助的优秀典型，弘扬家庭美德，引导广大群众做和谐文明家庭的创建者。

二、乡村养老机制的完善

为了建构当代中国乡村家庭伦理，需要从制度和政策维度寻求解决当前乡村家庭问题的长效性办法和路径。养老问题就是当前中国乡村家庭面临的主要问题之一，一旦无法妥善解决养老问题，就无法进一步推进当代中国乡村家庭伦理的建设。这就需要根据《中共中央国务院关于实施乡村振兴战略的意见》等政策文件，进一步完善乡村养老机制，营建乡村家庭敬老、爱老的和睦氛围。

（一）乡村养老的现状与困境

改革开放40多年以来，我国的乡村生活水平得到了显著提高，乡村养老取得了一定成绩。政府通过出台《农村五保供养工作条例》、"新农保"政策、贫困户建档立卡制等一系列政策与制度，直接或者间接地帮助了老人，解决了乡村老人的部分生活困难，一定程度上减轻了乡村老人家庭养老的经济负担。然而，伴随着我国乡村老龄化进程的加速，目前我国的乡村养老现状依然不容乐观。

首先，乡村老人的规模日渐增加。自1982年开始，我国老龄化日益严重，老年人口所占比重持续上升。截至2021年末，全国60周岁及以上人口达26 736万人，占总人口比重为18.9%，其中，65周岁及以上人口达20 056万人，占总人口比重为14.2%，[①]而乡村老龄化要比城镇老龄化严重，2015年的乡村、乡镇和城市的60岁老年人占总人口的比重分别为18.47%、14.53%和14.2%，城市和乡镇的老年人口同龄人的比重明显低于乡村。[②] 可以说，日渐严重的乡村老龄化直接加重了乡村居民养老负担。乡村居民的收入水平总体

① 国家统计局. 中华人民共和国2021年国民经济和社会发展统计公报[N]. 人民日报，2022-03-01(011).

② 聂日明. 谁为中国人养老？老龄化的现状与问题[J]. 健康中国观察，2020(5)：65-67.

上大大低于城镇水平，为老年人提供的公共养老服务条件与城镇也无法相比，乡村真正是“未富先老，未备先老”。而乡村老龄化不仅仅是老龄人口的比例增加，也是人口结构老龄化与乡村社会结构老龄化并存，现在老年人成为乡村社会日常生活的主体，乡村社会的日常运行主要依靠老年人的留守和操持，乡村社会成为了真正的老年化社会。这种双重老龄化意味着乡村养老问题突出。其次，家庭养老面临新困境。养儿防老一直是中国传统的养老方式，传统的孝道是家庭养老的伦理保障。但是伴随着乡村年轻人的进城务工，人口的大规模流动，加之城乡的二元体制，当前乡村家庭成员因空间的拆分，家庭养老功能弱化，传统孝文化式微。子代因生活压力大或者思想观念发生变化，无力或不愿意赡养老人的现象出现，而国家养老、社会养老机制又不健全，这便增加了乡村养老的困难。最后，在当前乡村振兴背景下，乡村医养融合养老服务模式尚存在养老资源供需失衡、服务结构比较单一、服务责任界定不清等问题，发展水平明显低于城镇，严重制约了乡村地区“老有所养”目标的达成。

（二）优化乡村养老的制度支持

1. 完善乡村基本经营和土地新政策

缺乏坚实的物质基础是制约当前乡村养老的主要问题之一。改革开放以来，越来越多的农民选择了进城务工，但仍有相当规模的农民在家以种田为生，其中又以老年农民为主体，乡村基本经营政策和土地政策对老年农民收入产生着巨大的影响，从而影响其养老质量。因此，为了提升乡村老年农民的收入，解决好“两地”(田地与宅基地)问题便成为其中重点。第一，坚定不移地巩固长久的农村土地承包关系，让农民吃上“定心丸”，并积极探索土地转让形式创新。基层政府可以积极培育新型农业经营主体，探索适度规模经营，让农民通过将土地出租给农业大户、合作社的方式使自己从农业劳动中解脱出来，并用租金来实现自我养老。第二，给宅基地使用权和房屋所有权更大的自由，使乡村百姓可以将闲置的房屋用于田园开发项目或出租给大型农家院，在改善生活环境的同时，可以获得经济利益，为自我养老打下基础。总之，通过土地与宅基地资源的合理利用，积累一定的物质基础，为老年生活提供一定的物质保障。

从上述乡村养老的情况看，国家和家庭养老支持力量都比较薄弱，乡村老年人的基本生活和养老状况为"终生劳作和自力养老"①。乡村老年人的老年生活基本是与劳作融为一体的，只要有劳动能力，老人们就会一直从事农业和家务等劳动，既满足他们的家庭生活所需，又让他们有一定的收入。较多的老人还通过"做小工"增加收入来源。乡村老人大都终生劳作，有的甚至劳作至终，依靠自己的劳动收入和积蓄作为自己的养老保障。面对这种情形，解决乡村养老问题，还需提供一定的就业岗位，既可以让老人获得尊严感，又可以增加经济来源。基层政府应该与企业等单位开展合作，为身体条件较好、有一技之长又渴望实现"老有所为"的乡村老人提供适合的工作岗位，承担帮助老人实现个人价值的社会责任。具体途径如下：一方面，根据当地的文化资源，通过深度挖掘本地区的传统文化、地域特色，发展文化旅游业，带动乡村老年产业，增加乡村老年人的就业机会，将其培养成为再就业达人、文化匠人、传统工艺传承人。这样一来，在充分利用老年劳动力资源的同时又可以增加老年人的经济来源，提高老年人的家庭地位，使他们获得精神慰藉。比如，在湖南花垣县双龙镇十八洞村，通过发展文化旅游业，很多老人通过售卖土特产、银饰等或者从事餐饮行业，重新获得了工作价值，从而提升了幸福感与价值感。另一方面，也可以因地制宜发展现代农业、种植业等产业，雇佣当地的乡村老年人或者吸引附近乡村的老年人前来就业。老人从事农业生产、种植、乡村园艺等工作，既符合乡村老人的生产生活习惯，又为他们提供了一笔劳动报酬，增加了家庭收入，这些都为在外打工的青壮年农民工安心工作提供了重要保障。所以有研究认为，这种老人农业构成的小农经济和青壮年构成的打工经济共同构成了乡村以代际分工为基础的半工半耕生计模式，符合乡村家庭再生产的现实要求，也符合当前降低生产成本的要求。老人农业充分体现了乡村老人的价值，对提高乡村老年人的家庭和社会地位具有重要的意义。②

2. 健全乡村养老服务制度

为了建构中国当代乡村家庭伦理，需要继续完善乡村养老服务制度，可以从财政扶助、政府服务与社会服务体系三个层面进行。

首先，在财政扶助层面，可以建立与地方区情相符的财政投入机制，并重

① 陆益龙. 后乡土中国[M]. 北京：商务印书馆，2017：184.
② 贺雪峰. 社会转型背景下的农村青年调查[M]. 武汉：湖北人民出版社，2017：47.

点向乡村倾斜。地方财政补贴是提高基础养老金的支柱，在国家财政补助的基础上，要畅通渠道，支持引导城市的资金、资产、资源投向乡村养老，有条件的地方政府要适当提高养老补助标准，最大限度地缓解老年养老的经济压力。

其次，在政府服务体系层面，可以从养老保险、合作医疗、养老院建设等方面进行。在养老保险方面，要为农民开通全省乃至全国统一的养老账户，逐步提高新农保补贴标准，使其能够满足基本生活需求，让乡村老人共享发展成果。在农村合作医疗方面，尽快减免特困、高龄老人的参保费用，并扩大报销范围；对60岁以上的乡村老人增加财政保险补助标准，梯次提高住院报销比例；由个人和政府共同出资，建立大病扶助基金，彻底解决乡村老人看不起大病的问题，还需要为乡村老年人设立指定卫生室、私立医疗机构等作为专门就诊机构，并将上述就诊机构纳入新农合定点范围，以切实提高老年医疗保障水平，扩大老年医疗保障范围，提高老年特殊病种报销比例，从而减轻困难老人的医疗负担，消除老人自我养老的后顾之忧。在养老院建设方面，加快乡镇养老院向区域性养老服务中心转型进程，广泛利用废弃校舍等闲置资源建设乡村居家养老服务中心，让乡村老人就近能够享受生活照料、家政服务、康复护理和精神慰藉等方面的服务，享受“日间统一照料、夜间分散居住”的便利，最大范围地满足他们“离家不离邻，离户不离村”的要求，构建低成本、广覆盖、就地入住、服务灵活的乡村养老体系。

最后，在社会服务体系层面，建立健全乡村养老的网格化服务机制。以延伸建好每一个乡镇(街道)的老年服务大数据平台为基础，以乡镇(街道)老年协会为牵头统揽，整合基层老年协会、老年学校、老年体协、老年科协、义工协会、志愿者协会等社会组织的服务功能和优势资源，统筹适时开展老年日常活动、日间照料、结对关爱帮扶老人等养老服务。拓展和深化医养结合，着重建立养老服务和医疗卫生服务资源的有效衔接机制，加快探索建立长期照护保障制度，积极推动医疗服务向社区、家庭延伸，为老年人提供全方位、全生命周期的健康养老服务保障。开展老年人技能培训，发挥乡村老人在美丽乡村建设中的作用，培养老人自主、独立的能力，平衡因为代际观念不同造成的孝养期望差异。而在构建服务模式方面，可以建立相应照料制度和家庭补贴制度，保障老人得到较好照料，减轻家庭孝养中的各种压力；加强乡村养老产品的设计，加大养老供给侧结构性改革力度，把养老院空置的床位利用起来，让能活动的老人有所为，支持互助性养老服务建设，努力探索建立多层次、多元化的乡村养老模式。将“孝亲敬老光荣、虐老弃老可耻”列入村规民约，重构以“孝文化”为核心、以家庭为载体的养老模式。

三、乡村家庭伦理建设的法制保障

正如在前文所论述的那样，改革开放40多年以来，中国发生了翻天覆地的变化，在取得了巨大成绩的同时，也遇到了新情况、新问题。其中，传统的家庭伦理便遭到了各种思想观念冲击，而原有的一些相关法律法规条文，无法适应新情况，解决新问题。因此，为了确保乡村家庭伦理建设有效推进，必须提供新的相应的法制保障。

（一）乡村家庭伦理法制化的依据

关于家庭伦理法制化或者制度化，有观点认为是把家庭伦理原则和要求转变为法律制度，通过强制性的法律制度去规范伦理行为，也有观点指出伦理法制化或者制度化是制度伦理化的前提，制度伦理是伦理制度化的结果。家庭伦理法制化的目的，在于解决或者预防家庭出现的伦理问题，维护公正合理的人伦秩序，而法制是其具体实现手段，从这个意义上来讲，家庭伦理制度化实质就是将家庭伦理的基本规则和要求蕴含于家庭养老、婚姻等制度中，明示于某些规范中、贯穿于某些组织和团体的运作活动中，促使个体和组织能够按照伦理的基本原则和要求做出稳定行为选择的实施体系和组织体系。① 它主要由两个层面组成。其一，将家庭伦理原则和要求融入法制之中，并将其上升为法律法规条例和自治团体的规范制度，使其成为共同遵守的法律与制度，彰显国家对家庭伦理的重视。其二，组织和团体的有序运作。组织和团体是家庭伦理秩序维护的组织、动员、服务、协调和规范的保障。

乡村家庭伦理法制化，有利于家庭伦理建设。将家庭伦理基本规范、要求、原则等法制化后，即通过法律的普遍性、规范性和强制性，对抛弃或虐待老

① 张翠莲，李桂梅．试论当代乡村家庭伦理制度化建设[J]．道德与文明，2017(5)：21-27．

人、家暴等突破家庭伦理底线的行为进行强制性的约束与规范，可以保障利益相关者的合法权益不受侵犯，维护正常的伦理关系与建设和谐的家庭关系。而且，通过完善和设置相应的社会组织、机构和团体，可以为协调、监督、激励家庭关系而提供组织保障。

（二）乡村家庭伦理法制化的途径

1. 宣传普及并修订完善与家庭伦理相关的法律条文

首先，宣传普及《中华人民共和国民法典》。2021 年实施的民法典婚姻家庭编首次增设了关于“树立优良家风，弘扬家庭美德，重视家庭文明建设”的倡导性规定，这是家庭伦理法制化的要求，体现了婚姻家庭关系以法治为基础、以德治为滋养的德法共治特殊属性，彰显了法律的威严。它要求家庭成员之间相互尊重、相互扶持、相互帮助，维护平等和睦的家庭关系，维护家庭成员的人身权益和财产权益。民法典继承编对财产继承制度给予明确确认和规范，对耕地承包利益、宅基地利益和房屋利益等大宗家产做出较为明确的划分。在乡村地区，由于村民法律意识薄弱、法律知识欠缺，对传统的财产继承法习惯深信不疑，一般是家中男子具有继承权而外嫁的女子并无继承权。其结果便是由于不懂法而导致的乡村家庭财产争夺案件正逐年增多。因此，必须向广大村民宣传《中华人民共和国民法典》。

其次，宣传新修订的《中华人民共和国妇女权益保障法》和进一步修改完善《婚姻登记条例》《中华人民共和国反家庭暴力法》。改革开放以来，伴随着接受教育程度的提高、城乡间的流动性增强、城市文化的冲击，乡村的婚姻家庭价值观念等发生了变化，同时也出现了一些新问题，而原有的法律法规无法解决新出现的问题。因此，需要重新修订完善与婚姻相关的法律法规，确实保护男女双方的权益尤其是女性的权益不受侵犯，保障男女平等能够实现，共同爱护与维护家庭利益。

再次，宣传 2022 年 1 月 1 日起施行的《中华人民共和国家庭教育促进法》和新修订的《中华人民共和国未成年人保护法》，重新补充与修订《中华人民共和国老年人权益保障法》，进一步明确家庭成员的身份性和家庭关系的伦理性，反对所谓的“契约化”倾向，对老年人与未成年人投入更多的关怀，保护老年人与未成年人的合法权益,并且强化对违法者的惩罚功能。

最后,还应该积极建立家事法庭。因为家庭矛盾的特殊性,设立专门的家事法庭可以更有针对性地处理有关家事纠纷的案件。家事法庭的法官设置、程序设置等应该适应于家事纠纷的解决,司法机关不应当为了自身的便利而将所有矛盾都转移给当事人。

2. 增强村民的法律意识与自我维权能力

为了建设和睦家庭,构建中国当代家庭伦理,既需要法律法规的保护,又需要广大村民依法保护自己与他人的合法权益。而保护的前提是尊法、学法、守法与用法。

首先,村民应自觉地尊法,尊重与家庭伦理建设相关的法律法规。法律是治国安邦之重器,在法律面前,任何组织和个人都应该尊重与维护宪法和法律的权威,不得有超越宪法和法律的特权,更不能侮辱与违背宪法和法律。要让村民树立宪法和法律至上的观念,自觉尊重、维护、遵守宪法和法律,切实增强法律意识,树立法律神圣的尊严和威信,做到心中有法、自觉守法、不能违法。在自己尊法与守法的前提下,也要规劝、要求家庭成员去尊法与守法。

其次,村民应学习、理解与遵守婚姻家庭的法律法规,做到学法与守法。只有学法,才能进一步确保自己的合法权益不受侵犯;只有守法,才能不侵犯别人的合法权益。因此,需要利用当地执法部门、媒体、学校、乡村干部以及社会志愿者,通过开展“新农村、新生活”宣讲、举办电视专栏活动、发放宣传资料等多种形式,组织广大村民学习并全面理解《中华人民共和国民法典》《中华人民共和国老年人权益保障法》《中华人民共和国妇女权益保障法》《中华人民共和国未成年人保护法》等与自身利益密切相关的法律法规。

最后,村民守法与维权意识应该提高。他们应增强学法、用法能力和自我保护意识,使他们在权益受到侵害时,能拿起法律武器来保护自己的合法权益。保护好个人的权益不受侵犯便意味着对他人不合法行为的否定、批评与惩罚,从而有利于维护个人的利益、家庭的和谐与法律的权威性。政府、法院等有关部门应该加强乡村普法教育,在全体村民中进一步普及各种法律知识,特别是与村民息息相关的《中华人民共和国民法典》《中华人民共和国未成年人保护法》等,让村民们知法、懂法、守法、用法。有关部门应向村民传达好、解释好关于乡村家庭伦理建设、家风建设等方面的法律规定，让村民能够及时知道、理解并能够认同国家的法律法规内容，进而在现实中积极落实与践行法律。有关部门应该坚持教育与惩戒相互结合，开展“不文明行为大家评”，设立“曝光台”，切实纠正各种不文明家庭言行，督促村民养成良好的家庭文明习惯。

3. 建立乡村家庭司法维权网络

依法治国的出发点和落脚点是保障人民群众的根本权益。因此，在当前乡村家庭权益难以得到全面有效保障的实际情况下，必须大力推进乡村家庭司法维权网络建设，充分发挥社会纠纷大调解机制和法律服务中心的作用，及时化解各种家庭纠纷和家庭矛盾，注重维护乡村妇女、儿童和老人在家庭中的正当权利；让群众真切感受到法律的温情，彰显司法行政工作的公平正义和为民情怀，增强群众“法律获得感”和“道义认同感”，努力打通司法行政服务群众的“最后一公里”。

第二节
当代乡村家庭伦理践行的文化生态培育

建设中国当代乡村家庭伦理，离不开良好的文化生态环境。只有好的文化生态环境才能孕育出较为理想的乡村家庭伦理。因此，需要从优化乡村家庭伦理教育方式、开展乡村家庭文明创建活动与传承优良家训家风等方面培育良好的文化生态。

一、乡村家庭伦理教育的方式优化

（一）提升家长家庭教育能力

家庭是人类文明的起点，也是伦理关系的出发点。正如梁漱溟先生所说：“是关系，皆是伦理；伦理始于家庭，而不止于家庭。”[①]习近平总书记在会见第

① 梁漱溟. 中国文化要义[M]. 上海：学林出版社，1987：93.

一届全国文明家庭代表时同样指出"家庭是人生的第一个课堂，父母是孩子的第一任老师。孩子们从牙牙学语起就开始接受家教，有什么样的家教，就有什么样的人"，"广大家庭都要重言传、重身教，教知识、育品德，身体力行、耳濡目染，帮助孩子扣好人生的第一粒扣子，迈好人生的第一个台阶"。① "家长要时时处处给孩子做榜样，用正确行动、正确思想、正确方法教育引导孩子。要善于从点滴小事中教会孩子欣赏真善美、远离假丑恶。要注意观察孩子的思想动态和行为变化，随时做好教育引导工作。"②因此，健全乡村家庭伦理教育机制必须从家庭教育开始，而家庭教育又对家长或者其他监护人有着严格的要求，即家长应具有一定的家庭教育能力。所谓家庭教育能力则是指家长所拥有的教育孩子健康成长的各种能力的综合，包含道德品质教育能力、性格培养能力等。这种能力的形成不是一蹴而就的，是经过长时间学习、思考与实践而形成的。为了切实提高家长的教育能力，家长首先应该意识到家庭教育的重要性并能够积极主动地学习如何教育孩子。村委会和乡村有关社会组织可以通过引导家长们阅读"孟母三迁""岳母刺字""画荻教子"等经典的育子故事而认识到环境对孩子成长的重要性；也可以通过邀请教育方面的专家与乡村家庭的家长们面对面或者运用微信育儿群等新媒体的方式分享育儿经验；还可以通过组织家长们观看育儿方面的专题电视节目来获取育儿理念与方式；等等。只有通过多方面的学习，家长们才能掌握先进的教育理念、教育内容与教育方式，从而形成一定的家庭教育能力。

（二）健全家庭伦理教育的学校介入机制

1. 完善乡村教师供给机制

中国乡村人口众多、教育需求大，但整体而言，其教育设施、教育人才、教育理念、教育条件与教育质量等方面，都无法与城市相比，这些都严重制约着乡村文明的发展，影响着家庭伦理教育的进行。因此，建构中国当代乡村家庭伦理，必须完善乡村教育供给机制，壮大和优化教师队伍，鼓励具有良好师德师风的优秀人才下乡服务。

---

① 习近平．从小积极培育和践行社会主义核心价值观[N]．人民日报，2014-05-31(002)．

② 习近平．在会见第一届全国文明家庭代表时的讲话[N]．人民日报，2016-12-16(002)．

首先，要提升乡村教师的政治与物质待遇。各级政府应落实党中央、国务院确定的乡村教师支持计划和生活补助政策。各级政府要下最大气力增加教育经费投入，将符合条件的乡村学校教师纳入当地政府住房保障体系，让乡村教师的工资福利水平能够满足教师过上体面生活的需要；还要营造尊师重教的社会氛围，努力提高乡村教师的政治地位。

其次，完善乡村教师的评聘制度。以学校、乡镇、县、市为单位，以德才为中心，对教师进行年度据实综合评估考核，并定档分类。对于德才兼备的教师给予物质与精神方面的奖励，对其先进的教学经验、良好的师德师风进行广泛宣传，并对其重用；对于师德欠缺、能力不足的教师，给予批评、教育与帮助，凡在师德师风方面有问题的教师，不得进课堂。

最后，建构乡村教师继续教育培训体系。地方政府要积极组织《关于加强和改进新时代师德师风建设的意见》(教师〔2019〕10 号)等政策培训工作，让乡村教师了解、理解并践行国家政策，重视提升自己的业务能力和品行，严格律己。地方政府要有计划地选派乡村教师到专业机构进行业务培训，提升业务素养，或是选派乡村教师到外地考察学习，增加见识。

2. 健全家庭伦理文化的学校传播机制

建构中国当代乡村家庭伦理，需要重视发挥中小学校向乡村家庭传播先进的家庭伦理观念的积极作用。乡村地区的中小学校要重视学生的德育工作，特别是家庭伦理教育，要将家庭伦理教育纳入学生德育工作考核体系之中。在中小学思想政治课堂上，应该根据不同年龄的特点和知识水平，传递婚姻家庭道德知识，加强学生的婚姻家庭道德教育；在其他的学科课堂教学中，也应该探索融入婚姻家庭道德知识的新方法、新途径，巧妙地融合学科知识与家庭婚姻道德知识，向学生讲述家庭美德故事，传播尊敬老人、关心父母、团结兄弟姐妹等伦理观念，让学生在学习学科知识的同时，也能接受到道德层面的熏陶。教师也应该重视课堂外的家庭婚姻道德教育，可以通过学雷锋志愿者活动、给父母写一封感恩信、让学生制作父母生日礼物、家访等活动和形式，了解学生的家庭情况，进行有针对性的引导，提高学生及家长的道德素养。

（三）营造良好的家庭伦理教育社会环境

为了优化乡村家庭伦理教育模式，还应该从社会这个层面来思考问题，即社会要为家庭伦理教育提供良好的条件，大致可以从两个层面进行着手：

其一，在组织层面，可以成立教育组织机构与发挥主流媒介的道德宣传作用。基层政府应成立乡村家庭教育工作领导小组，配备专（兼）职人员，由党政一把手负总责，切实履行综合协调、组织推动、督导落实等职责。主流媒体应该充分利用其自身的优势，进行家庭伦理道德知识传播，宣传尊老爱幼的典型事迹，塑造和睦家庭的榜样，传递党和政府关于家庭伦理道德方面的政策等，让村民全方位地理解家庭伦理道德相关知识并积极践行。政府宣传机构、工会、共青团、妇联、“关工委”、乡镇、村（居）委会等组织应该相互配合，全面营造良好的家庭伦理道德建设氛围。

其二，在社会服务层面，可以加大家庭伦理教育服务力度。可以通过开展专家讲师团进校、家庭伦理教育乡村行、百万家长进课堂等活动，构建“学校、家庭与村镇三结合”指导网络，推动乡村家庭伦理教育科学化、人本化和常态化。通过建立健全“家校联系卡”制度、“家长会”制度、倡导构建“学习型”家庭，密切学校同家长的联系和沟通，使家庭教育和学校教育拧成一股合力，从而为学生的发展提供更完善的教育环境。利用“互联网＋教育服务”模式，方便群众进行家庭伦理教育学习，提升教育知晓度和满意度。从实际出发，聘请懂教育有经验的家长和教师进行经验交流，让他们介绍先进的家庭教育经验，推动乡村家庭伦理教育。还可以在寒暑假请大学生为家长或看护人深入浅出地讲解教育的基本知识，敦促家长或看护人真正地将所学知识应用到自己的家庭伦理教育中，实现科学教育孩子的目的。

二、乡村家庭文明创建活动的开展

家庭文明创建活动是加强社会主义精神文明建设、促进乡村社会和谐稳定的重要载体，是推进乡村家庭伦理建设的最重要抓手。这项活动起源于20世纪50年代全国妇联开展的宣传和学习勤俭持家运动。1982年全国妇联倡导发起“争创五好家庭”活动，1985年开始全国各地将“五好家庭”创建活动纳入各自精神文明建设的规划中。1996年为贯彻落实党的十四届六中全会《中共中央关于加强社会主义精神文明建设若干重要问题的决议》的精神，将

"五好家庭"活动更名为"五好文明家庭"活动，而且妇联联合中宣部、广电部、国家教委等18个部委发出《关于深入持久开展"五好家庭"创建活动的联合通知》，制定了评选表彰办法，对"五好文明家庭"的标准做了修订，新的"五好"即"爱国守法，热心公益好；学习进取，爱岗敬业好；男女平等，尊老爱幼好；移风易俗，少生优育好；勤俭持家，保护环境好"。随后妇联和中央文明办决定在2000年1月至2003年6月全国实施"家庭文明工程"，围绕活跃家庭文化生活、普及科学文化知识和法律知识、破除封建迷信和落后习俗、和睦家庭邻里关系等5个方面的内容组织活动，目的在于提高家庭成员的思想道德素质和科学文化素质，树立科学、民主、文明、健康的家庭生活方式。在乡村则重点开展"美在农家"活动，要求对影响农民家庭生活环境的突出问题进行治理，帮助农民解放思想，改变观念，改变落后的生活方式，创造乡村优美的生活环境。2014年全国妇联在全国开展寻找"最美家庭"活动。2015年中宣部和全国妇联表彰并向全社会公开发布10户全国教子有方"最美家庭"和10户全国孝老爱亲"最美家庭"的先进事迹，目的在于积极培育和践行社会主义核心价值观，进一步推进家庭道德建设。2016年，为落实习近平总书记关于"注重家庭、注重家教、注重家风"的重要指示精神，中央文明委举行了第一届文明家庭评选表彰活动，文明家庭表彰大会于2016年12月12日，在北京召开，授予300户家庭第一届文明家庭荣誉称号。2020年11月20日，第二届文明家庭揭晓，共499户"文明家庭"入选。2022年5月15日，全国妇联表彰997户第十三届全国五好家庭并揭晓997户全国最美家庭。

多年来的实践证明，家庭文明创建活动对于提高家庭成员素质、弘扬家庭美德、促进家风、民风和社会风气健康向上，起到了积极的作用。我们要继续发扬这一好的经验做法，并需要在以下一些方面做出进一步努力。

(一) 优化文明家庭的创评机制与标准

在总结传统的文明家庭创评机制的经验基础上，各地应将将新时代的文明家庭创评要求融入进去。在文明家庭创评的过程中，乡村要坚持创建是根本、评选是手段，不能重"评"轻"创"，更不能以"评"代"创"。

首先，完善文明家庭创建机制。科学分析新时代家庭文明创建工作的特点和规律，探索建立家庭文明创建的新内容、新要求，制定出新型激励机制。通过政府部门工作、媒体宣传、专家讲解，动员乡村家庭进行文明家庭创建活动。可以在坚持发文、发牌、颁发荣誉证书、大会表彰、物质奖励等传统的文明家庭激励机制的同时，尝试探索为文明家庭户免费订阅报刊、组织文明家庭户到先进地区学习参观交流等多样化的激励措施。

其次，完善文明家庭评选机制。建立健全党委领导、文明办主管、妇联牵头、各方参与、齐抓共管的创建格局和社会化、开放式工作网络。首先，对传统的评比标准和条件进一步改进与完善，把美丽乡村建设与和睦家庭的相关内容列为文明家庭创建的具体要求，细化具体标准，融入时代特色，因地制宜地制定出合理的评选标准。推进文明家庭创评多元化、动态化和社会化发展，采取家庭日评、群众互评、村（社区）审评、张榜公示、乡镇（街道）审批等程序，进一步完善申报、公示、复评挂牌、通报反馈、档案管理等工作制度。实现文明家庭动态管理，利用互联网推广电子台账，开办文明家庭创建活动网站，提高文明家庭创建活动的覆盖度和知晓率。探索采取市场化方式，向社会筹措一定的活动资金，实行文明家庭创建的项目化运作。

（二）创新乡村家庭文明创建活动内容和形式

在推动乡村家庭文明创建活动内容方面，政府应该将其与优秀的传统家庭伦理文化紧密融合。要积极向乡村家庭传播中华民族传统美德，传递尊老爱幼、男女平等、夫妻和睦、勤俭持家、邻里团结的观念，倡导忠诚、责任、亲情、学习、公益的理念，更要在家庭中积极培育和践行社会主义核心价值观，围绕党风廉政建设，深化推进家庭助廉活动；围绕健康中国战略，深入开展“平安家庭”和“健康家庭”等系列宣传活动，丰富和发展活动的内涵和外延。

在推动乡村家庭文明创建活动形式方面，政府应鼓励乡村家庭深入挖掘根植于民间、彰显时代精神的特色民俗文化，将具有鲜明地域特色的文化产品融入传统家庭美德元素进行开发和推广，让带有乡土气息的文化产品带上美德标签走进市场，进入人们的日常生活。政府可以组织乡村家庭文明知识竞赛、乡村家庭文艺比赛、家庭评选等大众喜闻乐见的活动，让乡村百姓在活动中创建、在娱乐中进步；紧紧围绕创新型国家建设，给予创新型家庭文明创建工作以更广阔的平台和资源支持;按照以城带乡和城乡统筹的思路,将城乡文明家庭创建活动统一谋划,统筹城乡配置工作资源,探索区域、城乡文明家庭创建工作的对接与互动交流机制。政府通过乡示范点的共建、融合和城乡家庭牵手帮扶和互动合作等活动,动员社会力量支持乡村文明家庭创建。政府应实现城乡家庭的优势互补和文化交融。政府把创建工作与加强未成年人思想道德建设结合起来,促进文明育儿家风的形成;与创建文明乡镇结合起来,使广大家庭从关心自我到关心社会,努力形成"一点多面"的创建局面。

(三)促进乡村家庭文明创建活动与社会主义核心价值观建设深度融合

从本质上来讲,家庭文明就是一个家庭(家族)多年来积淀和传承下来的价值观,它与一个社会的核心价值观是息息相关的;而社会主义核心价值观则是一种国之大德,是一种民之共德,现代家庭也应该成为社会主义核心价值观生长的沃土,现代家庭文明应该是社会主义核心价值观的微观体现。社会主义核心价值观在个人层面上所提倡的"爱国、敬业、诚信、友善",与传统家风所要求的精忠报国、尊老爱幼、诚实守信、勤劳敬业等优秀品质是基本一致的;在社会层面上所提倡的"自由、平等、公正、法治",与传统家庭文明所要求的遵纪、守法、公平、公正等优秀品质有着部分吻合;在国家层面上所提倡的"富强、民主、文明、和谐",与传统家庭文明所要求的勤劳致富、遵德守礼、家庭和谐等优秀品质亦多有相通之处。传统家庭文明虽然不能涵盖社会主义核心价值观的全部,但它是人们价值观形成和精神成长的重要起点,是我们国家和社会形成核心价值观依托的文化土壤,对于引导人们培育和践行社会主义核心价值观而言,是最基础的东西。因此,把社会主义核心价值观同家庭日常生活中的家庭文明建设联系起来、结合起来,是将其落细、落小、落实的一种有效途径。

在家庭日常生活中,通过家庭文化的滋养和家庭成员的践行,这些家庭文明所承载的美德将被最终嵌入人们灵魂深处。因此,以家庭文明创建为载体培养和践行社会主义核心价值观,能有效克服价值观理解和教育上的"断层"问题和"缺位"问题,实现社会主义核心价值观教育上的延续性和持久性;只要我们能够利用家庭文明创建这个易于推广的载体,社会主义核心价值观就会潜移默化地转化为村民自觉奉行的行为标准，社会主义核心价值观的弘扬就会从精神层面的“感知”转化为具体的行动。

具体来说，我们可以通过培育家庭诚信道德，坚持尽孝。随着年纪不断增长，乡村老人身体机能逐渐退化，其主观心理感受也会受到一定的影响。老人对自身未来命运的茫然，常常使他们产生莫名其妙的恐慌，譬如对衣食的担忧、对疾病的担忧、对寄人篱下的担忧、对身后事的担忧等等。这些担忧常常使他们辗转反侧，同时也使他们非常渴望在这些方面得到子女们的郑重承诺。对大多数老人而言，子女们的承诺与践诺，能使他们对未来做出大致的判断，能减轻他们对未来的担忧和恐惧，因此可以说：对老人讲诚信也是孝德的践行方式之一。俗话说“老换小”，对于老人而言，他们就像小孩子一样，对他人能否践诺寄予很高的期望值。一旦所受许诺没能得到兑现，其失望之情是可想而知的，重则憋屈于心、精神颓废、忧郁成疾。

三、家训家风的传承

家训家风是中华传统文化的重要组成部分，是家庭伦理的具体体现与结晶。家训家风教育自古以来也是中国伦理道德教育的重要方面，有利于传承中华民族传统美德，提升个人的道德修养水平，营造和睦的家庭氛围。作为中华民族伦理道德理想的表现形式与实现手段，传承与践行优良的家训家风，既是培育和传承中华传统美德最直接、最有效的方式和载体，又是培育和涵养社会主义核心价值观的重要抓手和有效载体，①更是建设当代家庭伦理的有力支撑。

（一）家训家风的概念与特征

在千百年的道德熏陶与实践中，我国形成了特有的家训家风文化，并影响当代中国家庭伦理构建、家训传承与家风养成。根据《现代汉语词典》的解释，家训即“家庭或家族对子女教导或训诫的话”，是家庭或家族共同认可并自觉

---

① 刘先春，柳宝军. 家训家风：培育和涵养社会主义核心价值观的道德根基与有效载体[J]. 思想教育研究，2016(1)：30-34.

遵循的精神追求、道德理念、思想作风、价值取向、生活习俗、行为准则等。具体而言，即父祖对子孙、家长对家人、族长对族人有关修身处世、治家理财等的教诲训示，此外，也有一些是夫妻间的嘱告、兄弟姊妹间的诫勉、劝谕，或者后辈贤达者对长辈的建议与要求。其表现形式丰富多彩，包括篇言、歌诀、训词、铭文、格言、警句等。家风又称“门风”，指家庭的风气，是一种看不见、摸不着的习气，体现着家庭成员举手投足间的习性。家训与家风之间具有紧密的关系。一方面，优秀家训的世代传承必然有利于形成优良的家风；另一方面，优良家风的践行又将进一步传承、丰富与发展着家训。

家训家风具有不同的特征。在形式上，家训以有形的状态表现，而且表现形式多样，经历了起初的口头训诫、家书形式，到后来的系统的文献形式，充分展现了家训的劝诫内容，而家风是以隐形的状态表现；在功能机制上，家训在一定意义上具有“家法”的作用，能够发挥硬性约束作用，而家风具有软性引导作用；此外，在侧重点上，这两者虽然都有教育教化功能，但是它们的侧重点不同，家风侧重于结果，即检验个体形成的道德品质，并且在实践中看个体的行为表现，是教育教化的结果，家训家规是手段，主要体现为劝诫过程，也就是家长参照具体的家训、家规来培育良好的家风，所以家训家规是家风教化的标本。但两者都是家庭伦理文化的重要载体和表现形态，集中体现和生动表达了中华民族的道德理想。具体而言：其一，在本质上，都遵循一定的伦理原则，紧密结合国家与社会的价值观，在传统社会主要融入儒家的价值观念，在当代社会紧密联系社会主义核心价值观；其二，在功能上，都具有教育教化功能，使个体具有道德修养，使家庭走向文明，使社会趋于和谐。

（二）家训家风的作用

家训家风对家庭成员的日常行为起着规劝和引导的作用，在调和家庭矛盾、维持家庭稳定和睦、促进家庭向上向善等方面具有积极意义。家训家风既是传统社会指导、规约家庭成员的行为准则，又是居家生活、轨物范世的家庭教育教科书。[①] 好的家训家风能够为家庭成员提供一种良好的成长与生活氛围，有利于家庭成员养成优秀品质，有利于家庭成员成长与成才，从而也有利

① 陈延斌．家风家训：轨物范世的生动教材[J]．中国德育，2019(15)：1．

于家庭文明建设，有利于促进整个社会文明程度提升以及和谐社会实现。

首先，家训家风有利于个体的道德养成，是道德培育的原始场域。人自出生起，便生活在某种特定的家训家风教化之中，长期接受着其家庭或家族文化的熏陶和父母、长辈的言传身教，形成深植于人们内心深处和精神层面的深层道德基因，这种早期教化潜移默化地影响和塑造一个人的世界观、人生观和价值观，并由此对一个人的思维方式、处事方式、审美情趣和行为习惯等各个方面形成和完善起到先导性和奠基性作用。可以说，家庭是个人接受教育的第一环境，家训家风教育是人生的启蒙教育和第一课堂。

其次，家训家风有利于形成良好社会风气。家训家风是一个家庭或家族的精神内核，同时也是一个社会的风尚缩影，家庭作为一个社会最基础的组成单位，其道德状况和文明程度与整个社会风气的良好与否密切相关，千千万万个家庭的家风是影响社会风气的深厚基础和社会文明进步的不竭动力。一个家庭有良好的家训家风，就会塑造整个家庭崇德向善的精神气象，在一定程度上能够对改善整个社会风气形成道德辐射力和影响力。在社会上提倡传承和弘扬良好的家训家风，可以提升社会的正能量，促进社会风气的好转。

最后，家训家风是传承、培养与发展中华传统美德的有效载体。在几千年悠久的历史发展中，中国形成了丰富多彩而有文字记载的家训家风，比如《颜氏家训》《诫子书》《勉谕儿辈》《治家格言》《曾国藩家书》《傅雷家书》等书籍中就记载了不同历史时期不同家族的家训家风，这些家训家风是中华民族传统家庭美德和精神气象的生动写照，体现了中华民族的精神追求，承载着中华民族的道德理想。中华民族传统美德通过这些家训家风得以薪火相传、落地生根。

（三）改善优秀传统家训家风的传承路径

在当代好家训好家风的建设中，我们应坚持以社会主义核心价值观为引领，将社会主义核心价值观所倡导的价值理念注入到家训内涵之中；要将家风建设与中国梦教育以及中国特色社会主义道路教育紧紧结合起来，倡导爱家与爱党、爱社会主义的有机统一；要在当代文明家庭创建活动中努力开展老一辈革命家优良家风事迹宣传，发挥党员干部家庭和先进典型的示范作用，推动具有新时代特质的优良家风建设，倡导忠诚、责任、亲情、学习、公益的理念。

推进优秀传统家风家训的创新性发展，就要结合时代进步的条件，拓展深化传统家风家训文化传承下来的价值理念与人生规约的内涵，赋予其新的内容。

首先，以社会主义核心价值观为指导，建设社会主义新型家风家训。对优秀传统家风家训进行创新性发展，就是要顺应经济社会发展新需要和现代社会文明新潮流，用符合社会主义核心价值观要求的价值理念赋予其新内涵。尽管社会主义核心价值观与优秀传统家风家训一脉相承，但受传统社会自然经济体制、封建专制政治制度和落后思想观念等影响，优秀传统家风也不具有社会主义核心价值观中的某些积极内容。如：自由、平等、民主等价值理念，这些是社会主义核心价值观的基本内容，也是当今人们普遍尊崇的价值观念。然而在传统社会，对忠孝的极度推崇，导致家庭成员缺乏自由选择的权利，无论是儿时的学习内容（大多是科考内容），还是长大后的职业选择（多数是继承家业），抑或是择偶婚配（普遍是父母之命，媒妁之言）等，都得听从家中长辈的安排；传统社会是等级社会，按照社会地位将人分为不同的等级，享受不同的待遇，即使是在一个家庭之中，也普遍存在一定程度的等级划分，"君为臣纲，父为子纲，夫为妻纲"便是这种不平等的一大体现。因此可以将自由、平等、民主等社会主义核心价值观的价值理念融入家风家训之中，为家风增添新的时代内涵，使家风建设与社会主义核心价值观建设在实践中相辅相成、相互促进。

其次，以"后喻"或者"反哺"为其增添新观念。在人类文化传递方式方面，美国社会学家玛格丽特·米德认为，可以归结为"三喻"，即前喻文化、并喻文化、后喻文化之间的传喻，而对于家庭道德教育模式的变化而言，"三喻"特别明显。所谓前喻文化，是指后辈主要向长辈学习；并喻文化，是指长辈和后辈的学习都发生在同辈人之间；后喻文化则是指长辈反过来向后辈学习。① 众所周知的是，不同时代有不同的文化传递方式，传统社会在很大程度上是前喻文化。在传统家庭教育中，年长者具有绝对的权威，社会化一般是比较纯正的正

① ［美］玛格丽特·米德. 文化与承诺——一项有关代沟问题的研究［M］. 周晓虹，周怡，译. 石家庄：河北人民出版社，1987：7.

向社会化，年长一代对年轻一代的价值观念和行为规范等施加影响。但是随着科技尤其网络技术的发展、思想观念的多元化和人们个性的张扬，现代社会主要是混杂型的，融合着前喻文化、并喻文化与后喻文化，而且后喻文化更加突出。年轻一代将自己的价值观、生活态度和行为方式等传授给年长一代，年长一代向年轻一代学习，许多学者称之为“反哺”。在今天，年轻一代接受多样化的教育，拥有丰富的知识获取途径，他们总结自己生活、学习和工作的经验，形成了包括人生观、价值观和行为规范在内的亚文化，通过家庭内部的交流，这种文化也影响了年长一代。因此，家风家训建设应该合理吸收这种后喻文化，引导年轻一代有意识地将自己的知识、经验、理念反哺给年长一代，用年轻一代的新思想新观念为家风家训增添新的内容，同时这也是缓和家风家训建设中代际隔阂的一种有效途径。而年长一代也应该逐渐培养民主意识与发扬谦虚精神，真正将下一代视为独立的个体，承认他们有自己的独立思考能力和文化圈，虚心向下一代学习，加强代际间的知识交流和感情交流，在促进自己进步的同时，实现家庭和睦。

最后，以道德规范制度化为其增添法治的内涵。精神文化是制度文化之母，制度文化是精神文化的表征，始终蕴含着精神文化因素。由于制度具有权威性、工具性和执行性，将精神层面的伦理道德转化为相应的制度规范，有利于加深人们对伦理道德的敬畏之心并促进人们自觉践行。无论是传统社会还是现代社会，优秀家风家训中的伦理道德要求处于道德规范层面，并没有强制性。在人们对伦理道德践行的自觉程度不是很高的情况下，国家为家风建设增添法治这一重要内涵，将优秀家风中的伦理道德规范转化为相应的法律法规并建立相应的制度予以落实，顺应了我们建设法治中国的实践要求，能促进人们对法律法规的自觉践行。

以“孝”为例，它是优秀传统家风家训中的治家之本，是中华民族的优良传统美德。但是改革开放 40 多年以来，孝文化正遭遇前所未有的危机，尤其是乡村孝道衰微。一方面，由于它仅仅是道德规范而缺乏法的强制力，因此，孝道对个人而言，仅仅属于道德层面的自觉要求，并没有强制性的约束力；另一方面，在追求经济发展的过程中，人们越来越重视个人的利益，而忽略了家庭的利益，特别是老人的利益，现实中出现了子女不尽赡养义务、虐待父母等不良社会现象。家庭道德在利益面前变得一文不值，以“孝”为核心的传统家庭美德难以像以前那样为一些村民所笃信。因此，如果国家制定法律法规将“孝”从道德规范的约束力上升为法的强制力，这些不孝的社会现象将在很大程度上被遏制。在历史上，我们有成功的经验，即唐代《唐律疏议》便把孝道法律化了，在法律的层面规定孝道，严惩“不孝”行为，并取得了积极的效果。我们可以借鉴《唐律疏议》孝道法律化的一些做法，首先从法律上完善家庭供养体系，制定相应的指标体系来衡量养老的效果，及时有效地保障和落实老年人的合法权益。对不执行相关规定的或者效果不佳的，制定相应的教育、惩罚措施。其次，完善相关立法，保障精神赡养。在物质赡养的基础上，以法的形式要求子女对老人进行精神赡养和情感关怀。最后，界定不孝范畴，严惩不孝行为。对于不赡养父母、辱骂父母、殴打父母的人等，按照情节轻重，分别给予不同的处罚，触犯法律的则必须接受法律制裁，而非仅仅道德谴责。

第三节
当代乡村家庭伦理建设的主体自觉

乡村治理和社会治理，人伦底线是根基，家庭伦理是基础。加强家庭伦理建设和家庭道德教化，不仅有利于家庭稳定，也有利于社会和谐，有利于乡村振兴和乡村现代化。党的十九大报告指出，加强乡村基层基础工作，健全自治、法治、德治相结合的乡村治理体系。乡村社会组织，包括村民委员会和其他社会组织，是推进当代乡村治理、乡村振兴的主体和重要力量，也是引领当代乡村家庭伦理建设不可或缺的重要主体。在推进乡村振兴的过程中，必须加强村党支部和村民委员会的组织建设和领导能力建设，完善村民委员会促进家庭伦理建设的相关职责和机制；必须不断壮大村级集体经济，提供促进家庭伦理建设相应的物质保障；必须积极培育现代乡村社会组织及现代乡贤群体，发展现代乡贤文化，发挥复转军人、返乡大学生、退休后返乡养老政府官员、返乡创业农民工以及乡贤等新型乡村精英在家庭伦理建设中的引领和榜样示范作用。

一、村民委员会领导的改善

村民委员会是推动当代乡村家庭伦理建设的前沿阵地。根据《中华人民共和国村民委员会组织法》，村民委员会是村民自我管理、自我教育、自我服务的基层群众性自治组织，实行民主选举、民主决策、民主管理、民主监督。村民委员会办理本村的公共事务和公益事业，调解民间纠纷，协助维护社会治安，向人民政府反映村民的意见、要求和提出建议。充分发挥村民委员会的作用，是我国乡村治理从传统乡土社会治理走向现代乡村善治的重要自治主体。在当代乡村家庭伦理建设中，村民委员会对乡村基层群众的组织、发动、管理、监督和引领作用，是任何机关、企事业单位、社会群团所不能代替的。因此，提高村民委员会的领导能力，对于促进当代乡村家庭伦理建设具有非常重要的意义。

一是村民委员会运行机制的法律支持需要完善。国家立法部门要通过修订和完善相关法律条文，进一步理顺村民委员会各委员会（部门）在乡村家庭伦理建设中的责权利以及运行程序，尽量避免在相关法律条文中使用模糊词语，如“相关部门”（“相关委员会”）等。国家立法部门需要用明确清晰的词语，将家庭伦理建设责任落实到村民委员会具体机构，明确责任岗位；尽量避免在相关法律条文中使用“应当”等模糊词语，而是用比较刚性的法律词语，如“必须”等，即是要求具体部门（委员会）在乡村家庭伦理建设中必须承担什么职责，而不是“相关部门”（“相关委员会”）应该承担什么职责。

二是村民委员会自身建设需要加强。首先，要优化村民委员会家庭伦理建设工作机制。以村民会议和村民代表会议为载体来推动村民委员会关于家庭伦理建设的民主议事制度创新。在开展工作的过程中，要遵循家庭伦理发展规律。其次，要加强村党支部对村民委员会家庭伦理建设工作领导。乡村现代家庭伦理建设离不开党的领导，党是领导一切的。家庭伦理建设属于乡村德治的范围，同样离不开村党支部的领导。村党支部是乡村现代家庭伦理建设的“主心骨”，要发挥政治优势和组织优势，宣传贯彻党的路线方针政策，引领现代家庭伦理建设的方向，规范家庭伦理建设的规划制度，指导家庭伦理建设的组织实施，发挥党员的模范作用。但是村党支部不能搞“党的一元化领导”，不能包办家庭伦理建设，而是要充分发挥村民委员会、村民自治团体、乡贤等的自治作用，调动广大非政府力量在乡村德治中的积极性创造性，形成村党支部与村民委员会、村民自治团体和乡贤等乡村治理主体多元协同互动的现代乡村德治和现代乡村家庭伦理建设的生态体系。村党支部监督村民委员会依法开展相关工作，村民委员会要向村党支部负责。最后，要提升村民在乡村家庭伦理建设事务中的话语权。村民委员会要定期召集村民会议和村民代表会议，负责向村民会议及与会代表报告有关家庭伦理建设方面工作，并严格执行村民（代表）会议的相关决定、决议。

三是村干部整体道德素质需要提高。俗话说，“火车跑得快，全靠车头带”。村干部总体素质不高是当前乡村治理中的短板，也是阻碍乡村家庭伦理建设的关键因素。首先，当前村干部年龄偏大，整体科学文化素质不高，初中、高中文化水平的占绝大多数，调查显示，高中以下学历的村干部占75%以上，其中绝大多数村干部一直是农民，从未从事过其他职业，①他们学习能力和适应能力较弱，能力素质整体偏弱，他们的政治能力、组织协调能力、领导能力和语言表达能力等亟待提高。其次，村干部的思想道德素质远不能适应当代乡村治理和家庭伦理建设的需要，他们的眼界有待开拓，法律意识有待提升，人生观、价值观方面的偏差有待修正。因此，要加强当代乡村治理和家庭伦理建设，必须大力提高村干部的整体素质，制定长期的培养规划，采取灵活多样的培训方式，从科学文化、思想道德、法律法规、能力、视野等方面整体推进。目前，我国实行大学生村官制度，在一定程度上缓解了乡村缺乏管理人才的矛盾，大学生入村入职，将一些先进思想、理论知识以及道德观念带进了乡村，有力地推动了当地经济和道德风尚的发展与改善。但在不少行政乡还仍然没有配备大学生村官，而且乡村如何留住大学生村官也是需要思考的问题。政府应加大对大学生村官制度的宣传，提升这一制度在大学生群体中的知晓度、认同度和参与度。与此同时，进一步优化村干部的福利保障和激励机制，鼓励更多的优秀人才愿意扎根乡村，服务乡村地区经济、社会和伦理文化发展。

四是村民委员会经济实力需要增强。发展壮大村集体经济是推进乡村治

---

①　周玉良．乡村振兴背景下村干部素质现状与对策探析[J]．辽宁经济，2019(10)：25-27.

理和乡村振兴的必由之路，不但可以增强村党支部的凝聚力和战斗力，强化村级组织建设，而且可以提高村民委员会的村务治理效能。实践证明，雄厚的集体经济实力是推进当代乡村家庭伦理建设必不可少的物质前提。正所谓“仓廪实而知礼节”，村集体经济收入与村民的切身利益密切相连，集体经济的发展不但可以提高村民的收入，而且可以使得村民增强家庭伦理建设的参与意识。村民集体收入提高，可以提供他们充足的物质保障，使家庭伦理建设各项活动和涉及家庭伦理建设的基础设施项目建设得以顺利进行。而发展村集体经济：其一，要做好发展村集体经济的规划，结合乡村的区位优势和资源优势，结合当地产业发展的实际和产业发展的基础，按照市场经济规律，科学合理地推进集体经济发展，充分调动村民的积极性和主动性；其二，要着力培育壮大各类新型集体经济实体。按照产销一体的思路，创新村级集体经济组织方式，成立多种形式集体性质的股份制专业合作社或者公司。推进乡村土地流转，吸引村民广泛参加，采取“村集体＋合作社”或者“村集体＋公司”的模式，扩大经营规模，大力发展特色产业。充分发挥互联网＋的作用，推动乡村电商蓬勃发展，拓宽农产品的销售渠道，采取“村集体＋电商”的模式，促进特色产业可持续发展。此外，要有序组织村民外出务工。外出务工不但可以提高村民收入，而且可以开阔村民的视野，增长村民的见识，提高其政治文化素质，为村民参与乡村家庭伦理建设的事务管理创造条件。

二、乡村其他社会组织积极性的提高

随着我国现代化进程的不断加快，改革开放不断推向深入，乡村社会组织作为乡村治理结构中的一员，在整个乡村治理过程中扮演着相当重要的角色。在乡村社会组织中，最为核心的便是村民委员会和基层党组织，但除此之外还有许多旨在参与社会治理、社会服务和引导农民增收致富的官方、半官方组织或机构，包括各类经济组织、文化娱乐组织、社会服务组织、自我管理组织等乡村其他社会组织。这些乡村社会组织作为政府服务乡村的载体及补充，极大地推动了乡村的文明进程。譬如传统的乡村老年人协会、乡村妇女协会等村民社会组织丰富了老年人的生活、保护了妇女的权益。而新型的社会组织参与乡村治理契合了中国的历史文化传统，是从传统资源汲取治理资源的积极探索，它使乡村精英治理传统得以恢复，原子化的乡村社会重新得到整合，乡村共同体意识增强，乡村的自治能力，包括道德治理能力大大增强。红白喜事理事会便是新型的乡村社会组织之一，它倡导文明、健康、科学的生活方式，有效遏制了物质攀比、资源浪费的歪风，扼杀了乡村腐败的势头，减轻了群众的负担，打破了愚昧落后的陈规陋习，有利于共同培育尚简、清廉的社会新风尚，不断促进乡村文明。因此，当代乡村家庭伦理建设，更应注重发挥除村民委员会以外的其他乡村组织的积极性。

一是现代乡村社会组织需要培育。人才振兴是乡村振兴的主要内容，在城乡二元结构的消极影响尚未完全消除的背景下，市场利益驱动使大量优质乡村青年外出打工，很多乡村剩下的多是留守老人、留守儿童与留守妇女，导致优秀人才不足，在一定程度上造成了社会组织建设的人才荒漠现象，影响一些相关的乡村社会组织在家庭伦理建设中发挥作用。因此，不仅要注重发挥传统乡村社会组织，如老年人协会、妇女协会等互助组织、娱乐组织和协调组织等的作用，加强对传统社会组织的规范，增强其公共属性，完善治理结构和治理规则，增强活力，促进传统社会组织的规范发展和现代化转向，为乡村道德治理和家庭伦理建设带来新气象。而且更要注重培育现代乡村社会组织，积极采取各种有效措施壮大现代乡村精英队伍，探索建立乡村精英流出、回流机制，营造有利于乡村精英回流的社会环境，支持鼓励复转军人、返乡大学生和退休后返乡养老政府官员返回乡村组建现代乡村社会组织，参与乡村家庭伦理建设；探索大学生村官等社会优秀人才下乡的路径，鼓励道德品行良好的养殖大户、种植能手、技术人才、知识分子等精英参与乡村社会组织，突出乡村社会组织成员在家庭伦理建设上的示范效应和奉献精神，提升社会组织的整体素质。

二是乡村各类社会组织需要发展管理和指导。政府应鼓励和支持乡村各类社会组织积极参与乡村家庭伦理建设，发挥它们在其中的应有功能。要搞好乡村家庭伦理建设，既需要发挥村级党组织的领导核心作用，又需要发挥其他各类乡村社会组织的辅助作用。因此可探索建立多元参与的民主协商机制，以保障和促进村民委员会与乡村的其他社会组织在乡村家庭伦理建设中形成良性互动,防止社会资本内耗与抵消,增强乡村社会组织自组织能力。与此同时,处理好乡村社会组织“增量”与“增能”之间的关系。从当前的发展趋势看,未来服务乡村发展的社会组织数量会有较大提升,但在重视社会组织数量发展的同时,应加强能力建设,特别是应正视当前社会组织普遍存在的组织规模小、经费来源不稳定、物力人力资源匮乏等问题,通过发展集体经济,给予乡村社会组织政策、资金、人力、项目、管理等方面的支持,规范社会组织,助其发展,提升其公共服务供给和乡村治理参与等方面的能力,进而提升村民对它的满意度和认可度,以激发乡村社会组织的内生动力。

三是乡村社会组织与村民在家庭伦理建设中需要信任关系建构。在家庭伦理建设中,除村委会和村级党组织外,乡村其他社会组织不是政权性组织,它的权威来自村民的授权,乡村社会组织需要对村民负责,村民可以对乡村社会组织进行监督。但实际运行中,作为委托人的村民经常处于弱势地位,对乡村社会组织缺乏有效的监督和权利救济途径,而作为代理人的乡村社会组织则是一个相对强势的群体,容易利用其拥有的信息优势采取村民(委托人)所无法预测和监督的隐藏性行动或者不行动,从而导致乡村社会组织作为代理人在为自己谋利的同时,损害村民(委托人)的利益,产生经济学上的“道德风险”。因此,应该平衡乡村社会组织、乡村精英与普通农民之间的关系,切实以广大农民的利益为重,避免出现以自上而下的行政任务或者以乡村精英、社会组织骨干等少数群体需求为重的现象。首先,提高村民作为委托人的行为能力。作为乡村社会组织中的委托人角色的农民,其行为能力如何直接关系着乡村社会组织的健康运行。必须提高村民在家庭伦理建设中的主体性地位和公民参与精神。其次,规范作为代理人的乡村社会组织的行为,提高社会组织成员的民主素质与法治意识,从而保证乡村社会组织能够真正地代表民意行为,主动地接受民主监督。最后,建立健全监督机制。现实中由于相关配套改革措施未跟上,民主管理、民主监督等制度常常流于表面化和形式化,不能真正体现民意。因此,必须建立健全监督机制。村民委员会和村民代表大会必须要定期对乡村社会组织在家庭伦理建设中的行为进行考评,对事关家庭伦理建设的重大问题事项,要按照多数通过的集体事项决议规则,打破“一言堂”和强加、断取民意的情况,真正建立村民与乡村社会组织的良性信任关系。

三、乡贤引领作用的发挥

（一）乡贤与乡贤文化

挖掘乡村传统治理资源是发挥乡村德治的重要体现，更是走好乡村善治之路的必然选择，是推进现代家庭伦理建设的重要路径。乡村传统治理资源主要包括乡村优秀传统文化和乡贤两大类。在漫长的中国历史进程中，一些在乡村社会建设、风习教化以及公共事务管理中贡献力量的乡绅，被称为“乡贤”。他们是乡村社会中有一定影响力的特殊群体，并由此形成了独特的乡贤文化。“乡贤文化”，作为一种具有鲜明区域特色的榜样文化，是中华民族优秀文化基因在乡土场域的一种体现，是一个地域的精神文化标记。它根植乡土、贴近性强，蕴含着见贤思齐、崇德向善的力量，是连接故土、维系乡情和亲情的精神纽带，更是探寻文化血脉、张扬固有文化传统的一种精神原动力。乡贤广泛参与乡村事务，显然有利于解决政府纵向治理能力不足和村民横向自治能力缺失的问题，在很大程度上把中国的制度优势和优秀传统文化有机地结合起来，适应了经济、政治、社会发生重大变化以后对乡村社会的治理结构进行调整的要求。

当代中国社会，涌现了一批新乡贤群体。所谓新乡贤，是指新中国建立以来，出生于乡村，但经过后天的努力而拥有一番作为、有极高的社会威望且对乡村建设有一定贡献的群体。他们是社会主义制度下成长的优秀群体，热爱祖国与人民，拥护中国共产党的领导，积极践行社会主义核心价值观，是品行出众、极具声望的乡村精英，主要包括政府工作人员、事业单位工作者、企业家、教师、学者等各行各业的优秀人才。

（二）乡贤与家庭伦理建设

乡贤在当代家庭伦理建设中起到榜样示范、调节家庭矛盾与引领和睦家庭建设等具体作用，主要体现在精神与凝聚力两个层面。在精神层面，在当代乡村家庭伦理建设中，新乡贤是重要的资源与精神偶像，是乡贤文化的集中体现和核心载体，在道德教化和维护乡村秩序上扮演着重要角色，乡贤作为德高望重又极具动员能力的群体，在家庭伦理建设中有示范作用。在凝聚力层面，具有社会威望的乡贤，可以增强乡村共同体意识，提高乡村凝聚力，有利于推动乡村社会的有效治理和道德建设，促进乡村社会和谐。当家庭出现矛盾和纠纷时，有威望的乡贤出面调停，能够缓和、解决矛盾，也能够使当事人得到道德感化，主动向乡贤学习，爱护家庭，建设家庭，共同推动乡村和谐的建设。因此，必须发挥乡贤在家庭伦理建设中的重要作用。

首先，要加强乡村乡贤队伍建设。有组织地加强乡贤培育，实现乡贤人才资源的有序接替。一要充分挖掘“古贤”，积极宣传“古贤”的思想以及感人事迹。二要充分利用“今贤”，搭建乡贤参与乡村公共事务的平台，可以采取乡贤挂职村干部和乡镇干部助理的制度，鼓励支持乡贤参与乡村基层组织建设。三要积极培养“新贤”，发现并培养有责任、有担当、有威望的群众成为新乡贤，使乡贤人才资源实现有序接替。在加强乡贤队伍建设的同时，要坚决整治乡村的“霸源”和“霸根”，铲除村霸产生的土壤，杜绝村霸欺压百姓、打压乡贤的现象。

其次，厘清“村两委”与乡贤理事会的关系。两者是相互合作的协同关系，不是对立的关系，因为乡贤理事会不是“外生”的，而是在“村两委”的扶持和培育下产生的。乡贤理事会在乡村治理和道德建设中发挥辅助“村两委”的作用，不是对其权力的分割，而是弥补其治理能力的不足，特别是给外出经商、见过世面的经济精英提供一个参与平台，把他们变为政府的“帮手”和支持者，既满足他们参与家乡建设管理的需要，又能借助他们的力量搞好社会公益事业，缓解乡村自治能力缺失的问题。简言之，“村两委”培育和扶植乡贤理事会，乡贤理事会协同“村两委”处理乡村事务，共同加强乡村治理，推进现代乡村家庭伦理建设。

再次，大力弘扬乡贤文化。要将弘扬乡贤文化与树立家庭伦理典范明确列入乡镇党委政府目标考核体系当中，设置相应的考核权重，通过目标考核和日常督查，提高乡贤文化的社会效益。注重挖掘和保护乡贤资源，组织整理出版《地方历史名人录》《地方名人志》《姓氏文化》等纸质文书与数字文档，建立知名乡贤数据库，挖掘乡贤资源中的孝道故事、夫妻恩爱故事、公益事迹、代际和睦佳话等，通过政府弘扬、文艺创作、媒体宣传、学校教育、学术讨论等形式，向后人展示，引导村民建设优良家风。

最后，完善乡贤激励与监管体系。探索新常态下乡贤参与乡村家庭伦理建设的新机制。鼓励和支持乡镇建立乡贤家庭协会或联谊会等社会组织，村一级可以考虑建立乡贤家庭道德建设理事会，搭建活动平台，组织乡贤积极参与乡村家庭伦理创建活动及相关公益事业。以社会主义核心价值观引领新时代乡贤文化的发展，发挥村党支部、村民委员会和村民对乡贤理事会的日常监督，提高其公信力。借助高校、示范基地、农民讲习所，有计划、多形式地开展基层乡贤文化推广工作者的业务培训，切实提高基层乡贤文化推广工作队伍综合素质，有计划、有重点培养一批乡贤文化推广能手，造就一支懂乡村、爱国爱家的乡贤文化推广工作队伍。

总之，乡贤与乡贤文化有利于中国现代乡村家庭伦理建构，应该建立培育队伍、厘清关系、树立典范与激励监督的整体体系，积极发挥乡贤与乡贤文化的作用，并且落实到日常生活之中，有效实现乡贤与乡贤文化对我国当代家庭伦理建设的积极推动。

四、农民道德主体性的提升

乡村家庭伦理建设最终要个体去落实，离开农民的道德主体性，家庭伦理难以“活化”为个体的行为品质。道德主体性，就是道德主体的能动性，常常表现为道德主体在认知和践行道德上的积极性、主动性和创造性，具有完善自身、完善他人、完善社会的功能。农民的道德主体性，是指在正确把握乡村社会客观规律及其正确认知乡村道德客体的基础上，自觉践行伦理道德规范，提高抉择行为方式的积极性、自觉性和创造性。农民道德主体性在乡村家庭伦理的建设中占据基础性地位。哈贝马斯指出：“有机体一旦被社会化，也就是说，一旦被社会意义关系和文化意义关系所渗透和重构，它们也就会落入个人的描述。个人是符号结构，这种由符号构成的自然基础尽管被个体认为是自己的肉身，但它和整个生活世界的物质基础一样，永远都是个体的外在本质。对于社会化的个体而言，内在本质和外在本质构成了它们与周围环境之间的外部界限,但个人与文化以及社会之间则是通过语法关系保持着紧密的内在联系的。”①作为社会存在物的个体必须同其他道德主体发生关联、互动才能成长与发展。因此,建设当代中国乡村家庭伦理需要从多个维度努力,形成支撑和发挥农民道德主体性的合力。具体而言,农民个体的科学文化素质的提高是农民道德主体性提升的前提,乡村经济的发展为农民道德主体性的发挥提供物质保障,乡村自组织活动的参与及恪守乡规民约,是农民道德主体性形成的现实基础。

(一)提升农民个体的科学文化素质

每个人都是社会道德生产的主体,社会道德整体发展程度与社会中每个人的道德水平息息相关,而个人的道德水平又与个人的科学文化素质密不可分。农民的科学文化素质是关系乡村家庭婚姻和谐与否的基础性因素,是农民道德主体性发挥的重要引擎。切实提高农民个体的科学文化素质,努力培养有道德的社会主义新型农民,把我国农民人口数量优势转化为道德资源优势,对于顺利达成新时代乡村家庭伦理道德建设目标而言至关重要。

科学文化素质是建构农民道德主体性的前提条件。当前农民科学文化整体素质低是影响他们道德主体性发挥的“瓶颈”。其主要表现为:影响他们对先进家庭伦理文化的接受,影响他们做出正确的价值判断和选择,影响他们形成健康、文明的生活方式。为此,各地必须大力提升农民个体的科学文化素质。具体而言,政府应着力抓好乡村教育事业,促进各地区乡村教育协调平衡发展,缩小城乡教育差别,重点巩固和发展义务教育,提高基础教育质量,突出育人成效;要加快职业教育发展,加大对农民职业技能与职业道德素质的培训力度,提高农民职业技能的谋生能力,提高农民的市场经济知识涵养和管理文化素养,提高他们适应市场和抵抗市场风险的能力;普及宣传与农业相关法律政策,提升农民的法律知识水平,促使农民懂政策、守法律,从多层次多方面推动农民道德主体性水平提高。

---

① [德]尤尔根·哈贝马斯. 后形而上学思想[M]. 曹卫东,付德根,译. 南京:译林出版社,2001:86.

（二）夯实农民道德主体性发挥的经济基础

社会转型、市场经济发展繁荣，促使祖祖辈辈都生活在乡村中的农民，不断奔向繁华的城市与开放的沿海地区打工谋生，形成了具有中国鲜明特色的“打工经济”现象。这给乡村婚姻家庭伦理建设造成了巨大的冲击。打工经济模式造成的留守家庭问题影响着乡村家庭伦理。而在新一轮城镇化发展浪潮下，这种打工经济现象被进一步放大，在城乡差距进一步扩大的同时，农民群体内部贫富差距也日益严重，特别是乡村产业“空壳化”发展境遇下，留在乡村的村民们的经济状况难以有效改善，这严重制约了村民在乡村家庭伦理建设中的道德主体性发挥。

为了充分发挥农民的道德主体性，乡村各地必须全面落实“乡村振兴”战略，大力发展乡村生产力。做强乡村产业经济，调整和优化粮经作物生产结构、种养结构、产业结构和产品结构；结合乡村实际，因地制宜，将引进和培育产业项目结合起来，构建新型现代农业全产业链经营；加大农业公共设施投入，补齐农业农村基础设施和公共服务短板，改善乡村生产生活环境，扩大乡村公共文化产品的供给，丰富村民的业余文化生活；传承、挖掘和展现乡村优秀传统文化，加强文旅融合，发展乡村文化旅游，打造乡村旅游精品项目，创新一批以社会主义道德示范为主题的特色乡村，发展道德主题特色乡村旅游。只有乡村经济发展起来，才有可能为乡村文化及家庭伦理建设提供支持，最大程度地动员村民参与到乡村道德文化及家庭伦理建设的活动中来，让农民有高品位的文化生活，真正远离低俗和恶俗的诱惑，使农民的道德主体性在物质与文化生产实践中被激发和培养。

（三）建设农民道德自律的组织体制

一方面，乡村社会的主体因“打工经济”而长期缺场，传统乡村出现不同程度“空心化”表征，这打破了传统社会以血缘和地缘为纽带的“熟人社会”差序格局，导致传统乡村成为“无主体熟人社会”，弱化了农民道德自律的社会基础。[①] 而

① 施敏锋，胡世明．“无主体熟人社会”中农民道德主体性重塑的自组织范式——以“道德评议会”为个案[J]．长白学刊，2014(1)：112-117．

另一方面，乡村基层组织“两委”，忙于处理各种烦琐工作，越来越演变为乡镇政府的派出机构，行政功能被强化，而道德建设功能被弱化。重塑农民自组织在这个“无主体熟人社会”中的道德“补位”、发挥自组织的自治性、扁平性、灵活性的优势显得格外重要。

自组织是乡村农民自觉和自主演化的一种社会共同体，是具有公共性的社会化组织。发挥农民道德主体性，必须大力发展农民自组织。坚持乡村委会指导、乡民主导、社会协同有机统一，将农民自组织纳入国家公共管理体制之中，并予以规制与扶持。基层党组织和村委会要运用政策倾斜、奖金奖励、财政拨款等扶持形式，充分调动农民道德自组织的参与感和自觉性，构建内信和外引相统一的道德自律机制。要着力培育农民制度规则意识和公民意识，提升农民契约精神和自组织能力，推进农民现代性转型。要着力改善政府的农民自组织制度供给，对农民自组织的准入、退出、责任、管理等内容做出清晰规定。规范村内红白理事会、老年人协会、村民议事会、道德评议会等群众组织运行，完善组织章程和各项制度，广泛开展议事协商，积极组织开展婚丧嫁娶服务、邻里互助和道德评议等活动，引导农民积极投入到自我组织、自我学习、自我服务和自我锻炼及提高的自组织的文化道德活动中，提升农民的道德修养水平，培育农民正确的家庭伦理意识。

（四）完善支持农民道德主体性发挥的乡约制度

乡约是传统乡村村民以地缘和血缘为中心，为实现共同利益而订立的共同遵守的生活规则，是乡村社会自发形成的、依靠习惯与道德力量束缚的行为规范与行为模式。乡约在乡村社会的道德教化、社会秩序构造中发挥了重要的作用，对中国乡村社会发展产生了深远影响。乡约是介于法律与道德之间“准法”的自治规范，是全体村民的意志表达，是村民自治制度的补充，又与村民自治制度存在内容交叉。

发挥农民道德主体性，必须强化乡约的作用。乡约既是一种约束规范机制，又是一种教育评价机制，它在乡村主体美德塑造、美德舆论引导、道德权威树立方面有其独特作用。在家庭伦理方面，政府要组织引导村民召开党员和村民代表会议，共同商定订婚彩礼、红白宴席的操办规模和随礼标准等事宜，形成“婚丧喜庆公约”，以乡约的形式公告乡邻，在村庄显著位置张贴，以此作为规范和评价村民行为的道德标准。在乡村社会生活中，乡约通过教育、规劝、奖惩等方式，引导村民自我约束、自我调节、自我监督，自我改造，形成良好的道德舆论氛围，促使村民摒弃陈规陋俗，树立新时代文明乡风，真正使乡村家庭美德建设落在实处。

参考文献

一、经典著作和中央文献

马克思恩格斯全集:第1卷[M].北京:人民出版社,1995.

马克思恩格斯选集:第1卷[M].北京:人民出版社,2012.

斯大林选集:下[M].北京:人民出版社,1979.

毛泽东选集:第1卷[M].北京:人民出版社,1991.

中共中央文献研究室.毛泽东文集:第7卷[M].北京:人民出版社,1999.

中共中央文献编辑委员会.周恩来选集:下卷[M].北京:人民出版社,1984.

胡锦涛.切实做好构建社会主义和谐社会的各项工作 把中国特色社会主义伟大事业推向前进[J].求是,2007(1).

习近平.习近平谈治国理政[M].北京:外文出版社,2014.

习近平.在会见第一届全国文明家庭代表时的讲话[N].人民日报,2016-12-16.

二、主要典籍、史料、内部资料

(商)姬昌著,宋祚胤注译.周易[M].长沙:岳麓书社,2000.

(汉)班固撰集,(清)陈立疏证,吴则虞点校.白虎通疏证[M].北京:中华书局,1994.

(汉)董仲舒撰,(清)凌曙注.春秋繁露[M].北京:中华书局,1975.

(汉)高诱注,(清)毕沅校,徐小蛮校点.吕氏春秋[M].上海:上海古籍出版社,2014.

(汉)桓宽撰,王利器校注.盐铁论校注:增订本[M].天津:天津古籍出版社,1983.

(汉)桓谭.新论[M].上海:上海人民出版社,1977.

(汉)司马迁撰,(南朝宋)裴骃集解,(唐)司马贞索隐,(唐)张守节正义.史记[M].北京:中华书局,1982.

(汉)许慎.说文解字[M].北京:中华书局,1963.影印本.

(南朝宋)范晔撰,(唐)李贤,等注.后汉书[M].北京:中华书局,1965.

(北魏)贾思勰著,缪启愉,缪桂龙译注.齐民要术译注[M].上海:上海古籍出版社,2020.

(唐)房玄龄注,(明)刘绩补注,刘晓艺校点.管子[M].上海:上海古籍出版社,2015.

(宋)欧阳修,宋祁.新唐书:第一册[M].北京:中华书局,1975.

(宋)司马光编著,(元)胡三省音注.资治通鉴[M].北京:中华书局,1956.

(明)申时行修.大明会典:卷20[M].上海:上海古籍出版社,1995.

(清)陈宏谋辑.五种遗规[M].北京:线装书局,2015.

(清)陈宏谋辑,北京师联教育科学研究所编.社会教育思想与《五种遗规》选读:下[M].北京:中国环境科学出版社,2006.

(清)王聘珍撰,王文锦点校.大戴礼记解诂[M].北京:中华书局,1983.

(清)王先慎集解,姜俊俊校点.韩非子[M].上海:上海古籍出版社,2015.

(清)曾国藩.曾国藩家书[M].北京:北京燕山出版社,2010.

(清)左宗棠撰,林鸣凤,等整理.左宗棠全集:十三 诗文·家书[M].长沙:岳麓书社,1987.

程俊英.诗经译注[M].上海:上海古籍出版社,1985.

吕友仁,吕咏梅译.礼记全译·孝经全译[M].贵阳:贵州人民出版社,2009.

吴敏霞，杨居让，侯蔼奇注译.治家格言[M].西安：三秦出版社，1998.

杨伯峻编著.春秋左传注：修订本[M].北京：中华书局，1981.

杨伯峻编著.孟子译注[M].北京：中华书局，1960.

张红霞编著.家范·童子礼·朱子家训[M].西安：太白文艺出版社，2011.

张燕婴译注.论语[M].北京：中华书局，2006.

张涛.列女传译注[M].济南：山东大学出版社，1990.

三、论文、著作类

B

北京师范大学中国基础教育质量检测协同创新中心，等.《全国家庭教育状况调查报告(2018)》权威发布[J].中小学心理健康教育，2018(30).

卞桂平.略论"伦理能力"：意涵、问题与培育[J].河南师范大学学报(哲学社会科学版)，2016(1).

C

曹锦清，张乐天，陈中亚.当代浙北乡村的社会文化变迁[M].上海：上海人民出版社，2014.

陈柏峰，郭俊霞.农民生活及其价值世界——皖北李圩村调查[M].济南：山东人民出版社，2009.

陈独秀，李大钊.新青年精粹：第1、2册[M].北京：中国画报出版社，2012.

陈飞强.农村留守妇女的生存困境及其对策——基于湖南省的调查[J].山东女子学院学报，2013(6).

陈辉."过日子"与农民的生活逻辑——基于陕西关中Z村的考察[J].民俗研究，2011(4).

陈为.农民家庭美德教育研究[M].成都：四川大学出版社，2006.

陈讯.抛夫弃子：理解农村年轻妇女追求美好生活的一个视角——基于黔南S乡的调查与分析[J].贵州社会科学，2014(9).

陈延斌.家风家训：轨物范世的生动教材[J].中国德育，2019(15).

陈玥.亲子伦理视角下农村留守老人问题探析[J].北华大学学报(社会科学版),2013(2).

崔应令.外部迫力与内部整合——打工潮背景下的乡村夫妻关系研究[J].广西民族大学学报(哲学社会科学版),2009(2).

D

狄金华,郑丹丹."恩往下流":农村养老的伦理转向[N].中国社会科学报,2016-06-14.

第三期中国妇女社会地位调查课题组.第三期中国妇女社会地位调查主要数据报告[J].妇女研究论丛,2011(6).

第四期中国妇女社会地位调查领导小组办公室.第四期中国妇女社会地位调查主要数据情况[N].中国妇女报,2021-12-17(004).

董莹莹,邓亦林.中央苏区的婚姻制度变革及其对根据地建设的影响[J].中国井冈山干部学院学报,2016(3).

豆学兰,高志辉.新时代培育农民群众社会主义核心价值观的对策思考——以甘肃省部分农村为例[J].社科纵横,2018(9).

段成荣,等.我国农村留守儿童生存和发展基本状况——基于第六次人口普查数据的分析[J].人口学刊,2013(3).

F

费孝通.乡土中国 生育制度 乡土重建[M].北京:商务印书馆,2017.

冯天瑜,等.中华文化史[M].上海:上海人民出版社,1990.

傅建成.20世纪上半期中国乡村婚姻实态与变迁[C]//中国现代社会转型问题学术讨论会论文集.北京:中国环境科学出版社,2002.

G

桂玉,俞宁.一个乡村中的婚姻观念变迁——基于安徽省潜山县C村的调查[J].云南农业大学学报(社会科学版),2015(4).

郭超.农村培育社会主义核心价值观的困境与对策[J].西安建筑科技大学学报(社会科学版),2016(2).

郭俊霞.农村家庭代际关系的现代性适应——以赣、鄂的两个乡镇为例[M].济南:山东人民出版社,2015.

郭俊霞.农村社会转型中的婚姻关系与妇女自杀——鄂南崖村调查[J].开放时代,2013(6).

国家统计局.中国统计年鉴2016[M].北京:中国统计出版社,2016.

国家统计局.中国统计年鉴2018[M].北京:中国统计出版社,2018.

国务院发展研究中心“中国民生调查”课题组.“新三座大山”调查——基于对8省12714份入户问卷的分析[J].决策,2016(12).

H

何绍辉.从“伦理”到“权利”——兼论农村青年婚变的影响机制[J].中国青年政治学院学报,2012(2).

何雯,曹成刚.农民工“临时夫妻”现象的社会心理学分析[J].广西社会科学,2014(7).

贺雪峰.农民价值观的类型及相互关系——对当前中国农村严重伦理危机的讨论[J].开放时代,2008(3).

贺雪峰.中国农村的代际间“剥削”——基于河南洋河镇的调查[N].中国社会科学报,2011-08-02.

贺雪峰.当代中国乡村价值之变[J].金融博览,2014(8).

贺雪峰.社会转型背景下的农村青年调查[M].武汉:湖北人民出版社,2017.

[德]黑格尔.法哲学原理[M].范扬,张企泰,译.北京:商务印书馆,1961.

胡伟希选注.论世变之亟:严复集[M].沈阳:辽宁人民出版社,1994.

胡玉鸿.法学方法论导论[M].济南:山东人民出版社,2002.

湖北大学民法教研室婚姻法小组.人民公社化后农村婚姻家庭关系的发展变化[J].政治与经济,1959(5).

黄滨.近代中国乡村社会的家庭伦理生活[J].伦理学研究,2009(3).

黄希庭,等.当代中国青年价值观与教育[M].成都:四川教育出版社,1994.

黄雁玲.壮族家庭伦理从传统到现代的演变[D].长沙:中南大学,2013.

J

季卫斌.缺失抑或转化:后乡土社会孝道的嬗变[J].江汉大学学报(社会

科学版),2016(2).

贾玉明主编.中国历代教育哲学文论选注[M].沈阳:辽宁大学出版社,2006.

江万秀,王磊.当前农村婚姻中存在的几个主要问题——福建长汀、永定、惠安三县调查[J].道德与文明,1987(2).

L

雷洁琼主编.改革以来中国农村婚姻家庭的新变化:转型期中国农村婚姻家庭的变迁[M].北京:北京大学出版社,1994.

李桂梅,贺智慧.当代中国乡村家庭伦理现状调查——基于七省七村的调查数据[J].伦理学研究,2019(5).

李桂梅,张翠莲.传承发展家训家规 提升乡风文明水平[N].光明日报,2019-02-18.

李桂梅,张翠莲.改革开放40年乡村家庭伦理研究:背景、视域和方向[J].伦理学研究,2018(5).

李桂梅,郑自立.当代中国乡村家庭伦理的变迁[J].伦理学研究,2017(6).

李桂梅.冲突与融合——中国传统家庭伦理的现代转向及现代价值[M].长沙:中南大学出版社,2002.

李桂梅.略论中西家庭伦理精神[J].湖南师范大学社会科学学报,2005(2).

李为民.陷入怪圈的农村婚姻[N].山西日报,2002-06-13(C2).

李卫东.农民工婚姻稳定性研究:基于代际、迁移和性别的视角[J].中国青年研究,2017(7).

李永萍,杜鹏.婚变:农村妇女婚姻主导权与家庭转型——关中J村离婚调查[J].中国青年研究,2016(5).

李志明.传统中国家族组织的公法职能:以明清两代为中心的考察[M].北京:中国政法大学出版社,2016.

梁漱溟.中国文化要义[M].上海:学林出版社,1987.

刘芳.社会转型期的孝道与乡村秩序:以鲁西南的G村为例[M].上海:上

海社会科学院出版社，2021.

刘筱红，赵德兴，卓惠萍．改革开放以来中国农村妇女角色与地位变迁研究：基于新制度主义视角的观察[M]．北京：中国社会科学出版社，2012.

刘成斌，童芬燕．陪伴、爱情与家庭：青年农民工早婚现象研究[J]．中国青年研究，2016(6).

刘开明．农民工“临时夫妻”：苦涩与痛楚[J]．人民论坛，2013(28).

刘先春，柳宝军．家训家风：培育和涵养社会主义核心价值观的道德根基与有效载体[J]．思想教育研究，2016(1).

刘燕舞．从核心家庭本位迈向个体本位——关于农村夫妻关系与家庭结构变动的研究[J]．中共青岛市委党校青岛行政学院学报，2009(6).

刘燕舞．农村老人的养老之痛——一名社会学博士后的乡村调查手记[J]．南风窗，2012(24).

刘中一．村庄里的中国：一个华北乡村的婚姻、家庭、生育与性[M]．太原：山西人民出版社，2009.

刘中一．家庭在场：一个华北乡村的婚姻策略[J]．北京行政学院学报，2011(2).

陆益龙．后乡土中国[M]．北京：商务印书馆，2017.

罗小锋．留守妇女的婚姻为何走向解体？——基于对农民工家庭的定性研究[J]．江南大学学报(人文社会科学版)，2018(1).

吕思勉．中国宗族制度小史[M]．北京：知识产权出版社，2018.

M

[美]玛格丽特·米德．文化与承诺——一项有关代沟问题的研究[M]．周晓虹，周怡，译．石家庄：河北人民出版社，1987.

马镛．中国家庭教育史[M]．长沙：湖南教育出版社，1997.

穆光宗．离婚率增长背后折射了什么社会问题——提高新生代中国人“爱人”之能力[J]．人民论坛，2019(23).

N

聂洪辉．新生代农民工婚姻与农村家庭形态变迁[J]．中共福建省委党校学报，2017(8).

聂日明.谁为中国人养老？老龄化的现状与问题[J].健康中国观察，2020(5).

Q

祁翔，郑磊.城乡学业差距及其影响因素的实证研究[J].中国教育学刊，2019(3).

秦燕.抗日战争时期陕甘宁边区的婚姻家庭变革[J].抗日战争研究，2004(3).

瞿同祖.中国法律与中国社会[M].北京：中华书局，1981.

权小娟，边燕杰.城乡大学生在校表现比较研究[J].中国青年研究，2017(3).

R

芮沐.新中国十年来婚姻家庭关系的发展[J].法学研究，1959(5).

S

[苏]瓦·阿·苏霍姆林斯基.家长教育学[M].杜志英，等译.北京：中国妇女出版社，1982.

施敏锋，胡世明."无主体熟人社会"中农民道德主体性重塑的自组织范式：以"道德评议会"为个案[J].长白学刊，2014(1).

石金群.流动背景下少数民族青年婚姻变迁——以湘西苗族为例[J].中国青年研究，2019(1).

石正凯，等.当前农村家庭纠纷案件的情况和处理意见[J].法学，1958(5).

疏仁华.结构性流动与青年农民工婚姻行为的变迁[J].南通大学学报(社会科学版)，2009(5).

T

陶自祥.责任伦理危机：一种理解农村生育偏好逆变的视角——基于皖南C村的实证研究[J].山西农业大学学报(社会科学版)，2011(7).

W

[美]威廉·古德.家庭社会学[M].魏章玲，译.台北：桂冠图书股份有限公司，1988.

汪受宽，金良年. 孝经 大学 中庸译注[M]. 上海：上海古籍出版社，2012.

王会，欧阳静. "闪婚闪离"：打工经济背景下的农村婚姻变革——基于多省农村调研的讨论[J]. 中国青年研究，2012(1).

王露璐，李明建. 农村留守儿童道德教育的现状与思考[J]. 教育研究与实验，2014(6).

王露璐. 从"熟人社会"到"熟人社区"——乡村公共道德平台的式微与重建[J]. 湖北大学学报(哲学社会科学版)，2020(1).

王露璐. 伦理视角下中国乡村社会变迁中的"礼"与"法"[J]. 中国社会科学，2015(7).

王欣. 农村家庭伦理价值与代际关系的权变——基于苏北渔村四代同堂家庭的个案调查[J]. 人口与社会，2016(4).

王妤. 甘肃农村婚姻观念的现状及变迁原因分析——基于对甘肃省武威凉州区的调查[J]. 和田师范专科学校学报(汉文综合版)，2012(1).

王跃生. 当代中国家庭结构变动分析[J]. 中国社会科学，2006(1).

王跃生. 婚事操办中的代际关系：家庭财产积累与转移——冀东农村的考察[J]. 中国农村观察，2010(3).

王长金. 论传统家训的家庭发展观[J]. 浙江社会科学，2005(2).

韦星. "无妈乡"的女人们为什么逃离[J]. 南风窗，2015(18).

巫昌祯. 巩固和发展我国社会主义婚姻家庭制度[J]. 北京政法学院学报，1979(1).

吴国平. 半流动农民工家庭婚姻问题及其解决对策研究[J]. 法治研究，2014(4).

武向荣. 农村贫困地区家庭教育支出及负担的实证研究——基于宁夏两个国家级贫困县的调查[J]. 教育理论与实践，2015(16).

X

肖群忠. 以文化与伦理塑造引领美好生活[J]. 中国特色社会主义研究，2019(3).

萧瀚编. 婚姻二十讲[M]. 天津：天津人民出版社，2008.

熊复主编. 马克思恩格斯列宁斯大林论恋爱、婚姻和家庭[M]. 北京：红旗出版社,1982.

徐安琪,等.转型期的中国家庭价值观研究[M].上海:上海社会科学院出版社,2013.

徐舫.农民工的婚姻:不能承受之重[N].凉山日报,2005-03-09.

徐京波.临时夫妻:社会结构转型中的越轨行为——基于上海服务业农民工的调查[J].中国青年研究,2015(1).

许纪霖.家国天下——现代中国的个人、国家与世界认同[M].上海:上海人民出版社,2017.

许荣漫,贾志科.青年农民工的“闪婚”现象研究——以豫西南M村的个案为例[J].社会科学论坛,2010(19).

徐少锦,等主编.中国历代家训大全[M].北京:中国广播电视出版社,1993.

论社会主义社会的爱情、婚姻和家庭[M].北京:中国妇女杂志社,1957.

Y

[美]阎云翔.私人生活的变革:一个中国村庄里的爱情、家庭与亲密关系(1949—1999)[M].龚小夏,译.上海:上海书店出版社,2006.

[德]尤尔根·哈贝马斯.后形而上学思想[M].曹卫东,付德根,译.南京:译林出版社,2001.

杨天宇.礼记译注[M].上海:上海古籍出版社,2014.

杨天宇.周礼译注[M].上海:上海古籍出版社,2016.

杨海军.湖北农村家庭伦理的当代审视[J].湖北教育(领导科学论坛),2010(1).

杨静慧.解析留守家庭缺损现状:从结构到功能[J].西北人口,2008(4).

杨俊启.论社会主义时期我国农村的婚姻家庭问题[J].文史哲,1981(6).

杨震.农村家庭结构变化对家庭成员心理的影响[J].《西昌学院学报》(社会科学版),2007(5).

杨子贤,张跃飞.农民工的“性乱象”——长三角地区农民工非婚性行为的调查与思考[J].哈尔滨工业大学学报(社会科学版),2013(5).

衣若兰.史学与性别:《明史列女传》与明代女性史之建构[M].太原:山西

教育出版社，2011.

应星．农户、集体与国家——国家与农民关系的六十年变迁[M]．北京：中国社会科学出版社，2014.

Z

张翠莲，李桂梅．试论当代乡村家庭伦理制度化建设[J]．道德与文明，2017(5).

张冬玲．论我国农村新型家庭伦理的构建[J]．山东社会科学，2011(9).

张乐天．告别理想：人民公社制度研究[M]．上海：上海人民出版社，2012.

张凌．学业成就获得的城乡差异研究——基于首都大学生成长追踪调查的实证分析[J]．复旦教育论坛，2019(1).

张群林，伊莎贝尔·阿塔尼．婚姻挤压下农村大龄男性的婚姻观念与婚姻策略[J]．人口与发展，2019(4).

张婷婷．新国家与旧家庭：集体化时期中国乡村家庭的改造[J]．华东理工大学学报(社会科学版)，2014(3).

张亚林．论家庭暴力[J]．中国行为医学科学，2005(5).

郑莉，李鹏辉．社会资本视角下农村留守老人精神健康的影响因素分析——基于四川的实证研究[J]．农村经济，2018(7).

郑自立．城镇化背景下我国农村孝文化传承探讨[J]．伦理学研究，2017(3).

中国社会科学院课题组．努力构建社会主义和谐社会[J]．中国社会科学，2005(3).

周玉良．乡村振兴背景下村干部素质现状与对策探析[J]．辽宁经济，2019(10).

朱贻庭主编．应用伦理学辞典[Z]．上海：上海辞书出版社，2013.

左隽，叶琦．农民工婚姻亟待关注[N]．安徽日报，2006-03-02(B1).

后　记

本书是国家社会科学基金重大项目“中国乡村伦理研究”子课题“中国乡村家庭伦理研究”和国家出版基金项目“《中国乡村伦理研究》(全七卷)”成果。

课题首席专家为南京师范大学王露璐教授，子课题负责人为湖南师范大学道德文化研究中心、中国特色社会主义道德文化省部共建协同创新中心、湖南省妇女研究会李桂梅教授，本书主要参加人员包括：张翠莲(湖南汽车工程职业学院教授)、郑自立(湖南省社会科学院研究员)、贺智慧(湖南高速铁路职业技术学院副教授)。全书由李桂梅拟定提纲并在分工写作、修改的基础上统改定稿，有些章节修改幅度较大。具体研究和写作分工如下：导论，李桂梅、张翠莲；第一章，张翠莲；第二章，李桂梅、贺智慧；第三章，郑自立；第四章，张翠莲；第五章，郑自立。张翠莲负责完成了全书的格式整理工作。

在课题研究和本成果撰写成稿过程中，重大项目全体成员和学界众多专家学者在研究思路、内容、方法和最终成稿等方面给予了诸多支持，本书也参考、借鉴了国内外有关专家学者的研究成果，在此一并致谢！

“中国乡村家庭伦理研究”子课题组

李桂梅

2023 年 2 月